职业教育机电类
系列教材

PLC应用技术

西门子S7-1200 | 附微课视频

赵春生/主编

ELECTROMECHANICAL

人民邮电出版社
北京

图书在版编目（CIP）数据

PLC应用技术：西门子S7-1200：附微课视频 / 赵
春生主编. -- 北京：人民邮电出版社，2022.6（2024.7重印）
职业教育机电类系列教材
ISBN 978-7-115-57816-7

Ⅰ. ①P… Ⅱ. ①赵… Ⅲ. ①PLC技术—职业教育—教
材 Ⅳ. ①TM571.61

中国版本图书馆CIP数据核字(2021)第225708号

内 容 提 要

本书按"课题—任务"模式编写，以任务为载体，通过大量的实例介绍了完成该任务的S7-1200相关知识、硬件组态、软件编程、仿真运行和运行操作技能。全书共分为 8 个课题，主要内容包括S7-1200 基础与 TIA 博途软件、S7-1200 基本指令的应用、S7-1200 顺序控制的应用、S7-1200 扩展指令的应用、S7-1200 扩展模块的应用、S7-1200 通信的应用、S7-1200 与变频器的应用、S7-1200 与触摸屏的应用等。

本书可作为机电类专业、工业自动化专业、电气专业及其他相关专业的教材，也可供从事机电行业的工程技术人员自学及参考使用。

◆ 主　编　赵春生
　　责任编辑　王丽美
　　责任印制　王　郁　焦志炜
◆ 人民邮电出版社出版发行　　北京市丰台区成寿寺路 11 号
　　邮编　100164　电子邮件　315@ptpress.com.cn
　　网址　https://www.ptpress.com.cn
　　固安县铭成印刷有限公司印刷
◆ 开本：787×1092　1/16
　　印张：16.5　　　　　　　　　2022 年 6 月第 1 版
　　字数：386 千字　　　　　　　2024 年 7 月河北第 4 次印刷

定价：59.80 元

读者服务热线：(010)81055256　印装质量热线：(010)81055316
反盗版热线：(010)81055315
广告经营许可证：京东市监广登字 20170147 号

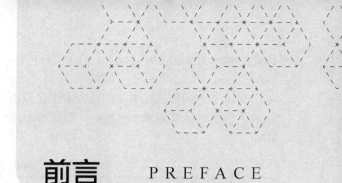

前言 PREFACE

S7-1200是西门子公司推出的新一代小型PLC，集成了PROFINET接口和强大的控制及通信功能，使用西门子自动化软件平台TIA博途进行组态与编程。TIA博途V16集成了PLC组态与编程软件包STEP7、人机界面软件包WinCC、仿真软件包S7-PLCSIM，具有直观、高效、可靠的特点，深受用户喜爱。

本书通过大量的实例，全面介绍了S7-1200应用中的各种知识和方法。

课题1介绍了S7-1200的硬件结构、存储器与数据类型及博途软件的安装，通过实例介绍了如何使用博途软件组态硬件、创建变量、编写程序、仿真、下载程序与调试。

课题2介绍了S7-1200的各种基本指令的应用。

课题3介绍了S7-1200在顺序控制中的应用。

课题4介绍了S7-1200的用户程序结构、中断编程、函数和函数块的应用、日期和时间的应用、高速脉冲输出和高速计数器的应用等。

课题5介绍了S7-1200的数字量和模拟量信号模块、信号板的应用。

课题6介绍了S7-1200的开放式用户通信、S7通信、PROFINET IO通信和点到点通信的应用。

课题7介绍了通过S7-1200与MM420变频器实现电动机的连续运行控制、自动往返控制、多段速控制和变频调速控制。

课题8介绍了通过S7-1200与触摸屏实现电动机的调速控制、故障报警和用户管理。

本书具有以下特点。

（1）本书以"课题—任务"的形式编写，每个课题分为若干个任务，每个任务由任务引入、相关知识、任务实施、扩展知识（根据实际需要，有一些任务未提供扩展知识版块）和练习题构成。以任务为导向，尽可能简练地介绍与本次任务相关的知识，任务实施过程采用实训模式。可以概括为：以任务为主线，以相关知识和技能为支撑，以教师为主导，以学生为主体，提高学生完成任务的能力。

（2）本书的任务实施基本上按照硬件组态与软件编程、仿真运行、运行操作步骤等环节完成，没有PLC的用户也能够通过仿真运行验证编程结果。

（3）本书配有PPT课件、模拟试卷、习题答案，以及每个任务的程序、仿真程序、操作视频链接，供教师和学生使用。

在本书的编写过程中，编者力求彰显应用型人才培养的特色。为此，编者提出了完成本书全部内容的指导性教学学时建议：理论教学46学时，实践教学32学时，具体安排和分配如下表所示。

学时分配表

课题	课题内容	理论教学学时	实践教学学时	总教学学时
课题 1	S7-1200 基础与 TIA 博途软件	4	2	6
课题 2	S7-1200 基本指令的应用	12	12	24
课题 3	S7-1200 顺序控制的应用	4	2	6
课题 4	S7-1200 扩展指令的应用	10	6	16
课题 5	S7-1200 扩展模块的应用	4	2	6
课题 6	S7-1200 通信的应用	4	4	8
课题 7	S7-1200 与变频器的应用	4	2	6
课题 8	S7-1200 与触摸屏的应用	4	2	6
总计		46	32	78

本书由河南工程学院赵春生主编。课题1由河南省民族中等专业学校罗艳丽编写，课题2由河南工程学院李振杰编写，课题3由开封仪表有限公司王高甫编写，其余课题由赵春生编写。

由于编者水平有限，书中难免有疏漏之处，敬请广大读者批评指正，编者邮箱为zcs-em@163.com。

编者

2021年10月

目录 CONTENTS

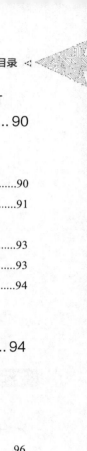

S7-1200基础与TIA博途软件

课程育人

当前日系和德系 PLC 占主导位置，国产 PLC 的应用较少，而家电、手机、高铁等的相关技术我们能够通过引进、不断发展到最终超越其他国家，形成中国品牌。因此，我们要勇于创新，掌握先进控制技术，为"中国制造 2025"贡献自己的力量。

可编程逻辑控制器（Programmable Logic Controller，PLC）是综合应用计算机技术、自动控制技术和通信技术的工业自动化控制装置，目前广泛应用于各类工业控制设备。

••• 任务 1　认识 S7-1200 系列 PLC •••

任务引入

PLC 具有容易使用、性能稳定、开发周期短、维护方便等特点。西门子 S7-1200 系列控制器属于紧凑型的 PLC，CPU 模块将微处理器、集成电源、数字量输入和输出电路、内置 PROFINET、高速运动控制及模拟量输入组合到一个设计紧凑的外壳中，形成功能强大的控制器。通过对本任务的学习，读者应熟悉 S7-1200 系列 PLC 的外部结构、技术规范、外部接线，了解 PLC 的工作过程和分类。

相关知识

一、S7-1200系列PLC

S7-1200 系列 PLC 的 CPU 模块主要有 CPU1211C、CPU1212C、CPU1214C、CPU1215C 和 CPU1217C。其外部结构大体相同，如图 1-1 所示。①电源接口（上部保护盖下面）。②3 个指示 CPU 运行状态的 LED 灯，分别为 RUN/STOP（运行/停止，绿灯/黄灯）、ERROR（错误，红灯）和 MAINT（维护，黄灯）。运行时，RUN/STOP 的绿灯亮；停止时，黄灯亮；启动时，绿灯和黄灯交替闪烁。发生错误时，ERROR 的红灯亮。请求维护

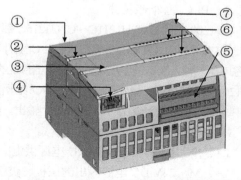

图1-1　S7-1200系列PLC的CPU模块

时，MAINT 的黄灯亮。③可插入扩展板。④PROFINET 以太网接口的 RJ45 连接器。⑤可拆卸用户接线连接器。⑥集成输入/输出（I/O）的状态 LED 灯。⑦存储卡插槽（上部保护盖下面）。

1. S7-1200 的技术规范

S7-1200 有上述 5 种型号的 CPU 模块，此外还有故障安全型的 CPU 模块。S7-1200 系列各型号 CPU 的主要技术规范见表 1-1，其中 B 表示字节。

表 1-1　S7-1200 系列各型号 CPU 的主要技术规范

型号		CPU1211C	CPU1212C	CPU1214C	CPU1215C	CPU1217C
用户存储器	工作	50KB	75KB	100KB	125KB	150KB
	装载	1MB	1MB	4MB	4MB	4MB
	保持性	10KB	10KB	10KB	10KB	10KB
集成 I/O	数字量	6 入/4 出	8 入/6 出	14 入/10 出	14 入/10 出	14 入/10 出
	模拟量	2 输入	2 输入	2 输入	2 输入/2 输出	2 输入/2 输出
过程映像大小		1 024B 输入（I）和 1 024B 输出（Q）				
位存储器		4 096MB			8 192MB	
信号模块扩展个数		0	2		8	
信号板个数		1				
通信模块		3（左侧扩展）				
高速计数器	单相	3 个 100kHz	3 个 100kHz 1 个 30kHz	3 个 100kHz 3 个 30kHz	3 个 100kHz 3 个 30kHz	4 个 1MHz 2 个 100kHz
	正交	3 个 80kHz	3 个 80kHz 1 个 20kHz	3 个 80kHz 3 个 20kHz	3 个 80kHz 3 个 20kHz	3 个 1MHz 3 个 100kHz
脉冲输出（最多 4 点）		100kHz	100kHz/30kHz	100kHz/30kHz	100kHz/30kHz	1MHz/100kHz
传感器电源可用电流（24V DC）		最大 300mA			最大 400mA	
SM 和 CM 总线可用电流（5V DC）		最大 750mA	最大 1000mA		最大 1 600mA	
数字量输入电流消耗		每点 4mA				
PROFINET		1 个以太网接口			2 个以太网接口	
执行速度	布尔运算	0.08μS/指令				
	移动字	0.12μS/指令				
	实数运算	2.3μS/指令				

2. PLC 的外部接线

S7-1200 系列的 CPU1211C～CPU1215C 都有 DC/DC/DC、DC/DC/Rly 和 AC/DC/Rly 共 3 种类型，CPU1217C 只有 DC/DC/DC 类型，在 CPU 型号下标出。每种类型用斜线分割成 3 部分，分别表示 CPU 电源电压、输入端口的电压及输出端口器件的类型。电源电压的 DC 表示直流 24V 供电，AC 表示交流 120～240V 供电；输入端口电压的 DC 表示输入使用直流电压，一般为直流 24V；输出端口器件类型中，DC 为晶体管输出，Rly 为继电器输出。CPU1214C AC/DC/Rly 型的外部接线如图 1-2 所示。

（1）上部端子。

L1、N、⏚：120～240V AC 电源供电的相线、中线和接地线。

L+、M：24V DC 电源输出的正极、负极，为外部传感器供电。

1M：输入信号的公共端。

DIa、DIb：数字量输入，默认为 DI0、DI1（地址可通过编程软件修改），则 DIa 的.0～.7 为 I0.0～I0.7、DIb 的.0～.5 为 I1.0～I1.5，输入电压为 24V DC。

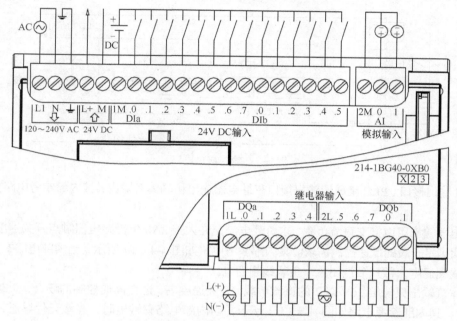

图1-2　CPU1214C AC/DC/Rly型的外部接线

AI：模拟量输入，其中 2M、0、1 分别为模拟量输入的公共端、0 路模拟量输入、1 路模拟量输入。默认模拟量输入为直流 0～10V 电压输入，在编程软件中不可修改。

（2）下部端子。

1L、2L：输出信号的公共端。

DQa、DQb：数字量输出，默认为 DQ0、DQ1（地址可通过编程软件修改），则 DQa 的.0～.7 为 Q0.0～Q0.7、DQb 的.0 和.1 为 Q1.0 和 Q1.1。PLC 的输出分为两组，1L 作为 Q0.0～Q0.4 的公共端，2L 作为 Q0.5～Q0.7、Q1.0、Q1.1 的公共端，这样，不同组的负载可以使用不同的电压系列（如 1L 组使用 220V AC、2L 组使用 24V DC 等）。

3．PLC 的结构

学习 PLC 无须深入研究其内部结构，只需了解 PLC 大致结构即可。PLC 主要由 CPU、存储器、输入/输出单元、电源等几部分组成。

（1）CPU。CPU 进行逻辑运算和数学运算，并协调系统工作。

（2）存储器。存储器用于存放系统程序及监控运行程序、用户程序、逻辑及数学运算的过程变量和其他信息。

（3）电源。电源包括系统电源、备用电源和记忆电源。

（4）输入接口。输入接口用来完成输入信号的引入、滤波及电平转换。输入接口电路如图 1-3 所示。输入接口电路的主要器件是光电耦合器。光电耦合器可以提高 PLC 的抗干扰能力和安全性能，进行高/低电压（24V/5V）转换。输入接口电路的工作原理如下：当输入端常开触点闭合时，光电耦合器中的发光二极管导通，光敏三极管导通，放大器输出低电平信号到内部数据处理电路，输入端口 LED 指示灯亮。对于 S7-1200 直流输入系列的 PLC，输入端直流电源额定电压为 24V，既可以采用漏型接线（电流从输入端流入，图 1-3 的 24V DC 的实线连接），又可以采用源型接线（电流从输入端流出，图 1-3 的 24V DC 的虚线连接）。

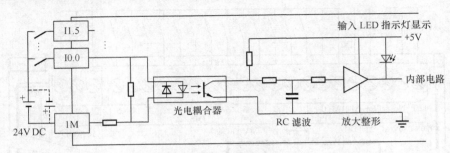

图1-3　输入接口电路

（5）输出接口。PLC 集成的输出接口有继电器输出和晶体管输出，其内部参考电路如图 1-4 所示。

继电器输出可以接交直流负载，求负载电流允许大于 2A。但受继电器触点开关速度低的限制，只能满足一般的低速控制需求。其内部参考电路如图 1-4（a）所示，当内部电路有输出时，继电器线圈通电，常开触点闭合，负载线圈通电。

晶体管输出只能接 36V 以下的直流负载，开关速度高，适合高速控制的场合，负载电流约为 0.5A。其内部参考电路如图 1-4（b）所示，当内部电路有输出时，光敏元件导通，负载线圈通电。

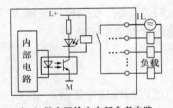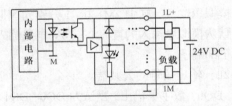

（a）继电器输出内部参考电路　　　　　　　（b）晶体管输出内部参考电路

图1-4　输出接口内部参考电路

二、S7-1200 PLC的工作过程

CPU 有 3 种工作模式：STOP（停止）模式、STARTUP（启动）模式和 RUN（运行）模式。可以通过 CPU 面板上的状态 LED 灯指示当前的操作模式，可以用编程软件改变 CPU 的运行模式。

在 STOP 模式，CPU 仅处理通信请求和自诊断，不执行用户程序，不会自动更新过程映像。CPU 通电后进入 STARTUP 模式，进行上电诊断和系统初始化，如果检测到错误，CPU 保持在 STOP 模式；否则进入 RUN 模式。CPU 的启动和运行过程示意图如图 1-5 所示。

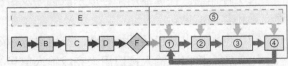

图1-5　CPU的启动和运行过程示意图

1. 启动过程

阶段 A：清除过程映像输入区（I 区）。

阶段 B：使用组态的零、最后一个值或替换值初始化过程映像输出区（Q 区）。

阶段 C：将非保持性 M 存储器和数据块初始化为初始值，并启用组态的循环中断和时间事件，执行启动组织块（Organization Block，OB）。

阶段 D：将物理输入的状态复制到过程映像输入区（I 区）。

阶段 E：将所有中断事件存储到要在进入 RUN 模式后处理的队列中。

阶段 F：将过程映像输出区（Q 区）的值写入到外设输出中。

2．运行过程

启动阶段结束后，进入 RUN 模式。PLC 在 RUN 模式进行循环扫描工作，每个扫描周期都包括写入输出、读取输入、执行用户程序指令及执行系统维护或后台处理。

阶段①：将 Q 存储器写入物理输出。

阶段②：将物理输入的状态复制到过程映像输入区（I 区）。

阶段③：执行程序循环 OB。

阶段④：执行自检诊断。

阶段⑤：在扫描周期的任何阶段都可以处理中断和通信。

3．操作模式切换

S7-1200 CPU 模块上没有模式选择开关，可以通过在线的"CPU 操作面板"的 RUN 按钮和 STOP 按钮或工具栏中的 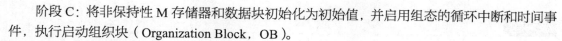按钮和 按钮来切换 RUN 模式或 STOP 模式。

三、PLC 的分类

1．按结构分类

PLC 按结构可分为整体式和模块式。整体式的 PLC 具有结构紧凑、体积小、价格低的优势，适用于常规电气控制。整体式的 PLC 也称为 PLC 的基本单元，在基本单元的基础上可以加装扩展模块以扩大其使用范围。模块式的 PLC 是把 CPU、输入接口、输出接口等做成独立的单元模块，具有配置灵活、组装方便的优势，适用于输入/输出点数差异较大或有特殊功能要求的控制系统。

2．按输入/输出接口总数分类

PLC 按输入/输出接口（I/O 接口）总数的多少可分为小型机、中型机和大型机。I/O 点数小于 128 点的为小型机；I/O 点数为 129～512 点的为中型机；I/O 点数在 512 点以上的为大型机。PLC 的 I/O 接口数越多，其存储容量越大，价格也就越贵，因此，在设计电气控制系统时应尽量减少使用 I/O 接口的数量。

西门子 S7-1200 系列属于整体式的小型 PLC，S7-300 系列属于模块式的中小型 PLC，S7-400系列属于模块式的大型 PLC。

任务实施

1．查询并下载 S7-1200 的系统手册，了解 S7-1200 系列 PLC 的性能指标。

2．识别 S7-1200 系列 PLC 的型号及其输入/输出类型，根据 PLC 的输入/输出类型指出输出形式及其适合的负载。

3．准确识别 S7-1200 系列 PLC 的电源端子、状态指示灯、I/O 接口端子及其指示灯、扩展端口和通信端口等的位置。

4．给 PLC 接上 220V AC 电源，通过状态指示灯观察 PLC 的启动过程。

5．根据 PLC 型号指出该 PLC 是小型机、中型机还是大型机。

1. CPU1214C 集成的数字量输入、数字量输出和模拟量输入各有几点？
2. CPU1214C 的类型为 AC/DC/Rly 表示什么意思？
3. S7-1200 PLC 的输出有哪几种形式？各适合连接什么性质的负载？
4. S7-1200 PLC 的工作模式有哪几种？

••• 任务 2　S7-1200 的存储器与数据类型 •••

任务引入

　　在编写 S7-1200 程序时，要熟悉存储器和变量的数据类型才能熟练地编程。通过本任务的学习，读者应了解 S7-1200 存储器的分类，掌握常用的数据类型。

相关知识

一、S7-1200 的存储器

　　CPU 提供了全局存储器、数据块（Data Block，DB）、临时存储器（L）等存储器，用于在执行用户程序期间存储数据。全局存储器包括过程映像输入（I）、过程映像输出（Q）和位存储器（M），所有代码块都可以无限制地访问该存储器。S7-1200 的存储器说明见表 1-2。

表 1-2　S7-1200 的存储器说明

存储器	标识符	说明	地址范围	地址举例
过程映像输入	I	读取物理输入	0～1 023	I0.2、IB2、IW100、ID5
	I_:P	立即读取物理输入		I0.2:P、IB2:P
过程映像输出	Q	写入物理输出	0～1 023	Q0.0、QB2、QW100、QD1
	Q_:P	立即写入物理输出		Q0.2:P、QB2:P
位存储器	M	存储操作的中间状态或其他控制信息	0～8 191	M0.0、MB2、MW2000
临时存储器	L	存储块的临时数据	不限	L0.2、LB2、LD20
数据块	DB	数据存储器或函数块（Function Block，FB）的参数存储器	不限	DB1.DBX0.0、DB2.DBB0

　　1. 过程映像输入

　　过程映像输入是接收外部数字量输入的通道。在扫描周期开始时，它读取数字量物理输入信号的状态，并将它们存入过程映像输入区，程序在运行时从过程映像输入区读取输入状态，而不是直接从物理输入读取。要想不受 PLC 扫描周期的限制，直接从物理输入读取，可以在地址后面加 ":P"，表示"立即读"。在使用时，程序编辑器会自动地在地址前面插入%，表示该地址为绝对地址，如%I0.0。

　　2. 过程映像输出

　　过程映像输出是输出到外部的数字量输出通道。在扫描循环中，用户程序计算输出值，并将它们存入过程映像输出区。在下一个扫描周期开始时，将存储在过程映像输出区中的值写入到物理输出点。要想不受 PLC 扫描周期的限制，直接写入到外部的物理输出，可以在地址后面加 ":P"，表示 "立即写"。在使用时，程序编辑器会自动地在地址前面插入%，表示该地址为绝对地址，如%Q0.0。

3. 位存储器

位存储器用于存储操作的中间状态或其他控制信息。位存储器分为保持型和普通型，所谓保持型，是指即使在 "STOP" 或断电情况下，也保持之前的状态不变；而普通型会全部自动复位。位存储器默认都是普通型的。在变量表或分配列表中可以定义保持型位存储器的大小。保持型位存储器总是从 MB0 开始向上连续贯穿指定的字节数，通过 PLC 变量表或在分配列表中单击 "保持" 按钮 ■，可以输入从 MB0 开始保持的字节数。

4. 临时存储器

临时存储器用于存储代码块被处理时使用的临时数据。可以在 OB、函数（Function，FC）、FB 的接口区生成临时变量（Temp），它们是局部的，只能在生成它们的代码块中使用，不能与其他代码块共享。启动 OB 或调用 FC、FB 时，CPU 将为代码块分配临时存储空间并将存储单元初始化为 0。代码块执行结束后，该存储空间立即释放。

5. 数据块

数据块存储器用于存储各种类型的数据，其中包括操作的中间状态、FB 的其他控制信息参数及许多指令（如定时器和计数器）所需的数据结构。

数据块可以分为全局数据块和背景数据块。全局数据块不能分配给任何一个函数块，它可以在程序的任意一个位置直接调用。背景数据块是分配给函数块的数据块，包含存储在变量声明表中的函数块数据。

数据块作为全局数据块使用时，与 M 存储器相比，其使用功能相同，都可以用于全局变量。但是位存储器的数据区的大小是固定的，不可扩展，而数据块存储区由用户定义，最大不超过工作存储区或装载存储区即可。另外，有些数据类型不能在变量表中创建，只能在数据块中创建，如数组、长格式日期和时间等。

二、S7-1200的数据类型

数据类型用于指定数据元素的大小和属性。每个指令参数至少支持一种数据类型，而有些参数支持多种数据类型。将光标定位在指令的参数域上，在出现的黄色背景的方框中便可看到给定参数所支持的数据类型。

1. 基本数据类型

基本数据类型有位、字节、字、双字、整数和浮点数等，基本数据类型见表1-3。

表1-3　基本数据类型

变量类型	数据类型	位数	数值范围	常数举例	地址举例
位	Bool	1	1、0	2#1、1	I1.0、M0.7、DB1.DBX2.3
字节	Byte	8	B#16#0～B#16#FF 或 16#0～16#FF	B#16#BF、16#E8	IB2、MB10、DB1.DBB4
字	Word	16	W#16#0～W#16#FFFF 或 16#0～16#FFFF	W#16#BF12、16#E812	MW10、DB1.DBW2

变量类型	数据类型	位数	数值范围	常数举例	地址举例
双字	DWord	32	DW#16#0～W#16#FFFF_FFFF 或 16#0～16#FFFF_FFFF	DW#16#BF12_EF23、16#E812_2323	MD10、DB1.DBD8
无符号短整数	USInt	8	0～255	12	MB0、DB1.DBB4
有符号短整数	SInt	8	−128～+127	−13	
无符号整数	UInt	16	0～65 535	234	MW2、DB1.DBW2
有符号整数	Int	16	−32 768～+32 767	−320	
无符号双整数	UDInt	32	0～4 294 967 295	345	MD6、DB1.DBD8
有符号双整数	DInt	32	−2 147 483 648～+2 147 483 647	123 456、−123 456	
浮点数（实数）	Real	32	$\pm1.175\,495e^{-38}$～$\pm3.402\,823e^{+38}$	3.141 6、1.0e^{-5}	MD100、DB1.DBD8
长浮点数	LReal	64	$\pm2.225\,073\,858\,507\,201\,4e^{-308}$～$\pm1.797\,693\,134\,862\,315\,8e^{+308}$	1.123 456 789e^{+40}、1.2e^{+40}	数据块.变量名

（1）位和位序列。

① 位（Bool）。位的类型为 Bool（布尔），一个位的值只能取 0 或 1。位的格式如下：[区域标识符][字节地址].[位地址]。例如，I0.1、Q2.0、M10.1 等。位 I3.4 的结构如图 1-6（a）所示，"I"为区域标识符，"3"为字节地址，"4"为位地址。

② 字节（Byte）。一个字节包含 8 位（0～7），其中 0 为最低位，7 为最高位。字节的格式如下：[区域标识符]B[字节地址]。例如，IB0、QB2、MB10 等。字节 MB100 的结构如图 1-6（b）所示，"M"为区域标识符，"B"为字节，"100"为字节地址。其中，MSB 表示最高位，LSB 表示最低位。

③ 字（Word）。一个字包含两个连续的字节，共 16 位（0～15），其中，0 为最低位，15 为最高位。字的格式如下：[区域标识符]W[起始字节地址]。例如，IW0、QW2、MW10 等。字 MW100 的结构如图 1-6（c）所示，"M"为区域标识符，"W"为字，"100"为起始字节地址，它包含两个连续的字节 MB100 和 MB101。

④ 双字（Double Word）。一个双字包含 2 个连续的字或 4 个连续的字节，共 32 位（0～31），其中，0 为最低位，31 为最高位。双字的格式如下：[区域标识符]D[起始字节地址]。例如，ID0、QD2、MD10 等。双字 MD100 的结构如图 1-6（d）所示，"M"为区域标识符，"D"为双字，"100"为起始字节地址。它包含两个连续的字 MW100 和 MW102，或 4 个连续的字节 MB100～MB103。

⑤ 数据块的位序列。如果数据块的属性取消了"优化的块访问"，数据块就变成了标准的数据块，可以按位序列进行访问。按位访问 DB 区的格式如下：DB[数据块编号].DBX[字节地址].[位地址]。例如，DB1.DBX0.0（在数据块 DB1 中字节地址为 0 的第 0 位，X 表示位）。按字节、字和双字访问 DB 区的格式如下：DB[数据块编号].DB[大小][起始字节地址]。例如，DB1.DBB0、DB1.DBW0、DB1.DBD0（在数据块 DB1 中，分别为地址为 0 的字节、地址为 0

的字和地址为 0 的双字），其结构如图 1-7 所示。

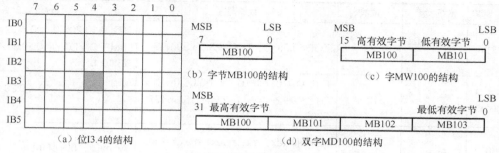

图 1-6 位序列结构

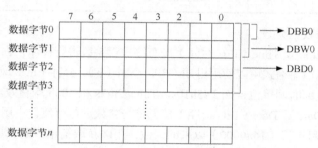

图 1-7 数据块中的位序列结构

S7-1200 的基本存储单元为字节，如果使用连续的存储单元，则地址不能重叠，如不能同时使用 MW10（包含 MB10 和 MB11）和 MW11（包含 MB11 和 MB12），这是由于 MB11 重叠了。为了避免地址重叠，可以按字节地址递增加 1、字地址递增加 2、双字地址递增加 4 的方法使用。

（2）整数（Int）。S7-1200 有 6 种整数类型，所有整数的数据类型符号中都有 Int。符号中带 U 的为无符号整数，不带 U 的为有符号整数；带 S 的为短整数（8 位整数），带 D 的为 32 位的双整数，不带 S、D 的为 16 位整数。短整数的变量地址如 MB0、DB1.DBB3 等；16 位整数的变量地址如 MW2、DB1.DBW2 等；32 位双整数的变量地址如 MD4、DB1.DBD4 等。

（3）浮点数（Real）。浮点数又称为实数，具有 32 位，最高位（第 31 位）为浮点数的符号位，其在浮点数是正数时为 0，在浮点数是负数时为 1。长浮点数 LReal 具有 64 位，不支持直接寻址，可在 OB、FB 或 FC 块接口中或 DB 中进行分配。

2. 复杂数据类型

常用的复杂数据类型有日期、时间、数组、结构、指针及用户自定义的数据类型，可以在 DB 或函数和函数块接口参数区声明变量中定义复杂数据类型。部分复杂数据类型见表 1-4，表中"位数"列中的 B 表示字节。

表 1-4 部分复杂数据类型

变量类型	数据类型	位数	数值范围	示例
IEC 时间	Time	32	T#-24d_20h_31m_23s_648ms～ T#24d_20h_31m_23s_647ms	T#2h10m25s30ms、 Time#10d20h30m20s630ms、 500h10000ms
IEC 日期	Date	16	D#1990-1-1～D#2168-12-31	D#2021-12-31、 Date#2021-12-31、 2021-12-31

续表

变量类型	数据类型	位数	数值范围	示例
实时时间	Time_Of_Day	32	TOD#0:0:0.0～TOD#23:59:59.999	TOD#10:20:30.400、TIME_OF_DAY#10:20:30.40、23:10:1
长格式日期和时间	DTL	12B	DTL#1970-01-01-00:00:00.0～DTL#2262-04-11-23:47:16.854775807	DTL#2021-12-16-20:30:20.250
数组	Array	索引：−32 768～+32 767	Name[index1_min..index1_max,index2_min..index2_max] of <数据类型>	Array[1..100] of Int

（1）日期和时间数据类型。

① IEC 时间（Time）。Time（IEC 时间）按有符号双整数进行存储，占用 32 位存储空间，被解释为毫秒。其编辑器格式可以使用日期（d）、小时（h）、分钟（m）、秒（s）和毫秒（ms）信息。不需要指定全部时间单位，如 T#5h10s、Time#2m3s 和 500h 均有效。

② IEC 日期（Date）。Date（IEC 日期）按无符号整数进行存储，占用 16 位存储空间，被解释为自 1990 年 1 月 1 日（16#0000）以来的天数，用以获取指定日期。其编辑器格式必须指定年、月和日，如 D#2021-1-3、Date#2021-1-3 和 2021-1-3 均有效。

③ 实时时间。Time_Of_Day（TOD）数据按无符号双整数值进行存储，占用 32 位存储空间，被解释为自指定日期的凌晨算起的毫秒数（凌晨为 0ms），必须指定小时（24 小时/天）、分钟和秒，可以选择使用指定小数秒格式。例如，16 小时 45 分 58 秒 321 毫秒的表示格式为 TOD#16:45:58.321。

④ 长格式日期和时间（Date and Time Long，DTL）。DTL 数据类型使用 12 个字节的结构保存日期和时间信息，可以在块的临时存储器或者 DB 中定义 DTL 数据，不能在变量表编辑器中定义该数据。DTL 按年（2 字节）、月、日、星期、小时、分钟、秒、纳秒（4 字节）进行保存，格式为年-月-日-时:分:秒.纳秒，不包括星期。星期日、星期一～星期六的代码分别为 1～7。

（2）数组（Array）。将同一类型的数据组合在一起就是数组。数组的维数最大到 6 维，数组中的元素可以是基本数据类型或复合数据类型（Array 类型除外），例如，在数据块 DB1 中定义了一个变量 temp，数据类型为 Array[0..3, 0..5, 0..6] of Int，这表示定义了元素为整数、大小为 4×6×7 的三维数组，可以用符号加索引访问数组中的某一个元素，如 DB1.temp[1,3,2]。定义一个数组需要指明数组中元素的数据类型、维数和每维的索引范围。

（3）结构体（Struct）。结构体是由不同数据类型的数据组合而成的复合型数据，通常用来定义一组相关的数据，例如，在数据块 DB1 中定义 "Motor" 的元素 "Start"（Bool）、"Speed"（Int），可以直接引用整个结构体变量，如 "DB1.Motor"；如果要引用结构体变量中的一个元素，则可以使用符号名访问，如 "DB1.Motor.Speed"，也可以直接访问绝对地址。

（4）用户定义的数据类型（User-defined Data Types，UDT）。用户定义的数据类型与结构体类似，可以由不同的数据类型组成，如基本数据类型和复杂数据类型。与结构体不同的是，UDT 是一个用户自定义的数据类型模板，其可以作为一个整体被多次使用。

（5）指针（Variant）。指针既可以指向不同数据类型的变量或参数，又可以指向结构和单独的结构元素。指针不会占用存储器的空间。指针可以使用符号地址表示，如 MyDB.Struct1.

Pressure1，MyDB、Struct1、Pressure1 分别是用小数点隔开的数据块、结构体和结构体元素；指针也可以使用绝对地址表示，如 P#DB10.DBX10.0 INT 12 和 P#M5.0 BYTE 5，它们用来表示一个地址区，前者为起始地址从 DB10.DBW10 开始的连续 12 个整型数据，后者为从 MB5 开始的 5 个字节。

3．其他数据类型

（1）系统数据类型。系统数据类型由系统提供并具有预定义的结构。系统数据类型的结构由固定数目的具有各种数据类型的元素构成。不能更改系统数据类型的结构。仅当系统数据的类型相同且名称匹配时，才可相互分配，如定时器 IEC_Timer 等。

（2）硬件数据类型。硬件数据类型由 CPU 提供，可用硬件数据类型的数目取决于 CPU。TIA 博途根据硬件配置中设置的模块存储特定硬件数据类型的常量，用于识别硬件组件、事件和中断 OB 等与硬件有关的对象。在用户程序中插入用于控制或激活已组态模块的指令时，可将这些可用常量用作参数。

任务实施

1．查询 S7-1200 系统手册，了解 PLC 存储器的类型及其在扫描周期内的读写过程。

2．指出输入存储器和输出存储器带有":P"与不带有":P"在扫描过程中的区别。

3．查询 S7-1200 系统手册，熟悉 PLC 的数据类型。

4．指出哪些数据类型只能在数据块或块接口参数中使用。

练习题

1．全局存储器有哪些？它有什么特性？

2．MW10 由 MB_____和 MB_____组成，MB_____是它的高位字节。

3．MD100 由 MB_____到 MB_____这 4 个字节组成，它的最高位字节是 MB_____，最低位字节是 MB_____。

4．Q4.1 是过程映像输出字节_____的第_____位。

5．ID10、MB0、DB2.DBW0 和 DB1.DBX0.0 各表示多少位数据？

6．编写程序时，能否同时使用 MD20 和 MD22？为什么？

7．数组的下标的下限值和上限值分别为 0 和 10，数组元素的数据类型为 Int，写出该数组的数据类型表达式。

8．I0.2:P 和 I0.2 有什么区别？

9．全局数据块与位存储器有何异同？

••• 任务 3 TIA 博途软件入门 •••

任务引入

全集成自动化（Totally Integrated Automation，TIA）博途软件作为西门子 PLC 的硬件组态和编程软件，功能比较强大。本任务主要了解博途软件的安装与卸载，应用两台电动机顺序启动控制的例子介绍 PLC 的硬件组态、软件编程、上传与下载、仿真运行调试及在线运行调试。

　　两台电动机顺序启动控制的启动按钮和停止按钮的输入地址分别为 I0.0 和 I0.1，控制电动机 M1 和 M2 的输出地址分别为 Q0.0 和 Q0.1。控制要求：当按下启动按钮时，电动机 M1 启动，经过 5s，电动机 M2 启动；当按下停止按钮时，两台电动机同时停止。

相关知识

一、博途软件的安装与卸载

1. 博途软件的安装

（1）安装 TIA 博途 V16 对计算机的要求。安装 TIA 博途 V16 推荐的计算机硬件配置如下：处理器主频 3.4GHz 或更高，内存 16GB（最小 8GB），固态硬盘（最小 50GB 的自由空间），15.6 "（即 15.6 英寸，约 39.624cm）宽屏显示器（分辨率为 1 920 像素×1 080 像素或更高）。

TIA 博途 V16 要求的计算机操作系统为非家用版的 64 位的 Windows 7 SP1、64 位的 Windows 10、64 位的 Windows Server 2012 及以上。

（2）STEP 7 和 WinCC 的安装。安装时应具有计算机的管理员权限，关闭所有正在运行的程序，建议安装前暂时关闭杀毒软件和安全卫士等软件。以硬盘安装为例，从西门子工业业务领域支持中心的网页下载 TIA 博途 V16 的 STEP 7 Basic/Professional incl. Safety and WinCC Basic/Comfort/Advanced and WinCC Unified 的 DVD1，该安装包包含了 STEP 7 Basic/Professional、STEP 7 Safety Basic/Advanced、WinCC Basic/Comfort/Advanced/Unified。双击"TIA Portal STEP7 Prof Safety WinCC Adv Unified V16"，将其解压到自己指定的文件夹中，开始进行安装。

如果要求计算机重启，则重启计算机；如果反复要求计算机重启，则打开计算机的注册表，删除\HKEY_LOCAL_MACHINE\SYSTEM\CurrentControlSet\Control\Session Manager 下的 PendingFileRenameOperations，双击所解压的文件夹"TIA Portal STEP7 Prof Safety WinCC Adv Unified V16.0"中的"Start.exe"，重新进行安装。

在安装语言对话框中，选择默认的"安装语言：中文"，单击"下一步"按钮，弹出下一个对话框。在产品语言对话框中，采用默认的"英语"和"简体中文"，单击"下一步"按钮。

在选择要安装的产品配置对话框中，建议选择"典型"配置和 C 盘默认的安装路径。单击"浏览"按钮可以修改安装路径。

在许可证条款对话框中，勾选对话框下方的两个复选框，接受列出的许可证条款，如图 1-8 所示。

在安全控制对话框中，勾选"我接受此计算机上的安全和权限设置"复选框。

在概览对话框中，列出了前面设置的产品配置、产品语言和安装路径，单击"安装"按钮，开始安装软件。

最后单击安装已成功完成对话框中的"重新启动"按钮，立即重启计算机。

（3）安装仿真软件 SIMATIC_S7-PLCSIM_V16。西门子 S7-1200 的仿真软件需要单独安装，从西门子工业业务领域支持中心的网页下载 SIMATIC_S7-PLCSIM_V16 进行安装即可，其安装过程与 STEP 7 几乎完全相同。

（4）授权管理。在安装结束后需要使用授权管理器进行授权操作。如果有授权盘，则可双击桌面上的"Automation License Manager"图标打开授权管理器，可以通过拖曳的方式将授权从授权盘中转换到目标硬盘中。如果没有授权，则可以获得 21 天的试用期。

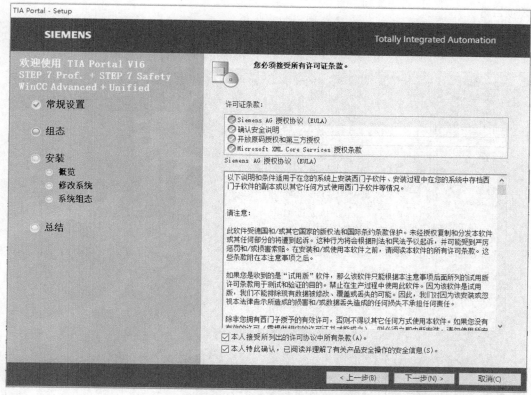

图1-8 许可证条款对话框

2. 博途软件的卸载

博途软件的卸载方法有两种：一种是通过控制面板删除所选组件；另一种是使用源安装软件删除产品。这里以通过控制面板删除所选组件为例，选择"开始"→"控制面板"选项，打开控制面板，双击"程序和功能"图标，弹出"程序和功能"对话框，选择要删除的软件包，单击"卸载"按钮即可。推荐使用源安装软件卸载，使用源安装软件删除产品的过程与安装产品的过程类似，这里不再详述。

二、博途视图和项目视图

TIA 博途软件在自动化项目中可以使用博途视图或项目视图。博途视图是面向任务的视图，项目视图是项目各组件的视图，可以使用链接在两种视图之间进行切换。

1. 博途视图

博途视图提供了面向任务的视图，可以快速地确定要执行的操作或任务，有些情况下，该视图会针对所选任务自动切换为项目视图。

（1）为了使用方便，可以创建一个文件夹，以后所有的项目都保存在这个文件夹中，如在 G 盘中新建"S7-1200"文件夹。

（2）双击 Windows 桌面上的图标，进入启动界面，打开博途视图。在博途视图中，可以实现启动、设备与网络、PLC 编程、运动控制&技术、可视化、在线与诊断任务。每一个任务都提供了可使用的操作，例如，在启动任务中，可以打开现有项目、创建新项目、移植项目、关闭项目等。

（3）选择"创建新项目"选项，更改项目名称，单击"…"按钮，修改保存路径，如图 1-9 所示，单击"创建"按钮，进入"新手上路"界面。

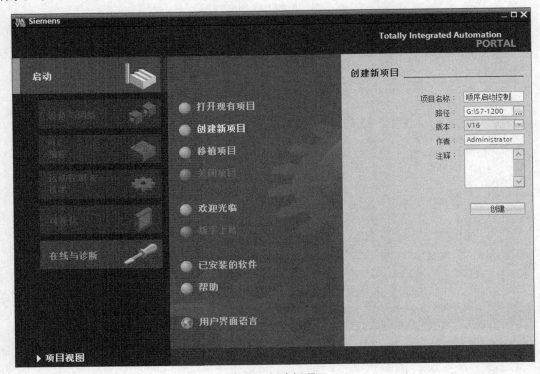

图1-9 创建新项目

（4）在"新手上路"界面中单击"组态设备"按钮，进入设备组态界面。选择"添加新设备"→"控制器"→"SIMATIC S7-1200"→"CPU"→"CPU 1214C AC/DC/Rly"→"6ES7 214-1BG40-0XB0"选项，设置版本号为 V4.2（版本号一定要与实际设备一致），如图 1-10 所示。勾选"打开设备视图"复选框，单击"添加"按钮，添加新设备，如图 1-10 所示，即可打开项目视图中的设备视图。

（5）设置起始视图。选择"选项"→"设置"选项，选择"起始视图"选项组中的"项目视图"选项，以后打开博途时将会自动打开项目视图。以后的实例都使用"项目视图"对硬件进行组态与编程。

2. 项目视图

如果选择了起始视图为项目视图，则打开博途软件后直接进入项目视图。单击工具栏中的"新建项目"按钮，弹出与图 1-9 中的"创建新项目"相同的对话框，可以输入项目名称、选择保存路径，单击"创建"按钮进行创建。双击项目树下的"添加新设备"选项，弹出与图 1-10 中的"添加新设备"相同的对话框，添加设备，打开的硬件项目视图如图 1-11 所示。标有①的区域为菜单栏，标有②的区域为工具栏。

（1）项目树。区域③为项目树，可以通过它访问所有的设备和项目数据、添加新设备、报警已有的设备、打开处理项目数据的编辑器。

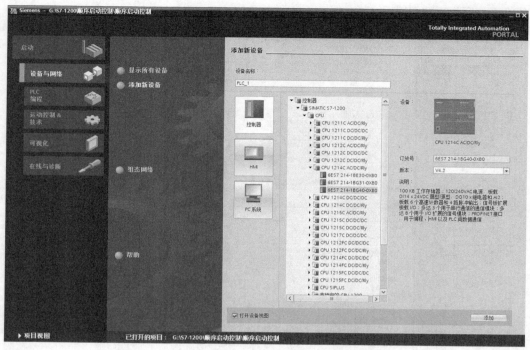

图1-10 添加新设备

项目的各组成部分在项目树中以树状结构显示，分为项目、设备、文件夹和对象 4 个层次。项目树的使用方式与 Windows 资源管理器相似。

单击项目树右上角的◀按钮，项目树和下面标有④的详细视图将隐藏起来，同时最左边的垂直条上出现▶按钮，单击它可以再次展开项目树和详细视图。可以用类似的方法隐藏和显示右边标有⑦的任务卡（图 1-11 为硬件目录）。

将光标定位在相邻的两个窗口的垂直分界线上，当光标显示为带有双向箭头的╋时，按住鼠标的左键可以移动分界线，调节分界线两边窗口的大小。可以用同样的方法调节水平分界线。

单击项目树右上角的"自动折叠"按钮▥，该按钮变为▥（永久展开）。单击项目树之外的区域，项目树自动消失。单击最左边垂直条上的▶按钮，项目树立即展开。单击▥按钮，该按钮变为▥，自动折叠功能被取消。

可以用类似的方法启动或关闭区域⑥（巡视窗口）和区域⑦（任务卡）的自动折叠功能。

（2）详细视图。项目树下面的区域④为详细视图，在项目树中选择"PLC 变量"→"默认变量表"选项，详细视图中将显示该变量表中的变量。在编写程序时，在某个变量处按住鼠标左键并拖动，开始时光标的形状为⊘（禁止放置）。当进入到用红色问号表示的地址域时，光标变为▚（允许放置），松开鼠标左键，该变量地址被放在了地址域，这个操作称为"拖曳"。拖曳到已设置的地址上时，将替换原来的地址。

单击详细视图中的✔按钮或"详细视图"标题，详细视图关闭，只剩下紧靠左下角的"详细视图"标题，标题左边的按钮变为▶。单击该按钮或标题，重新显示详细视图。

（3）工作区。区域⑤为工作区，可以同时打开几个编辑器，但工作区中一般只能显示当前打开的编辑器。在最下面标有⑨的选项卡中将显示当前被打开的编辑器，选择其他的选项卡可以更换工作区显示的编辑器。

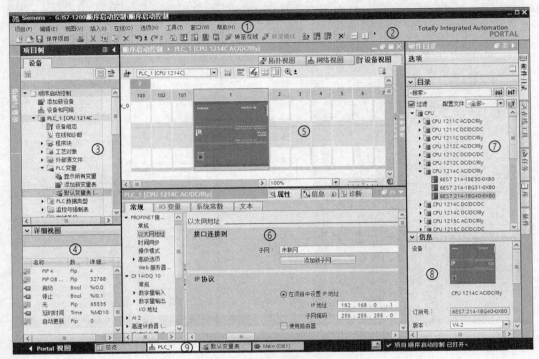

图1-11　硬件项目视图

单击工具栏中的 ▭、▯ 按钮，可以水平或垂直拆分工作区，同时显示两个编辑器。在工作区中同时显示程序编辑器和设备视图时，将设备视图放大到200%或以上，可以将模块上的 I/O 点拖曳到程序编辑器的地址域中，这样不仅能快速设置指令的地址，还能在 PLC 变量表中创建相应的变量。使用同样的方法，也可以将模块上的 I/O 点拖曳到 PLC 变量表中。

单击工作区右上角的"最大化"按钮▭，将会关闭其他窗口，工作区被最大化。单击工作区右上角的"浮动"按钮▭，工作区浮动，可以用鼠标左键拖动工作区到任意位置。工作区被最大化或浮动时，单击工作区右上角的"嵌入"按钮▯，工作区将恢复原状。

在"设备视图"选项卡中可以组态硬件，选择"网络视图"选项卡，打开网络视图，可以组态网络。可以将区域⑦中需要的设备或模块拖曳到设备视图或网络视图中。

（4）巡视窗口。区域⑥为巡视窗口，用来显示工作区中选中对象的信息，设置选中对象的属性。

"属性"选项卡用于显示和修改工作区中所选中对象的属性。巡视窗口左边为浏览窗口，选中某个参数组，在右边窗口中可显示和编辑对应的信息或参数。

"信息"选项卡用于显示所选对象和操作的详细信息，以及编译后的结果。

"诊断"选项卡用于显示系统诊断事件和组态的报警事件。

巡视窗口有两级选项卡，图 1-11 选中了第一级的"属性"选项卡和第二级的"常规"选项卡左边浏览窗口中"PROFINET 接口[X1]"下的"以太网地址"，将它简记为选择"属性"→"常规"→"PROFINET 接口[X1]"→"以太网地址"选项。单击巡视窗口右上角的 ▼ 按钮或 ▲ 按钮，可以隐藏或显示巡视窗口。

（5）任务卡。区域⑦为任务卡，任务卡的功能与编辑器有关。通过任务卡可以进行进一步操作。例如，从库或硬件目录中选择对象，搜索与替代项目中的对象，将预定义的对象拖曳到工作区。

通过最右边垂直条上的按钮可以切换任务卡显示的内容。图 1-11 中的任务卡显示的是硬件目录，任务卡下面标有⑧的"信息"窗口用于显示硬件目录中所选对象的图形、版本号的选择和对它的简单描述。

（6）设备概览。在设备视图中，可以单击工作区最右边的向左箭头按钮◀，查看设备数据，如图 1-12 所示。从图中可以看出默认地址是以字节为单位排序的，数字量输入地址为 IB0～IB1，数字量输出地址为 QB0～QB1，模拟量输入地址为 IW64、IW66，6 个高速计数器地址为 ID1000～ID1020，4 个高速脉冲发生器地址为 QW1000～QW1006。单击向右箭头按钮▶，可以隐藏设备数据。

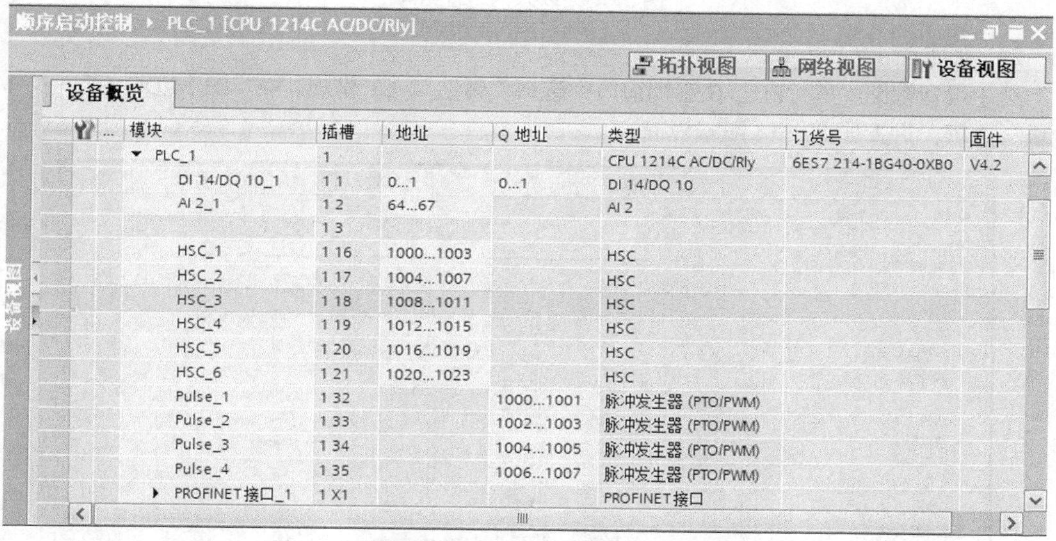

顺序启动控制 ▶ PLC_1 [CPU 1214C AC/DC/Rly] 　　　　🔲 拓扑视图　🏛 网络视图　📑 设备视图

设备概览

...	模块	插槽	I 地址	Q 地址	类型	订货号	固件
	▼ PLC_1	1			CPU 1214C AC/DC/Rly	6ES7 214-1BG40-0XB0	V4.2
	DI 14/DQ 10_1	1 1	0...1	0...1	DI 14/DQ 10		
	AI 2_1	1 2	64...67		AI 2		
		1 3					
	HSC_1	1 16	1000...1003		HSC		
	HSC_2	1 17	1004...1007		HSC		
	HSC_3	1 18	1008...1011		HSC		
	HSC_4	1 19	1012...1015		HSC		
	HSC_5	1 20	1016...1019		HSC		
	HSC_6	1 21	1020...1023		HSC		
	Pulse_1	1 32		1000...1001	脉冲发生器 (PTO/PWM)		
	Pulse_2	1 33		1002...1003	脉冲发生器 (PTO/PWM)		
	Pulse_3	1 34		1004...1005	脉冲发生器 (PTO/PWM)		
	Pulse_4	1 35		1006...1007	脉冲发生器 (PTO/PWM)		
	▶ PROFINET 接口_1	1 X1			PROFINET 接口		

图1-12　项目设备概览

三、S7-1200属性的组态

1. 以太网地址组态

选中设备视图中的 CPU，在巡视窗口中选择"属性"→"常规"→"PROFINET 接口[X1]"→"以太网地址"选项，进入如图 1-13 所示界面。

（1）可以单击"添加新子网"按钮添加新子网，通过"子网"下拉列表将接口连接到已有的网络。

（2）选中默认的"在项目中设置 IP 地址"单选按钮，可以手动修改接口的 IP 地址和子网掩码。图 1-13 中显示的是默认的 IP 地址和子网掩码。

（3）如果该 CPU 需要通过路由器与其他子网的设备通信，则可以勾选"使用路由器"复选框并输入路由器的 IP 地址。

（4）如果选中"在设备中直接设定 IP 地址"单选按钮，则可以从组态之外的其他服务器获取 IP 地址。

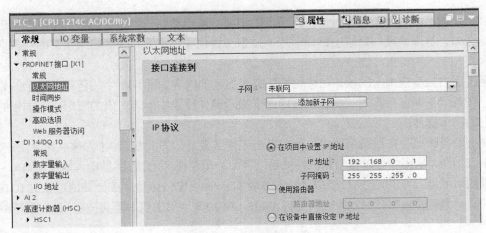

图1-13　以太网地址组态

2. 数字量I/O地址组态

选中设备视图中的 CPU，在巡视窗口中选择"属性"→"常规"→"DI 14/DQ 10"→"I/O 地址"选项，进入如图 1-14 所示界面。

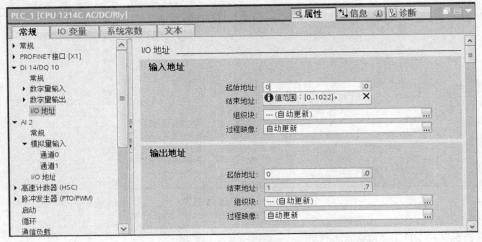

图1-14　数字量I/O地址组态

（1）数字量输入地址组态。默认的数字量输入的起始地址为 0、结束地址为 1，即对应 CPU1214C 的数字量物理输入地址 I0.0～I1.5（共 14 点）。

（2）数字量输出地址组态。默认的数字量输出的起始地址为 0、结束地址为 1，即对应 CPU1214C 的数字量物理输出地址 Q0.0～Q1.1（共 10 点）。

数字量 I/O 可以修改起始地址，修改的值为 0～1 022，结束地址由软件自动修改。修改的地址不能与其他地址产生冲突，一般使用默认的地址。

3. 模拟量输入地址组态

选中设备视图中的 CPU，在巡视窗口中选择"属性"→"常规"→"AI 2"→"I/O 地址"选项，进入如图 1-15 所示界面。默认的模拟量输入起始地址为 64、结束地址为 67，即通道 0 的地址为 IW64、通道 1 的地址为 IW66。也可以修改起始地址，修改的值为 0～1 020，结束地址由软件自动修改。修改的地址不能与其他地址产生冲突。一般使用默认的模拟量输入地址。

图1-15　模拟量输入地址组态

4. 上电启动方式组态

选中设备视图中的 CPU，在巡视窗口中选择"属性"→"常规"→"脉冲发生器（PTO/PWM）"→"启动"选项，进入如图 1-16 所示界面。

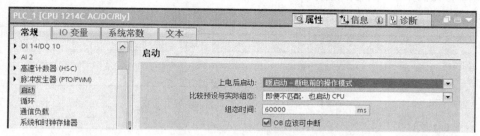

图1-16　上电启动方式组态

（1）选择"上电后启动"模式。

① 暖启动-断电前的操作模式：上电后进入断电之前的操作模式，这是默认的启动方式。

② 暖启动-RUN 模式：上电后立即启动进入运行模式。

③ 不重新启动（保持为 STOP 模式）：上电后保持为停止模式。

（2）选择硬件组态与实际不匹配时是否启动 CPU。

① 若将"比较预设与实际组态"设置为"即便不匹配，也启动 CPU"，则当组态的硬件与实际不匹配时也启动 CPU。

② 若将"比较预设与实际组态"设置为"仅在兼容时，才启动 CPU"，则当组态的硬件与实际匹配（兼容）时才启动 CPU。

（3）在 CPU 启动过程中，如果在组态时间内（默认 1min）没有准备就绪，则 CPU 的启动取决于"比较预设与实际组态"的设置。

（4）若勾选"OB 应该可中断"复选框，则发生中断时可以调用中断组织块。

5. 循环周期时间组态

循环周期是指操作系统监视循环程序的执行时间是否超过组态的上限时间（称为最大循环时间）。操作系统通过监视循环周期的执行时间是否超过组态的上限时间来执行相应的操作。选中设备视图中的 CPU，在巡视窗口中选择"属性"→"常规"→"脉冲发生器（PTO/PWM）"→"循环"选项，进入如图 1-17 所示界面，可以设置循环周期监视时间，其默认值为 150ms。

如果循环程序超过最大循环时间，则操作系统会尝试启动时间错误组织块 OB80。如果 OB80 不可用，则 S7-1200 CPU 将切换到 STOP 模式。

图1-17　循环周期监视时间组态

6. 系统存储器和时钟存储器组态

选中设备视图中的 CPU，在巡视窗口中选择"属性"→"常规"→"脉冲发生器（PTO/PWM）"
→"系统和时钟存储器"选项，进入如图 1-18 所示界面，可以勾选"启用系统存储器字节"和
"启用时钟存储器字节"复选框分别启用系统存储器和时钟存储器字节，它们的默认地址是 MB1
和 MB0，可以修改它们的地址值。

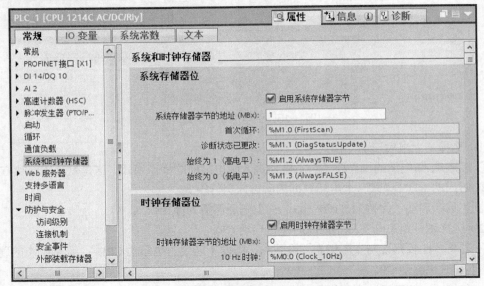

图1-18　系统存储器和时钟存储器组态

（1）组态系统存储器字节。勾选"启用系统存储器字节"复选框，默认地址为 MB1（也可
以修改地址值），它的 M1.0～M1.3 的意义如下。

① M1.0（首次循环）：在进入 RUN 模式的第一个扫描周期内，该位为 TRUE（"1"），以后
均为 FALSE（"0"）。

② M1.1（诊断状态已更改）：诊断状态发生变化后一个扫描周期内该位为"1"。

③ M1.2（始终为"1"）：总是为 TRUE，其常开触点总是接通。

④ M1.3（始终为"0"）：总是为 FALSE，其常闭触点总是接通。

（2）组态时钟存储器字节。勾选"启用时钟存储器字节"复选框，默认地址为 MB0（也可
以修改地址）。时钟存储器字节中的各位可以输出高低电平各占 50% 的标准脉冲，其字节中的各
位的周期和频率见表 1-5。M0.5 的时钟周期为 1s，可以用它的触点来控制报警指示灯，指示灯
将以 1Hz 的频率闪烁，即亮 0.5s、熄灭 0.5s。

表 1-5 时钟存储器字节中各位的周期和频率

位	7	6	5	4	3	2	1	0
周期/s	2	1.6	1	0.8	0.5	0.4	0.2	0.1
频率/Hz	0.5	0.625	1	1.25	2	2.5	5	10

7. 防护和安全组态

选中设备视图中的 CPU，在巡视窗口中选择"属性"→"常规"→"防护与安全"选项，进入如图 1-19 所示界面，可以选择其右侧窗格中的 4 个访问级别。其中，✔ 表示在没有该访问级别密码时可以执行的操作。

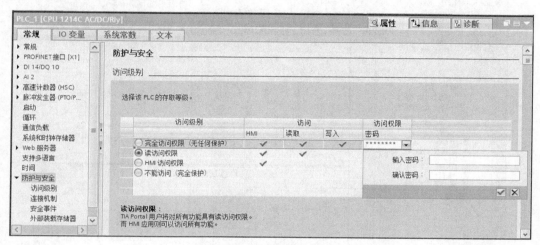

图1-19 防护和安全组态

（1）选中"完全访问权限（无任何保护）"单选按钮时，不需要密码，所有用户都可以对硬件配置和块进行读取和更改操作。

（2）选中"读访问权限"单选按钮时，没有密码仅允许对硬件配置和块进行只读访问，不能写入。此外，还可访问人机接口（Human Machine Interface，HMI）和诊断数据。写入时，需要输入"完全访问权限"的密码。

（3）选中"HMI 访问权限"单选按钮时，仅允许在不输入密码的情况下访问 HMI 和诊断数据。

（4）选中"不能访问（完全保护）"单选按钮时，无法对硬件配置和块进行读写访问，也无法进行 HMI 访问。

四、创建变量的方法

STEP 7 简化了符号编程，用户可以为数据地址创建符号名称，称为"变量"，包括存储器地址和 I/O 点相关的 PLC 全局变量、数据块中的变量或在代码块中使用的局部变量。在用户程序中使用这些变量时，只需输入指令参数的变量名称即可。在编写程序时，可以使用绝对地址，也可以使用变量符号。在 I/O 点不多时，使用绝对地址进行编程很方便。但是在 I/O 点比较多的时候，使用符号编写程序会更得心应手。变量表中定义的变量要求有对应的地址，所以一般在变量表中定义 I、Q、M 区的变量；不指定具体地址的变量或复杂数据类型的变量在全局数据块中定义。

1. 在变量表中创建变量

在变量表中，可以为所有要在程序中寻址的绝对地址分配符号名和数据类型。例如，为输入 I0.0 分配符号名"启动"。这些名称可以在程序的所有地方使用，即它们是全局变量。

（1）通过输入生成变量。

① 在项目树下选择"顺序启动控制"→"PLC_1"→"PLC 变量"选项，双击"添加新变量表"选项，添加一个变量表，将其命名为"项目变量"。双击"项目变量"选项，进入如图 1-20 所示界面。

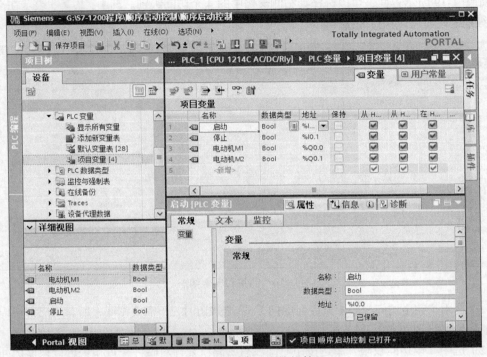

图1-20　使用变量表编辑符号

② 在第 1 行"名称"列下输入"启动"，选择数据类型为"Bool"，在"地址"列下输入"I0.0"，"地址"列下将自动添加"%"，表示变量使用的是绝对地址，完成后按 Enter 键会自动进入下一行。

③ 按照同样的方法添加其余变量。

如果使用常量符号，则可单击"用户常量"按钮，在"名称"列下输入符号，选择数据类型，在"值"列下输入常量符号对应的值。例如，定义常量符号 PI，数据类型为 Real，值为 3.14，则在程序中使用 PI 时，它表示常数 3.14。

（2）通过拖曳生成变量。也可以先编写程序，再在默认变量表中修改变量对应地址的符号名称。

① 打开程序编辑器，编写用户梯形图程序（详见程序编写部分）。

② 打开设备视图，单击工具栏中的"工作区水平拆分"按钮，将工作区拆分为上部是设备视图、下部是程序编辑器。

③ 单击设备视图下部的按钮，选择放大倍数为 400%。

④ 将设备视图中模块上的 I/O 点拖曳到程序编辑器的地址域中。例如，将"%I0.0"拖曳到程序段 1 中的常开触点上，在默认变量表中自动生成名称为"Tag_1"、数据类型为 Bool、地址为%I0.0 的变量，如图 1-21 所示，将其名称改为"启动"即可。使用同样的方法可以生成其余变量。

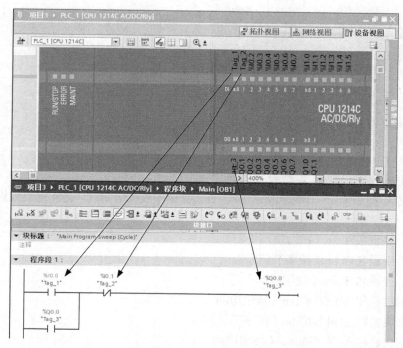

图1-21 通过拖曳生成变量

（3）变量表中变量的排序。单击变量表表头中的"地址"列，该列出现▲符号，各变量按地址的字母和数字 A～Z 和 0～9 升序排列。再单击一次该列，出现▼，各变量按地址的字母和数字 Z～A 和 9～0 降序排列。可以用同样的方法，根据变量名称、数据类型对变量进行排序。

2. 使用数据块创建变量

数据块可以使用优化的数据块或标准的数据块。优化的数据块可以节省存储空间，按变量符号访问，但不能用绝对地址访问数据块；标准的数据块可以按绝对地址存取。

（1）在项目树下选择"程序块"选项，双击"添加新块"选项，在进入的界面中单击"数据块"按钮，再单击"确定"按钮，可生成一个名为"数据块_1[DB1]"的数据块。

（2）在该数据块的"名称"列下输入"定时时间"，数据类型选择"Time"，起始值设为"T#5s"，如图 1-22 所示。

（3）如果需要使用地址访问标准的数据块，则可在项目树下新生成的"数据块_1[DB1]"上单击鼠标右键，选择"属性"选项，取消勾选"优化的块访问"复选框，数据块中会显示"偏移量"列，编译后会显示偏移地址。如果使用优化的数据块，则需要勾选"优化的块访问"复选框。

（4）单击工具栏中的"编译"按钮进行编译，则变量"定时时间"的地址为 DB1.DBD0。

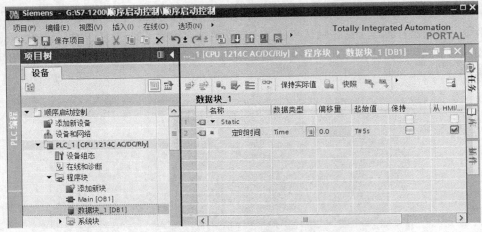

图1-22 创建并设置数据块

3. 访问一个变量数据类型的"片段"

可以根据大小按位、字节或字级别访问 PLC 变量和数据块变量。访问此类数据片段的语法如下。

（1）PLC 变量名称.xn（按位访问）。

（2）PLC 变量名称.bn（按字节访问）。

（3）PLC 变量名称.wn（按字访问）。

（4）数据块名称.变量名称.xn（按位访问）。

（5）数据块名称.变量名称.bn（按字节访问）。

（6）数据块名称.变量名称.wn（按字访问）。

双字大小的变量可按位 0～31、字节 0～3、字 0～1 或双字访问。一个字大小的变量可按位 0～15、字节 0～1 或字访问。字节大小的变量可按位 0～7 或字节访问。例如，在变量表中创建了一个"Msg"的双字变量，可以用"Msg.x1"访问第 1 位、"Msg.b0"访问字节 0、"Msg.w1"访问字 1；在"数据块_1"中创建一个双字大小的变量 temp，可以用"数据块_1.temp.x0"访问第 0 位、"数据块_1.temp.b2"访问字节 2、"数据块_1.temp.w2"访问字 2。

五、PLC的编程语言和程序编辑器

1. PLC 的编程语言

S7-1200 的编程语言有梯形图编程语言（LAD）、功能块图（FBD）编程语言和结构化控制语言（SCL）这 3 种。梯形图编程语言是使用最多的 PLC 图形编程语言，它与继电器电路很相似，具有直观易懂的优点，本书中只介绍梯形图编程语言。

梯形图程序由触点、线圈和用方框表示的指令框组成。其中，触点代表逻辑输入条件，如外部的按钮、开关和内部条件等；线圈代表逻辑运算的结果，常用来控制外部负载和内部的标志位等；指令框用来表示定时器、计数器或其他功能指令。

由触点、线圈等组成的电路称为程序段，在分析一个程序段的梯形图逻辑关系时，可以想象梯形图的左右两侧垂直"电源线"之间有一个左正右负的直流电源电压，如图 1-23 所示。当程序段 1 中的触点 I0.0 和 I0.1 同时接通，或触点 Q0.0 和 I0.1 同时接通时，有一个假想的"能流"（相当于电路中的电流）流过 Q0.0 的线圈。能流只能从左向右流动，并且一个程序段只允许一个能流流动，如程序段 2 和程序段 1 都有一个能流，则不能编写到一个程序段中。

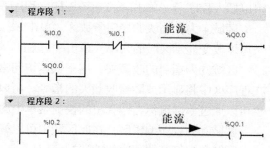

图1-23 梯形图编程

编写程序段中的程序时，应符合"上重下轻、左重右轻"的原则，即上面的触点多，下面的触点少；左边的触点多，右边的触点少。如果不符合这个原则，则会出现多余的代码，编写程序比较长时，会影响 CPU 的运行效率。

程序段的逻辑运算按从左到右的方向执行。如果没有跳转指令，则程序段之间按从上到下的顺序执行，执行完所有的程序段后，下一次循环扫描返回最上面的程序段 1，重新开始执行。

2. 程序编辑器

（1）程序编辑器简介。在 TIA 博途软件中，双击项目树下的"Main[OB1]"选项，打开程序编辑器，如图 1-24 所示，默认的编程语言是梯形图编程语言。

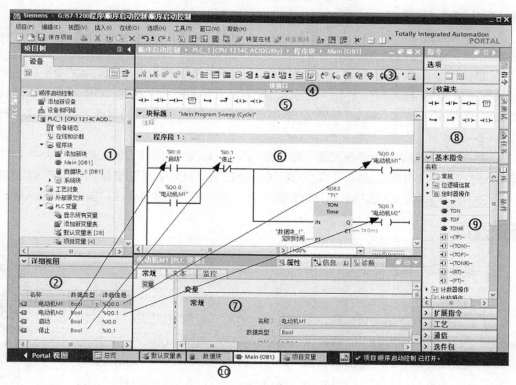

图1-24 程序编辑器

区域①为项目树。

区域②为详细视图。当选中项目树下的默认变量表或数据块时，详细视图中显示对应的变量，可以将其中的变量直接拖曳到梯形图中使用。当将变量拖曳到已设置的地址上时，原来的地址将被替换。

区域③为程序编辑器的工具栏，单击其中的按钮可以进行相应的操作。例如，单击 按钮可以插入程序段，单击 按钮可以删除程序段等。

区域④为代码块的接口参数区，单击 按钮可以将该区域打开，用鼠标左键上下拖动分隔条可以改变显示区域的大小。单击 按钮，该区域将被隐藏。

区域⑤为指令的收藏夹，用于快速访问常用的指令。单击程序编辑器工具栏中的 按钮，在程序区中将显示或隐藏收藏夹的指令。可以将指令列表中自己常用的指令拖曳到收藏夹中，也可以通过单击鼠标右键弹出的快捷菜单中的选项删除收藏夹中的指令。

区域⑥为程序编辑区，在此区域中可以编写用户程序。

区域⑦为打开的程序块的巡视窗口。

区域⑧为收藏夹，区域⑤即显示该收藏夹中的指令。

区域⑨为任务卡中的指令列表。

区域⑩为打开的程序编辑器的选项卡，选择该区域中的某个选项卡，可以在工作区中显示对应的编辑器。

（2）编写用户程序。下面以图 1-24 的梯形图程序为例，说明具体的编写步骤和方法。

① 选中程序段 1 下的横线，依次单击收藏夹中的指令 ⊣⊢、⊣/⊢、⊣( )⊢，可依次添加常开触点、常闭触点、线圈。

② 选中程序段 1 的左母线，单击指令 →，打开分支。单击指令 ⊣⊢，添加一个常开触点。单击指令 ⤴，使分支线向上闭合。

③ 单击指令 ⊣⊢后面的横线，单击指令 →，打开分支，将右边的"基本指令"→"定时器操作"下的 TON 拖曳到分支上，会弹出"调用选项"对话框，这是 TON 的背景数据块，将其命名为"T1"，单击"确定"按钮。单击定时器 T1 的输出 Q 后的横线，再单击收藏夹中的指令 ⊣( )⊢。

④ 单击默认变量表，从详细视图中将变量"启动"拖曳到启动常开触点的地址域<??.?>中，该常开触点的地址自动变为%I0.0"启动"。按照同样的方法，将变量拖曳到梯形图对应的地址域中。

⑤ 选择"数据块_1"选项，从详细视图中将"定时时间"拖曳到定时器的 PT 输入端。

任务实施

一、硬件组态与软件编程

1. 硬件组态

（1）打开博途软件的项目视图，单击工具栏中的"新建项目"按钮 ，创建新项目"1-3 顺序启动控制"，选择保存路径，单击"创建"按钮。

TIA 博途软件
入门

（2）双击项目树下的"添加新设备"选项，选择"控制器"→"SIMATIC S7-1200"→"CPU"→"CPU 1214C AC/DC/Rly"→"6ES7 214-1BG40-0XB0"选项，版本号选择 V4.2，将自动生成一个名为"PLC_1"的 PLC 站点。

（3）在巡视窗口中，选择"属性"→"常规"→"PROFINET 接口[X1]"→"以太网地址"选项，使用默认的 IP 地址 192.168.0.1，子网掩码 255.255.255.0。

2. 软件编程

（1）在项目树下选择"顺序启动控制"→"PLC_1"→"PLC 变量"选项，双击"添加新变量表"选项，添加一个变量表，将其命名为"项目变量"。双击"项目变量"选项，创建如图 1-20

所示的变量。

（2）在项目树下选择"程序块"选项，双击"添加新块"选项，在进入的界面中单击"数据块"按钮，再单击"确定"按钮，可生成一个名为"数据块_1[DB1]"的数据块，创建如图 1-22 所示的变量。

（3）编写用户程序。通过拖曳的方法，编写梯形图程序，如图 1-24 所示。

二、仿真运行

西门子 S7-1200 的硬件比较贵，很少有人买来学习，最简单有效的方法是通过仿真软件验证所编写的程序。

（1）在项目树下的项目"顺序启动控制"上单击鼠标右键，选择"属性"选项，在进入的界面中选择"保护"选项，勾选"块编译时支持仿真"复选框，单击"确定"按钮。

（2）在项目树下选择"PLC_1"选项，单击工具栏中的"编译"按钮 🔳，对站点进行编译。

（3）单击工具栏中的"开始仿真"按钮 🔳，弹出"启动仿真将禁用所有其他的在线接口"提示信息，单击"确定"按钮，进入仿真下载界面，如图 1-25 所示。单击"开始搜索"按钮，可找到设备，默认 IP 地址为 192.168.0.1，单击"下载"按钮，进入"下载预览"界面，单击"装载"按钮，在"下载结果"界面中单击"完成"按钮。

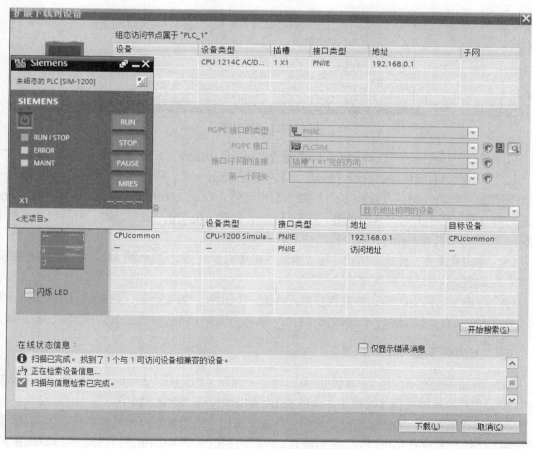

图1-25 仿真下载界面

（4）单击仿真界面中的"切换到项目视图"按钮，打开仿真器的项目视图。单击仿真界面工具栏中的"新建"按钮，创建一个"1-3 顺序启动控制仿真"项目，可自动编译并加载该站点。如果希望仿真时直接打开项目视图，则可以在仿真界面中选择"选项"→"设置"选项，将起始视图设置为"项目视图"，下次仿真时会直接打开项目视图。

（5）在仿真界面中，在项目树下选择"SIM 表格"选项，双击"SIM 表格_1"选项，在"名称"列下分别单击囯按钮，选择"'启动'：P""'停止'：P""电动机 M1""电动机 M2""T1'.ET"（定时器当前值）和"'数据块_1'.定时时间"，如图 1-26 所示。也可以单击"SIM 表格_1"工具栏中的"加载项目标签"按钮，添加项目所有的变量。

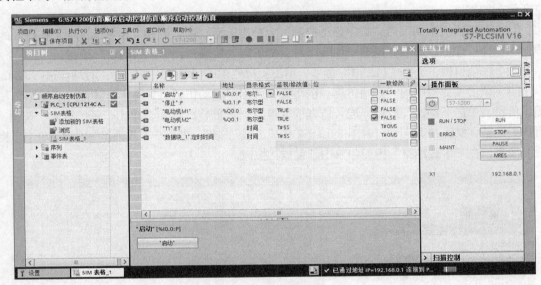

图1-26　仿真界面

（6）单击工具栏中的"启动 CPU"按钮或右侧"操作面板"下的"RUN"按钮，运行 PLC。

（7）单击 SIM 表格中的变量"启动"，其下面会弹出一个"启动"按钮。单击该按钮，可以看到变量"电动机 M1"后的"位"列复选框出现☑，表示电动机 M1 启动。同时，T1.ET 的"监视/修改值"列中的时间开始计时。延时 5s 后，变量"电动机 M2"后的"位"列复选框出现☑，表示电动机 M2 启动，顺序启动结束。

（8）单击变量的"停止"按钮，可以看到"电动机 M1"和"电动机 M2"后复选框中的☑消失，电动机 M1 和 M2 同时停止。

（9）单击工具栏中的"启用/禁用非输入修改"按钮，修改变量"'数据块_1'.定时时间"的"监视/修改值"列下的值，如修改为 T#10s，则电动机 M1 启动后经过 10s，电动机 M2 启动。

三、上传和下载

TIA 博途可以把用户组态的硬件信息和程序下载到 CPU 中。下载时可以将整个站下载到 CPU 中，也可以单独将具体的程序、设备视图、数据块等下载到 CPU 中。

在下载的过程中，会提示用户处理相关信息，例如，是否要删除系统数据并用离线系统数据替换、OB1 已经存在是否覆盖、是否停止 CPU 等，用户应按照提示进行选择，完成希望的下载任务。

1. 设置计算机的 IP 地址和子网掩码

在组态设备时已经设置 PLC 的 IP 地址为 192.168.0.1,子网掩码为 255.255.255.0。计算机网卡的 IP 地址和 PLC 的 IP 地址应设在同一个网段中,如将计算机网卡的 IP 地址设为192.168.0.100,子网掩码设为 255.255.255.0,用网线将 PLC 与计算机的网卡连接起来。

2. PLC 型号和固件版本号的确认

如果组态的 PLC 型号和固件版本号与实际硬件不一致,则会下载失败。S7-1200 的外包装盒上一般印有型号和固件版本号。如果没有外包装盒,则可以通过如下方法进行确认并进行修改。

(1)在项目树下选择"在线访问"→自己的计算机网卡选项。双击"更新可访问的设备"选项,可显示"plc_1[192.168.0.1]"。双击"在线和诊断"选项,进入如图 1-27 所示界面,可以看到 PLC 的型号为 CPU1214C AC/DC/Rly,固件版本号为 V4.2.3。

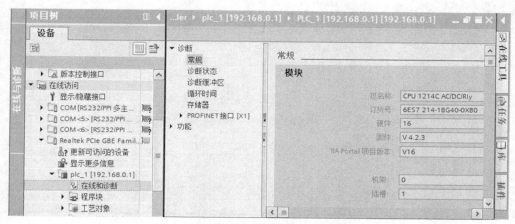

图1-27 PLC型号和固件版本号的确认界面

(2)如果需要修改 PLC 的型号或固件版本号,则可以在项目树下的"PLC_1"站点上单击鼠标右键,选择"更改设备"选项,选择与实际硬件型号和版本号一致的 PLC。

3. 通过以太网下载

(1)下载整个站。

① 在项目树下选择"PLC_1"选项,单击工具栏中的"下载到设备"按钮⬇,进入如图1-28 所示界面。

② 选择 PG/PC 接口的类型为"PN/IE",选择 PG/PC 接口对应的计算机网卡,单击"开始搜索"按钮,可找到 PLC 设备。单击"下载"按钮,可自动编译并下载 PLC 设备。

③ 弹出"装载到设备前的软件同步"对话框,如图 1-29 所示,提示"CPU 包含无法自动同步的修改。",单击"在不同步的情况下继续"按钮。

④ 弹出"下载预览"对话框,"停止模块"后的"动作"列下显示"无动作",将其设置为"全部停止",如图 1-30(a)所示,单击"下载"按钮,开始下载。

⑤ 下载结束后,弹出"下载结果"对话框,如图 1-30(b)所示,在"动作"列下选择"启动模块"选项,单击"完成"按钮,PLC 的"RUN/STOP"指示灯由黄色切换为绿色。

(2)下载整个程序块。在项目树下选择"PLC_1"→"程序块"选项,单击"下载到设备"按钮⬇,编译成功后,即可将修改后的全部程序块下载到 CPU 中。

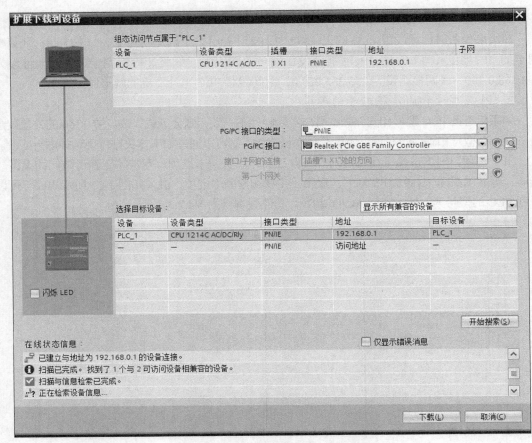

图1-28　通过以太网下载到设备的界面

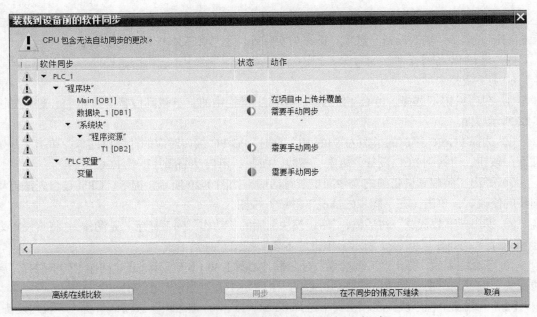

图1-29　"装载到设备前的软件同步"对话框

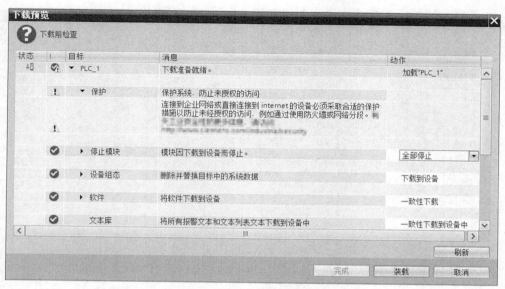

（a）"下载预览"对话框

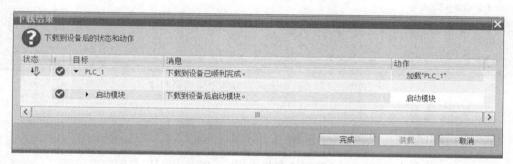

（b）"下载结果"对话框

图1-30 "下载预览"和"下载结果"对话框

（3）下载几个程序块。在项目树下选择"PLC_1"→"程序块"选项，按住 Ctrl 键，选中几个程序块（如 DB1、OB1 等），单击"下载到设备"按钮 ，编译成功后，即可将修改后的这几个程序块下载到 CPU 中。

（4）下载一个块。在项目树下选择"PLC_1"→"程序块"选项，选中一个程序块（如 OB1），单击"下载到设备"按钮 ，编译成功后，可以将该程序块下载到 CPU 中。

另外，可以将工艺对象、PLC 变量、PLC 数据类型、监控和强制表、设备组态等单独下载到 CPU 中。

4. 通过以太网上传

在项目视图中，单击"新建项目"按钮 ，新建一个项目。在项目树下选中该项目，选择"在线"→"将设备作为新站上传（硬件和软件）"选项，进入如图 1-31 所示界面，单击"开始搜索"按钮，找到设备后，单击"从设备上传"按钮，可以将整个站上传到该新建项目中。如果在原有的项目中上传，则巡视窗口中会提示站名已经在项目中使用，上传失败。

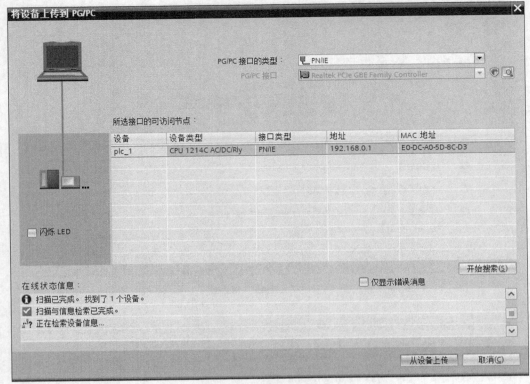

图1-31　通过以太网将设备上传到项目中

四、运行调试

在 TIA 博途软件中，可以通过程序状态监控和监控表监控对用户程序进行调试。程序状态监控可以监控程序的运行，显示程序中操作数的值，查找用户程序的逻辑错误，修改某些变量的值。监控表监控可以监视、修改或强制各个变量，还可以向某些变量写入需要的值，以测试程序或硬件。

如果 PLC 处于停止状态（RUN/STOP 指示灯为黄色），则可单击工具栏中的"启动 CPU"按钮，使 PLC 处于运行状态。

1. 程序状态监控

（1）单击程序编辑器工具栏中的"启用/禁用监视"按钮，梯形图程序监控如图 1-32 所示。如果项目树中的项目、站点和程序块的右边出现 符号，则表示有故障；如果 Main[OB1] 的右边出现 符号，则表示在线程序（CPU 中的程序）和离线程序（计算机中的程序）不一致，需要重新下载有问题的块，使在线程序和离线程序保持一致。上述对象右边都呈现绿色时，程序状态才正常。梯形图中绿色的连续线表示接通，即有"能流"通过；蓝色虚线表示没有接通，没有能流；灰色连续线表示状态未知或程序未执行。

（2）按下启动按钮 I0.0，Q0.0 线圈通电自锁，电动机 M1 启动；经过 5s，Q0.1 线圈通电，电动机 M2 启动。

（3）按下停止按钮 I0.1，Q0.0 和 Q0.1 线圈同时断电，电动机 M1 和 M2 同时停止。

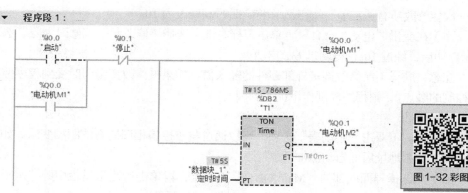

图1-32　梯形图程序监控

（4）在变量"'数据块_1'.定时时间"上单击鼠标右键，选择"修改"→"修改操作数"选项，如果将值修改为10s，则电动机 M1 启动后经过 10s，电动机 M2 才启动。

在某个变量上单击鼠标右键，可以修改该变量的值或变量的显示格式。对于 Bool 变量，选择"修改"→"修改为1"选项，可以将该变量置为1；选择"修改"→"修改为0"选项，可以将该变量复位为 0。注意，不能修改连接外部硬件的输入值。如果被修改变量同时受到程序控制（如受线圈控制的触点），则程序控制作用优先。

2. 监控表监控

使用梯形图监控可以形象直观地监视程序的执行情况，触点和线圈的状态一目了然。但是程序的状态只能在屏幕上显示一小块区域，如果程序较长，则无法同时看到与某一程序功能相关的全部变量的状态。使用监控表可以同时监视、修改用户感兴趣的变量。一个项目可以生成多个监控表，以满足不同的调试需要。

（1）在项目树下选择"监控与强制表"选项，双击"添加新监控表"选项，添加"监控表_1"。

（2）通过复制粘贴将项目变量表中的变量粘贴到监控表中，添加如图 1-33 所示的变量。也可以在"名称"列下分别单击▤按钮，选择需要添加的变量。

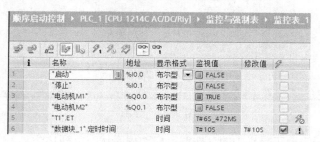

图1-33　监控表监控

（3）单击监控表工具栏中的"全部监视"按钮▛，位变量为 TRUE 时，"监视值"列的方形指示灯为绿色；位变量为 FALSE 时，指示灯为灰色。可以使用监控表"显示格式"默认的显示格式，也可以通过下拉列表选择需要的显示格式。

（4）按下启动按钮 I0.0，变量"电动机 M1"的"监视值"列显示绿色，电动机 M1 启动；经过 5s，变量"电动机 M2"的"监视值"列显示绿色，电动机 M2 启动。

（5）在"'数据块_1'.定时时间"的"修改值"列中输入 10s，单击监控表工具栏中的"立即一次性修改所有选定值"按钮，将定时时间修改为 10s。

（6）在变量"电动机 M1"上单击鼠标右键，选择"修改"→"修改为 1"选项，电动机 M1 启动后，经过 10s，电动机 M2 启动。

注意，同样不能修改连接外部硬件的输入值。如果被修改变量同时受到程序控制（如受线圈控制的触点），则程序控制作用优先。

3．强制

在项目树下双击"强制表"选项，可以通过与监控表相同的方法添加变量。如果是外设，则会在名称和地址后面自动添加"：P"。

（1）先选择界面底部的"Main[OB1]"选项卡，再单击博途工具栏中的"水平拆分编辑器空间"按钮，同时显示 OB1 和强制表，如图 1-34 所示。

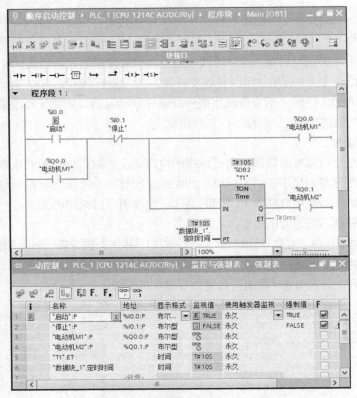

图 1-34　强制

（2）单击程序编辑器工具栏中的按钮，启动程序状态监视功能。

（3）单击强制表工具栏中的按钮，启动强制表监视功能。单击强制表工具栏中的"显示/隐藏扩展模式列"按钮，显示扩展模式。外围设备输出无法监视，显示。

（4）在变量"启动"上单击鼠标右键，选择"强制"→"强制为 1"选项，将"I0.0：P"强制为 TRUE（或者在"强制值"列下输入 1，单击"全部强制"按钮），在弹出的"是否强制"对话框中单击"是"按钮进行确认。变量"启动"前出现被强制的符号，同时梯形图中 I0.0 的下面也出现被强制的符号。Q0.0 线圈通电，PLC 面板上 Q0.0 对应的 LED 指示灯亮，电动机 M1 启动。经过 10s，Q0.1 线圈通电，电动机 M2 启动。进行强制时，PLC 的 MAINT 指示灯亮。

（5）在变量"停止"上单击鼠标右键，选择"强制"→"强制为 1"选项，Q0.0 和 Q0.1 线圈同时断电，电动机 M1 和 M2 同时停止。

（6）单击强制表工具栏中的 **F.** 按钮，停止对所有地址的强制。

输入、输出点被强制后，即使关闭编程软件、计算机与 CPU 的连接断开或 CPU 断电，强制值都被保存在 CPU 中，直到在线时用强制表停止强制功能。在使用强制功能时，要特别注意，最后一定要取消所有的强制。

练习题

1．怎样设置时钟存储器字节？默认时钟存储器字节哪一位的时钟脉冲周期为 1s？

2．系统存储器字节的默认地址是 MB1，哪一位是首次循环位？

3．在变量表中生成一个名为"Msg"的变量，数据类型为 DWord，写出它的第 15 位和第 3 个字节的符号名。

4．优化的块访问有什么特点？怎样设置块的优化的块访问属性？

5．新建一个数据块 Pump，先生成由 10 个整数元素组成的一维数组 Press；再生成由 Bool 变量 Start、Stop 和 Int 变量 Speed 组成的结构体 Motor。

6．在第 5 题的程序中，如何用符号表示数组 Press 的下标为 8 的元素？又怎样用符号表示结构体 Motor 的元素 Speed？

7．计算机与 S7-1200 通信时，怎样设置计算机网卡的 IP 地址和子网掩码？

8．程序状态监控有什么优点？什么情况下应使用监控表？

9．使用强制表应特别注意什么？

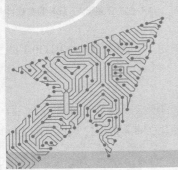

课程育人

　　1931 年，钱伟长以中文和历史双 100 分而理科低分的偏科成绩被清华大学录取，为了科学救国，他弃文从理，不断努力，最终成为杰出的科学家。这教育我们要有克服困难的勇气和决心，经过不懈的努力，一定能达到我们的目标。

　　PLC 的控制功能是通过用户程序实现的，用户编写程序的基本指令包括位逻辑、定时器、计数器、比较操作、数学函数、转换操作、移动操作、字逻辑运算、程序控制和移位操作等。

••• 任务 1　应用位逻辑指令实现电动机的点动控制 •••

任务引入

　　电动机的点动控制一般应用于设备的安装调试或工艺参数的调整，控制要求如下。

　　（1）按下点动按钮，电动机运转。

　　（2）松开点动按钮，电动机停机。

　　应用 PLC 实现的点动控制电路如图 2-1 所示，SB 为点动按钮，连接 PLC 的输入 I0.1；KM 为接触器的线圈，额定电压为 AC 220V，连接 PLC 的输出 Q0.1。

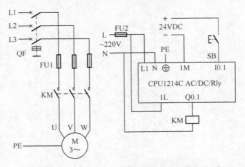

图2-1　应用PLC实现的点动控制电路

相关知识

一、电动机定子绕组的连接

　　三相交流异步电动机主要由定子（固定部分）和转子（旋转部分）两大部分构成。定子由机座、定子铁心、三相定子绕组等组成。定子铁心内圆上冲有均匀分布的槽，用于对称放置三相定子绕组。转子由转轴、转子铁心、转子绕组等组成。转轴用来支撑转子旋转，保证定子与转子间有均匀的气隙。当三相定子绕组通以三相交流电时，产生旋转磁场，切割转子绕组，产生感生电动势和感生电流，通有感生电流的转子导体受到磁场力的作用，于是，转子在电磁转矩作用下与磁场同方向旋转。

　　三相定子绕组 U 相、V 相和 W 相引出的 6 根出线端接在电动机外壳的接线盒中，其中，U1、V1、W1（或 A、B、C）为三相绕组的首端，U2、V2、W2（或 X、Y、Z）为三相绕组的尾端。三相定子绕组根据电源电压和绕组的额定电压连接成丫形（星形）或△形（三角形），将三相定子绕组的尾端短接，首端接三相交流电源，则电动机连接为丫形，如图 2-2（a）所示；将三相定子绕组依次首尾相接，首端接三相交流电源，则电动机连接为△形，如图 2-2（b）所示。特别提示，不在丫-△降压启动时，电动机定子绕组需要连接为丫形或△形，后面不再提示。

三相异步电动机
的连接

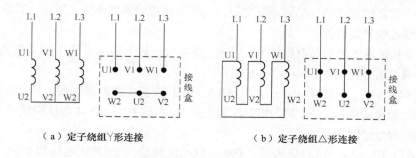

（a）定子绕组丫形连接　　　　　　（b）定子绕组△形连接

图2-2　三相交流异步电动机定子绕组连接方式

　　电动机转子的转动方向与旋转磁场的旋转方向相同，如果需要改变电动机转子的转动方向，则必须改变旋转磁场的旋转方向。旋转磁场的旋转方向与通入定子绕组的三相交流电流的相序有关，因此，将定子绕组接入三相交流电源的导线中的任意两根对调，旋转磁场改变转向，电动机也随之换向。

二、相关低压电器

1. 低压断路器

低压断路器又称为自动空气开关，简称断路器。它集控制和保护于一体，在电路正常工作时，作为电源开关进行不频繁的接通和分断电路；而在电路发生短路、过载等故障时，它又能自动切断电路，起到了保护作用，有的断路器还具备漏电保护和欠电压保护功能。低压断路器外形结构紧凑、体积小，采用导轨安装，目前常用于在电气设备中取代组合开关、熔断器和热继电器。

DZ5 系列低压断路器的内部结构与电路符号如图 2-3 所示。它主要由动触点、静触点、操作机构、灭弧装置、保护机构及外壳等部分组成。其中，保护机构由热脱扣器（起过载保护作用）和电磁脱扣器（起短路保护作用）构成。

2. 接触器

接触器属于控制电器，是依靠电磁吸引力与复位弹簧反作用力配合动作，而使触点闭合或断开的电磁开关，主要控制对象是电动机。其具有控制容量大、工作可靠、操作频率高、使用寿命长和便于自动化控制的特点。

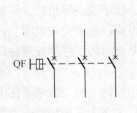

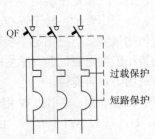

过载保护

短路保护

（a）内部结构 　　（b）通用电路符号 　　（c）具有过载和短路保护的电路符号

图2-3　DZ5系列低压断路器的内部结构与电路符号

（1）交流接触器的工作原理。交流接触器的工作原理如图 2-4 所示。接触器的线圈和静铁心固定不动，当线圈通电时，铁心线圈产生电磁吸力，将动铁心吸合并带动动触点运动，使常闭触点分断，常开触点接通；当线圈断电时，动铁心依靠弹簧的作用而复位，其常开触点恢复分断，常闭触点恢复闭合。

（2）交流接触器的外形与电路符号。目前，在电气设备上使用较多的 CJX 系列交流接触器的俯视图和侧视图分别如图 2-5（a）、（b）所示。

在图 2-5（a）中，上部的 1/L1、3/L2、5/L3 为三相交流电源的进线端，下部的 2/T1、4/T2、6/T3 为三相交流电源的出线端，此为接触器的主触点；右侧的 13NO、14NO 构成辅助常开触点，21NC、22NC 构成辅助常闭触点。

在图 2-5（b）中，A1、A2 分别表示线圈的进线和出线端，线圈额定电压为 380V 50Hz/60Hz，Q7 中的 Q 表示 380V、7 表示 50Hz/60Hz。型号 CJX2-5011 表示主触点额定电流 50A、1 个辅助常开触点和 1 个辅助常闭触点的交流接触器。交流接触器的电路符号如图 2-5（c）所示。

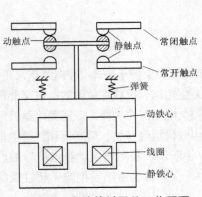

动触点

静触点

常闭触点

常开触点

弹簧

动铁心

线圈

静铁心

图2-4　交流接触器的工作原理

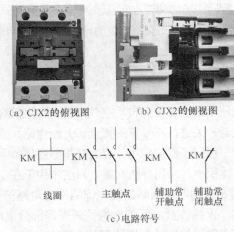

（a）CJX2的俯视图 　　（b）CJX2的侧视图

KM　　KM　　KM　　KM

线圈　　　主触点　　辅助常　　辅助常
　　　　　　　　　　开触点　　闭触点

（c）电路符号

图2-5　CJX系列交流接触器

3．熔断器

熔断器属于保护电器，使用时串联在被保护电路的首端，其熔体在过电流时迅速熔化切断电路，起到保护用电设备和使电路安全运行的作用。熔断器在电动机控制电路中做短路保护，通常取熔断器的熔断电流为熔体额定电流 I_N 的 2 倍，其熔断时间约为 40s，因此，熔断器对轻度过载反应迟缓，一般只能做短路保护。熔断器的外形与电路符号如图 2-6 所示。

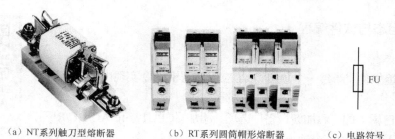

(a) NT系列触刀型熔断器　　　(b) RT系列圆筒帽形熔断器　　　(c) 电路符号

图2-6　熔断器的外形与电路符号

熔断器由熔体、熔断管和熔座 3 部分组成。熔体常做成丝状或片状，制作熔体的材料一般有铅锡合金和铜。熔断管是熔体的保护外壳并在熔体熔断时兼有灭弧作用。熔座起固定熔管和连接导线的作用。

4. 按钮

按钮属于主令电器，用来手动地接通与断开电路。图 2-7 所示为电气设备中常用按钮的结构与电路符号。

按钮一般分为常开按钮、常闭按钮和复合按钮，当按钮按下时，其常开触点接通，常闭触点断开。其电路符号如图 2-7（b）所示。选用按钮时，一般停止按钮选用红色钮，启动按钮选用绿色钮；一钮双用（启动/停止）不得使用绿色、红色，而应选用黑色、白色或灰色。

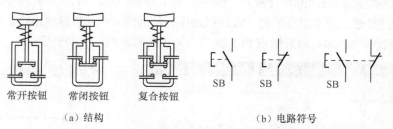

常开按钮　　常闭按钮　　复合按钮　　　　SB　　SB　　SB

（a）结构　　　　　　　　　　　　（b）电路符号

图2-7　电气设备中常用按钮的结构与电路符号

三、位逻辑指令

位逻辑指令处理布尔值"1"和"0"，"1"表示触点动作或线圈通电，"0"表示触点未动作或线圈未通电。触点指令和线圈指令的格式与说明见表 2-1，表中 LAD 为梯形图。

表 2-1　触点指令和线圈指令的格式与说明

触点指令			线圈指令		
指令	LAD	说明	指令	LAD	说明
常开触点指令	`<??.?>` ┤├	<??.?>为"1"，常开触点接通，否则断开	线圈指令	`<??.?>` ┤ ├	输入为"1"，<??.?>线圈通电，否则断电
常闭触点指令	`<??.?>` ┤/├	<??.?>为"1"，常闭触点断开，否则接通	线圈取反指令	`<??.?>` ┤/├	输入为"1"，<??.?>线圈断电，否则通电
逻辑取反指令	┤ NOT ├	输入为"1"，输出为"0"；输入为"0"，输出为"1"			

任务实施

一、硬件组态与软件编程

1. 硬件组态

（1）打开博途软件，新建一个项目"2-1 应用位逻辑指令实现电动机的点动控制"。

（2）双击项目树下的"添加新设备"选项，添加"CPU1214C AC/DC/Rly"，选择版本号为 V4.2，添加一个站点"PLC_1"。

（3）确认默认 IP 地址为 192.168.0.1，子网掩码为 255.255.255.0。

2. 软件编程

（1）在项目树下选择"PLC_1"→"PLC 变量"选项，双击"添加新变量表"选项，将添加的变量表命名为"项目变量"。

（2）添加图 2-8 所示的变量。

（3）在项目树下选择"PLC_1"→"程序块"选项，双击"Main[OB1]"选项，打开程序编辑器。

（4）单击程序段 1 中的横线，分别单击收藏夹中的指令┤├和┤ ├。

（5）在项目树下选择"项目变量"选项，从详细视图中将变量"点动"拖曳到┤├上部，将变量"电动机"拖曳到┤ ├的上部。

（6）点动控制程序如图 2-9 所示，其工作原理如下。

① 按下点动按钮 SB，I0.1 有输入，程序中 I0.1 常开触点闭合，Q0.1 线圈通电，PLC 的 Q0.1 与 1L 之间接通，使交流接触器 KM 线圈通电，从而控制电动机通电运行。

② 松开点动按钮 SB，常开触点 I0.1 断开，Q0.1 线圈断电，电动机停止。

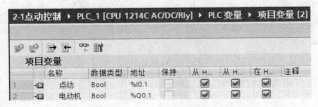

图2-8　点动控制项目的变量

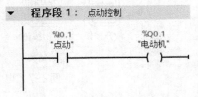

图2-9　点动控制程序

二、仿真运行

（1）在项目树下的项目"2-1 应用位逻辑指令实现电动机的点动控制"上单击鼠标右键，选择"属性"→"保护"选项，选择"块编译时支持仿真"选项。选择项目树下的站点"PLC_1"，单击工具栏中的"编译"按钮进行编译。编译后，巡视窗口应显示没有错误。

（2）单击工具栏中的"开始仿真"按钮，打开仿真器。单击"新建"按钮，新建一个仿真项目"2-1 应用位逻辑指令实现电动机的点动控制仿真"。在进入的"下载预览"界面中单击"装载"按钮，将 PLC_1 站点下载到仿真器中。

（3）在仿真界面中双击"SIM 表格"下的"SIM 表格_1"选项，打开"SIM 表格_1"，单击工具栏中的按钮，添加项目所有的变量。单击工具栏中的"启动 CPU"按钮，使 PLC 运行。

（4）单击变量"点动"下面的"点动"按钮，"电动机"后的"位"列出现√，如图 2-10 所示，电动机启动。

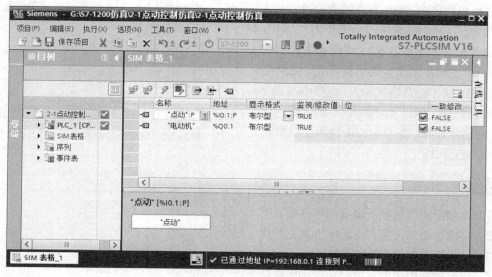

图2-10　点动控制仿真

（5）松开该按钮，"位"列下的√消失，电动机停止。

三、运行操作步骤

（1）按照图 2-1 所示连接控制电路。

（2）选中项目树下的站点"PLC_1"，单击工具栏中的"下载到设备"按钮📥，将该站点下载到 PLC 中。单击工具栏中的"启动 CPU"按钮🖳，使 PLC 处于运行状态。

（3）按下点动按钮 SB，电动机运行。

（4）松开点动按钮 SB，电动机停止。

扩展知识

一、电路构成

控制电路可分为主电路和控制电路两部分，如图 2-1 所示。主电路是大电流流经的电路，是电动机能量的传输通道，主电路的特点是电压高（380V）且电流大。控制电路是对主电路起控制作用的电路，主要是信号传输通道，控制电路的特点是电压不确定（电压等级为 36V、110V、220V 或 380V）且电流小。在原理图中，主电路通常绘在左侧，控制电路绘在右侧；也可以将主电路绘在上侧，控制电路绘在下侧。同一个电气元件的各个部分可以分别绘在不同的电路中，例如，接触器的主触点绘在主电路中，线圈绘在控制电路中，主触点和线圈的图形符号不同，但文字符号 KM 相同，表示为同一个电气元件。

二、点动控制的执行过程

PLC 点动控制的执行过程如图 2-11 所示，可分为输入部分、用户程序和输出部分，其中虚线框为 PLC 内部。在输入部分中，如果按钮 SB 按下，则 SB 和直流电源构成闭合回路，电流由 I0.1 流入 PLC 内部，可以看作 I0.1 线圈通电。在用户程序中，I0.1 常开触点接通，Q0.1 线圈通电。在输出部分中，Q0.1 与 1L 之间的常开触点接通，接触器 KM 线圈通电，主电路中 KM 主触点接通，电动机启动。如果松开按钮 SB，I0.1 没有电流输入，程序中的 I0.1 常开触点断开，Q0.1 线圈断电，则 Q0.1 与 1L 之间的常开触点断开，KM 接触器线圈断电，电动机停止。

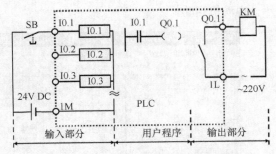

图2-11　PLC点动控制的执行过程

练习题

1．电动机运行时定子绕组如何连接？
2．熔断器应如何接在电路中？其主要作用是什么？
3．低压断路器具有哪些功能？
4．电气控制电路的主电路和控制电路各有什么特点？
5．在实际使用中，按钮该如何选用？
6．当 I0.1 有输入时，其常开触点如何动作？当程序中 Q0.1 线圈通电时，端子 Q0.1 与 1L 之间的状态如何变化？

●●● 任务 2　应用置位复位指令实现电动机的连续运行 ●●●

任务引入

连续运行也称为自锁控制，它是电气控制系统中最常用的功能之一，控制要求如下。

（1）当按下启动按钮时，电动机启动并连续运转。

（2）当按下停止按钮或发生过载时，电动机停止。

根据控制要求设计的连续运行控制电路如图 2-12 所示，在连续运行控制电路中，一般使用热继电器的常闭触点来实现过载保护，连接到 PLC 的输入 I0.0；启动按钮 SB1 和停止按钮 SB2 分别连接 PLC 的 I0.1 和 I0.2。PLC 的输出 Q0.1 连接接触器的线圈 KM，用于控制电动机。

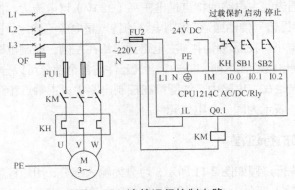

图2-12　连续运行控制电路

相关知识

一、热继电器

热继电器是利用电流热效应工作的保护电器。它主要与接触器配合使用，用于电动机的过载保护。

目前使用的热继电器有两相和三相两种类型。图 2-13（a）所示为两相双金属片式热继电器。它主要由热元件、传动推杆、触点、电流整定旋钮和复位杆组成。其动作原理如图 2-13（b）所示，过载时，热元件发热，双金属片受热弯曲，推动传动推杆使触点动作。三相热继电器的接线端子有 1、3、5 进线端和 2、4、6 出线端，此为热元件的接线端，用于主电路；95、96NC 为常闭触点，97、98NO 为常开触点，用于控制电路。其电路符号如图 2-13（c）所示。

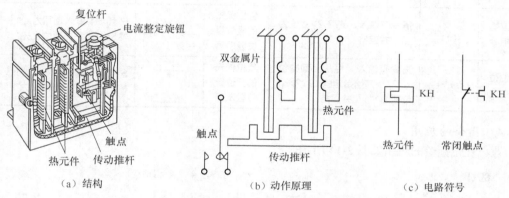

图2-13　两相双金属片式热继电器的结构、动作原理和电路符号

热继电器的整定电流是指热继电器长期连续工作而不动作的最大电流，整定电流的大小可通过电流整定旋钮来调整。

二、置位复位指令

置位复位指令的格式与说明见表 2-2，指令的具体功能如下。其中，<??.?>表示位，<???>表示数量。

1. 置位复位输出

—(S)—是置位输出指令。如果该指令有输入，则将指定的位<??.?>置位为"1"并保持。如果该指令无输入，则指定位的信号状态将保持不变。

—(R)—是复位输出指令。如果该指令有输入，则将指定的位<??.?>复位为"0"。如果该指令无输入，则指定位的信号状态将保持不变。

2. 置位复位位域

SET_BF 是置位位域指令，如果该指令有输入，则将从指定的位<??.?>开始的连续<???>个位置位为"1"并保持。

RESET_BF 是复位位域指令，如果该指令有输入，则将从指定的位<??.?>开始的连续<???>个位复位为"0"并保持。

3. 置位复位触发器

SR 是复位优先的置位复位触发器，如果 S="1"、R1="0"，则将指定位<??.?>置位为"1"。如果 S="0"、R1="1"，则将指定的位<??.?>复位为"0"。如果 S、R1 同时为"1"，由于复位优先，则将指定的位<??.?>复位为"0"。

RS 是置位优先的复位置位触发器，如果 R="1"、S1="0"，则将指定位<??.?>复位为"0"。如果 R="0"、S1="1"，则将指定的位<??.?>置位为"1"。如果 R、S1 同时为"1"，由于置位优先，则将指定的位<??.?>置位为"1"。

表 2-2　置位复位指令的格式与说明

指令	LAD	说明	指令	LAD	说明
置位输出指令	<??.?> —(S)—	指令有输入，<??.?>置位为"1"并保持	复位位域指令	<??.?> —(RESET_BF)— <???>	指令有输入，将从上面的位<??.?>开始指定的<???>个位复位为"0"并保持
复位输出指令	<??.?> —(R)—	指令有输入，<??.?>复位为"0"并保持	置位优先的置位复位触发器	<??.?> RS —R Q— —S1	R 和 S1 输入端同为"1"，Q 输出为"1"，置位优先
置位位域指令	<??.?> —(SET_BF)— <???>	指令有输入，将从上面的位<??.?>开始指定的<???>个位置为"1"并保持	复位优先的置位复位触发器	<??.?> SR —S Q— —R1	S 和 R1 输入端同为"1"，Q 输出为"0"，复位优先

4. 指令的应用

置位复位指令的应用如图 2-14 所示。

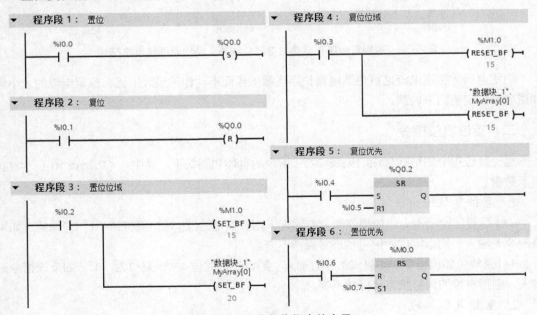

图2-14　置位复位指令的应用

程序段 1 为置位指令的应用。当 I0.0 有输入时，其常开触点闭合，将 Q0.0 置位为"1"并保持。

程序段 2 为复位指令的应用。当 I0.1 有输入时，Q0.0 复位为"0"并保持。

程序段 3 为置位位域指令的应用。当 I0.2 有输入时，将 M1.0 开始的 15 个位置位为 "1" 并保持；同时将 "数据块_1" 中的位数组从 MyArray[0] 开始的 20 个位置位为 "1" 并保持。

程序段 4 为复位位域指令的应用。当 I0.3 有输入时，将 M1.0 开始的 15 个位复位为 "0"；同时将 "数据块_1" 中的位数组从 MyArray[0] 开始的 15 个位复位为 "0"。

程序段 5 为复位优先的置位复位指令的应用。当 I0.4 有输入时，Q0.2 置位为 "1"；当 I0.5 有输入时，Q0.2 复位为 "0"；当 I0.4、I0.5 同时有输入时，Q0.2 复位为 "0"。

程序段 6 为置位优先的复位置位指令的应用。当 I0.6 有输入时，M0.0 复位为 "0"；当 I0.7 有输入时，M0.0 置位为 "1"；当 I0.6、I0.7 同时有输入时，M0.0 置位为 "1"。

三、自锁控制

在图 2-9 所示的点动控制程序中，如果点动按钮 I0.1 处于按下状态，则 Q0.1 线圈通电，电动机启动运行。要使电动机一直保持运行，需要 I0.1 常开触点不能断开。如果在 I0.1 常开触点两端并联一个 Q0.1 的常开触点，则会由于 Q0.1 线圈通电，Q0.1 常开触点一直保持接通，可以使 Q0.1 线圈一直保持通电状态，就像用 Q0.1 的常开触点将其线圈锁起来一样，所以称为自锁控制。要使电动机停止，需要使线圈 Q0.1 断电，可以串联一个常闭触点的停止按钮，所以自锁控制也称为启保停控制。

使用 PLC 位逻辑编写的自锁控制程序如图 2-15 所示，因 I0.0 接热继电器的常闭触点，故通电时 I0.0 有输入，其常开触点预先接通，为启动做准备。当按下启动按钮时，I0.1 常开触点接通，Q0.1 线圈通电，Q0.1 常开触点接通，松开按钮 I0.1 时常开触点断开，由于 Q0.1 常开触点的自锁，Q0.1 线圈一直保持通电，电动机连续运行。当发生过载（I0.0 常开触点断开）或按下停止按钮（I0.2 常闭触点断开）时，Q0.1 线圈断电，其常开触点断开，自锁控制解除，电动机停止运行。

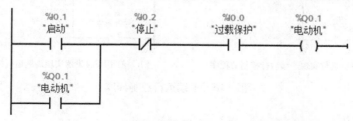

图2-15　使用PLC位逻辑编写的自锁控制程序

任务实施

一、硬件组态与软件编程

1. 硬件组态

（1）打开博途软件，新建一个项目 "2-2 应用置位复位指令实现电动机的连续运行"。

（2）双击项目树下的 "添加新设备" 选项，添加一个 "CPU1214C AC/DC/Rly"，选择版本号为 V4.2，添加一个站点 "PLC_1"。

应用置位复位指令
实现电动机的
连续运行

2. 软件编程

（1）在项目树下选择 "PLC_1" → "PLC 变量" 选项，双击 "添加新变量表" 选项，添加一个变量表并创建所需变量。

（2）编写控制程序。从图 2-15 中可以看出，连续运行控制的目的就是使 Q0.1 一直保持为"1"，即使电动机连续运行。使 Q0.1 保持为"1"的方法有很多，可以从图 2-15 或以下两种控制程序中选择其中一种进行连续运行控制。

① 使用置位复位实现控制。使用置位复位实现连续运行控制的程序如图 2-16（a）所示。因为热继电器 I0.0 通电时有输入，故程序段 2 中的 I0.0 常闭触点断开，为启动做准备。

在程序段 1 中，如果按下启动按钮，则 I0.1 常开触点接通，Q0.1 被置位为"1"并保持，接触器 KM 线圈通电，电动机启动并连续运行。

在程序段 2 中，如果按下停止按钮（I0.2 常开触点接通）或发生过载（I0.0 常闭触点接通），则 Q0.1 被复位为"0"并保持，接触器 KM 线圈断电，电动机停止。

② 使用 SR 触发器实现控制。使用 SR 触发器实现连续运行控制的程序如图 2-16（b）所示，过载保护 I0.0 常闭触点通电时断开，为启动做准备。当按下启动按钮时，I0.1 常开触点接通，S 端有输入，Q0.1 被置位为"1"，电动机连续运行。当按下停止按钮（I0.2 常开触点接通）或发生过载（I0.0 常闭触点接通）时，R1 输入端有输入，Q0.1 被复位为"0"，电动机停止。

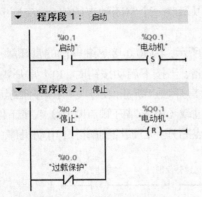
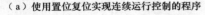
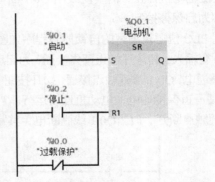

（a）使用置位复位实现连续运行控制的程序　　　（b）使用RS触发器实现连续运行控制的程序

图2-16　连续运行控制程序

二、仿真运行

（1）在项目树下的项目"2-2 应用置位复位指令实现电动机的连续运行"上单击鼠标右键，选择"属性"→"保护"选项，选择"块编译时支持仿真"选项。选择项目树下的站点"PLC_1"，再单击工具栏中的"编译"按钮 进行编译。编译后，巡视窗口中应显示没有错误。

（2）单击工具栏中的"开始仿真"按钮 ，打开仿真器，单击"新建"按钮 ，新建一个仿真项目"2-2 应用置位复位指令实现电动机的连续运行仿真"。在进入的"下载预览"界面中单击"装载"按钮，将 PLC_1 站点下载到仿真器中。

（3）在仿真界面中双击"SIM 表格"下的"SIM 表格_1"选项，打开"SIM 表格_1"，单击工具栏中的 按钮，添加项目所有的变量。单击工具栏中的"启动 CPU"按钮 ，使 PLC 运行。

（4）勾选"过载保护"复选框，单击"启动"变量下方的"启动"按钮，"电动机"的监视/修改值变为 TRUE，电动机启动运行，如图 2-17 所示；单击"停止"按钮或取消勾选"过载保护"复选框，"电动机"的监视/修改值变为 FALSE，电动机停止。

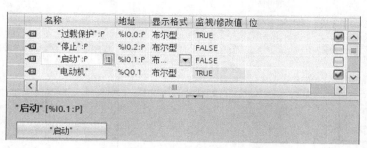

图2-17 连续运行控制仿真

三、运行操作步骤

（1）按照图 2-12 所示连接控制电路。

（2）在项目树下选择站点"PLC_1"，再单击工具栏中的"下载到设备"按钮 ，将该站点下载到 PLC 中。单击工具栏中的"启动 CPU"按钮 ，使 PLC 处于运行状态。

（3）PLC 上输入指示灯 I0.0 应点亮，表示 I0.0 被热继电器 KH 常闭触点接通。如果指示灯 I0.0 不亮，则说明热继电器 KH 常闭触点断开，热继电器已过载保护。

（4）按下启动按钮 SB1，电动机启动。

（5）按下停止按钮 SB2 或断开 I0.0（模拟过载），电动机停止。

扩展知识

一、点动与连续运行电路

在实际生产中，除了连续运行控制外，还需要用点动控制调整生产设备的状态。图 2-18 所示为 PLC 点动与连续运行控制电路。

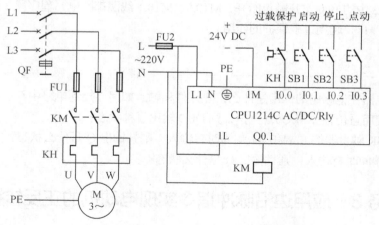

图2-18 PLC点动与连续运行控制电路

二、点动与连续运行控制程序

关于 PLC 硬件的组态及创建变量这里不再赘述。点动和自锁控制都需要使用输出 Q0.1，在程序中不能使用双线圈编程，即 Q0.1 线圈不能使用两次，这就需要使用位存储器进行过渡，具体的程序如图 2-19 所示，程序工作原理如下。

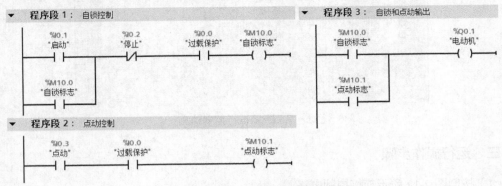

图2-19　PLC点动与连续运行控制程序

（1）开机准备。当 PLC 处于运行状态时，因为 I0.0 端子外接的是热继电器 KH 的常闭触点，所以 I0.0 有输入，程序段 1 和程序段 2 中的 I0.0 常开触点闭合，为电动机通电做准备。

（2）自锁控制。当按下启动按钮 SB1 时，程序段 1 中的 I0.1 常开触点闭合，M10.0 线圈通电自锁，程序段 3 中的 M10.0 常开触点闭合，Q0.1 线圈通电，电动机连续运转。当按下停止按钮 SB2 时，I0.2 有输入，程序段 1 中的 I0.2 常闭触点断开，M10.0 线圈断电并解除自锁，程序段 3 中的 M10.0 常开触点断开，Q0.1 线圈断电，电动机停止。

（3）点动控制。当按下点动按钮 SB3 时，程序段 2 中的 I0.3 常开触点闭合，M10.1 线圈通电，程序段 3 中的 M10.1 常开触点闭合，Q0.1 线圈通电，电动机运转。当松开点动按钮 SB3 时，程序段 2 中的 M10.1 线圈断电，程序段 3 中的 M10.1 常开触点断开，Q0.1 线圈断电，电动机停止。

（4）过载保护。当电动机发生过载时，热继电器 KH 的常闭触点断开，I0.0 无输入，程序段 1 和程序段 2 中的 I0.0 常开触点断开，M10.0、M10.1 线圈都断电，程序段 3 中的 Q0.1 线圈断电，电动机停止，起到过载保护的作用。

练习题

1．热继电器在电路中的作用是什么？热元件和触点如何连接到电路中？

2．如果使用置位指令将 Q0.0 置位，则 Q0.0 输出哪种状态？

3．如果 SR 触发器的 S 端和 R1 端同时有输入，则其输出 Q 是什么状态？如果 RS 触发器的 R 端和 S1 端同时有输入，则其输出 Q 是什么状态？

●●● 任务 3　应用边沿脉冲指令实现电动机的正反转控制 ●●●

任务引入

电动机的正反转控制是电气控制系统的常见控制之一，应用 PLC 实现的正反转控制电路如图 2-20 所示，对调三相电源线中的任意两根可使电动机反转，这里使用了接触器 KM2 的主触点对调 U 相和 W 相。如果 KM1 和 KM2 的线圈同时通电，则会造成主电路中的 U 相和 W 相短路，为了避免两个线圈同时通电，应在接触器的线圈回路中串联对方的常闭触点构成电气联锁。本任务应用边沿脉冲指令对电动机进行正反转控制，控制要求如下。

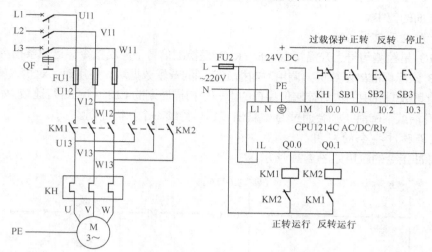

图2-20 应用PLC实现的正反转控制电路

（1）不通过停止按钮，直接按正反转按钮即可改变转向。

（2）为了减轻正反转换向瞬间电流对电动机的冲击，要适当延长变换过程，即在正转变反转时，按下反转按钮，先停止正转，延缓片刻后松开反转按钮，再接通反转；反转变正转的过程同理。

（3）按下停止按钮，电动机停止。

相关知识——边沿脉冲指令

1. 扫描位变量的边沿指令

—|P|—是扫描位变量的上升沿指令。当该触点上面的位与下面的位比较由"0"变为"1"（上升沿）时，该触点接通一个扫描周期。触点下面的位用于存储触点上面的位状态。

—|N|—是扫描位变量的下降沿指令。当该触点上面的位与下面的位比较由"1"变为"0"（下降沿）时，该触点接通一个扫描周期。触点下面的位用于存储触点上面的位状态。

2. RLO 信号边沿置位指令

—(P)—是RLO（逻辑运算结果）信号的上升沿置位指令。当该指令的输入（RLO）与下面的位比较由"0"变为"1"时，使该指令上面的位变量置位为"1"，持续一个扫描周期。指令下面的位用于保存上一次 RLO 结果。

—(N)—是RLO 信号的下降沿置位指令。当该指令的输入（RLO）与下面的位比较由"1"变为"0"时，使该指令上面的位变量置位为"1"，持续一个扫描周期。指令下面的位用于保存上一次 RLO 结果。

3. 扫描 RLO 信号的边沿指令

P_TRIG 是扫描 RLO 信号的上升沿指令。当该指令检测到 CLK 输入端与下面的位比较由"0"变为"1"时，该指令的输出 Q 置位为"1"，持续一个扫描周期，并将 CLK 信号状态保存在该指令下面的位中。

N_TRIG 是扫描 RLO 信号的下降沿指令。当该指令检测到 CLK 输入端与下面的位比较由"1"变为"0"时，该指令的输出 Q 置位为"1"，持续一个扫描周期，并将 CLK 信号状态保存在该指令下面的位中。

4. 检测边沿信号指令

R_TRIG 是检测信号上升沿指令，F_TRIG 是检测信号下降沿指令。这两条指令均为符合 IEC61131-3 国际标准的函数块，调用时需指定它们的背景数据块。使用时，对输入的 CLK 当前状态与背景数据块中的边沿存储位保存的上一个扫描周期的 CLK 状态进行比较。如果检测到 CLK 的上升沿或下降沿，则会通过 Q 端输出"1"，持续一个扫描周期。

5. 边沿脉冲指令的应用

边沿脉冲指令的应用如图 2-21 所示。

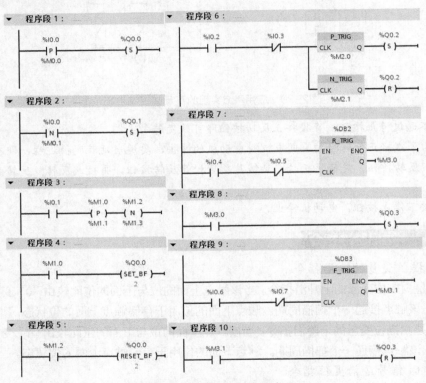

图2-21 边沿脉冲指令的应用

（1）在程序段 1 和程序段 2 中，程序开始运行时，M0.0 和 M0.1 均为"0"。当 I0.0 输入为"1"时，出现了一个上升沿（上一次扫描结果 M0.0 为"0"），程序段 1 中的┤P├接通一个扫描周期，Q0.0 置位为"1"，同时，M0.0 和 M0.1 均为"1"（保存本次扫描结果）。当 I0.0 输入为"0"时，出现了一个下降沿（上一次扫描结果 M0.1 为"1"），程序段 2 中的┤N├接通一个扫描周期，Q0.1 置位为"1"，同时，M0.0 和 M0.1 都变为"0"。

（2）在程序段 3 中，当 I0.1 为"1"时，M1.0 置位一个扫描周期，程序段 4 中的 M1.0 常开触点闭合，Q0.0 和 Q0.1 置位为"1"；当 I0.1 再变为"0"时，M1.2 置位一个扫描周期，程序段 5 中的 M1.2 常开触点接通一个扫描周期，Q0.0 和 Q0.1 复位为"0"。

（3）在程序段 6 中，当 I0.2 为"1"、I0.3 为"0"时，P_TRIG 的 CLK 输入端出现一个上升

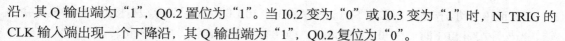

沿，其 Q 输出端为"1"，Q0.2 置位为"1"。当 I0.2 变为"0"或 I0.3 变为"1"时，N_TRIG 的 CLK 输入端出现一个下降沿，其 Q 输出端为"1"，Q0.2 复位为"0"。

（4）在程序段 7 中，当 I0.4 为"1"、I0.5 为"0"时，R_TRIG 的 CLK 输入端出现一个上升沿，其 Q 输出端为"1"，使程序段 8 中的 M3.0 常开触点接通一个扫描周期，Q0.3 置位为"1"。

（5）在程序段 9 中，当 I0.6 为"1"、I0.7 为"0"时，没有动作。当 I0.6 变为"0"或 I0.7 变为"1"时，F_TRIG 的 CLK 输入端出现一个下降沿，其 Q 输出端为"1"，程序段 10 中的 M3.1 常开触点接通一个扫描周期，Q0.3 复位为"0"。

任务实施

一、硬件组态与软件编程

1. 硬件组态

（1）打开博途软件，新建一个项目"2-3 应用边沿脉冲指令实现电动机的正反转控制"。

应用边沿脉冲指令
实现电动机的
正反转控制

（2）双击项目树下的"添加新设备"选项，添加"CPU1214C AC/DC/Rly"，选择版本号为 V4.2，添加一个站点"PLC_1"。

2. 软件编程

（1）在项目树下选择"PLC_1"→"PLC 变量"选项，双击"添加新变量表"选项，添加一个变量表并创建所需的变量。

（2）应用 PLC 实现正反转控制的程序如图 2-22 所示，要求不经过停止按钮直接实现电动机的正反转，因此需要使用双重联锁，程序段 1 中的触点 I0.1 与程序段 2 中的常闭触点 I0.1 及程序段 1 中的常闭触点 I0.2 与程序段 2 中的常开触点 I0.2 构成按钮联锁；程序段 1 中的常闭触点 Q0.1 与程序段 2 中的常开触点 Q0.1 及程序段 1 中的常开触点 Q0.0 与程序段 2 中的常闭触点 Q0.0 构成电气联锁。程序的工作原理如下。

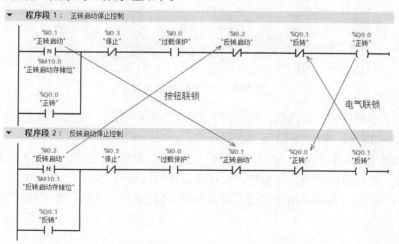

图2-22 应用PLC实现正反转控制的程序

① 开机准备。当 PLC 处于运行状态时，因为 I0.0 端子外接的是热继电器 KH 的常闭触点，所以 I0.0 有输入，程序段 1 和程序段 2 中的 I0.0 常开触点闭合，为电动机通电做好准备。

② 正转启动。按下正转按钮 SB1，程序段 1 中 I0.1 的下降沿触点没有接通，电动机不会正转。当松开按钮 SB1 时，在 I0.1 的下降沿，Q0.0 线圈通电自锁，电动机正转。

③ 正转变反转。按下反转按钮 SB2，程序段 1 中的 I0.2 常闭触点断开，电动机正转停止。程序段 2 中 I0.2 的下降沿触点还没有接通，电动机不会反转。当松开按钮 SB2 时，在 I0.2 的下降沿，Q0.1 线圈通电自锁，电动机反转。电动机反转变正转的原理同上。

④ 停止。按下停止按钮 SB3，程序段 1 和程序段 2 中的 I0.3 常闭触点断开，Q0.0 和 Q0.1 线圈断电解除自锁，电动机停止。

⑤ 过载保护。正常运行时，程序段 1 和程序段 2 中的 I0.0 常开触点处于闭合状态。当电动机发生过载时，I0.0 无输入，I0.0 常开触点断开，Q0.0 和 Q0.1 线圈断电，电动机停止。

二、仿真运行

（1）在项目树下的项目"2-3 应用边沿脉冲指令实现电动机的正反转控制"上单击鼠标右键，选择"属性"→"保护"选项，选择"块编译时支持仿真"选项。选择项目树下的站点"PLC_1"，再单击工具栏中的"编译"按钮 进行编译。编译后，巡视窗口中应显示没有错误。

（2）单击工具栏中的"开始仿真"按钮 ，打开仿真器，单击"新建"按钮 ，新建一个仿真项目"2-3 应用边沿脉冲指令实现电动机的正反转控制仿真"。在进入的"下载预览"界面中单击"装载"按钮，将 PLC_1 站点下载到仿真器中。

（3）在仿真界面中，双击"SIM 表格"下的"SIM 表格_1"选项，打开"SIM 表格_1"，单击工具栏中的 按钮，添加项目变量，如图 2-23 所示。单击工具栏中的"启动 CPU"按钮 ，使 PLC 运行。

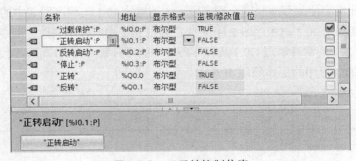

图2-23　正反转控制仿真

（4）勾选"过载保护"复选框，单击按下"正转启动"按钮，输出没有变化；松开该按钮，"正转"输出为 TRUE，电动机正转启动运行。

（5）单击按下"反转启动"按钮，"正转"变为 FALSE，正转停止；松开该按钮，"反转"输出为 TRUE，电动机由正转变为反转。反转变正转的过程同上。

（6）单击"停止"按钮或取消勾选"过载保护"复选框，"正转"和"反转"都为 FALSE，电动机停止。

三、运行操作步骤

（1）按照图 2-20 连接控制电路。

（2）在项目树下选择站点"PLC_1"，再单击工具栏中的"下载到设备"按钮 ，将该站点下载到 PLC 中。单击工具栏中的"启动 CPU"按钮![按钮]，使 PLC 处于运行状态。

（3）PLC 上的输入指示灯 I0.0 应点亮，表示 I0.0 被热继电器 KH 常闭触点接通。

（4）按下正转启动按钮 SB1，松开该按钮时，电动机正转启动运行。

（5）按下反转启动按钮 SB2，电动机正转停止；松开该按钮时，电动机反转启动运行。再按下正转启动按钮，先停止反转，松开该按钮时，转换为电动机正转运行。

（6）按下停止按钮 SB3 或断开 I0.0（模拟过载），电动机停止。

练习题

1．RLO 是 ＿＿＿＿＿＿＿ 的简称。

2．边沿脉冲指令的作用是什么？边沿脉冲指令下面的位的作用是什么？

3．电动机正反转控制要求：按下启动按钮，电动机正转，20s 后电动机自动换向反转，10s 后电动机自动换向正转，如此反复；按下停止按钮，电动机立即停止。

（1）绘出控制电路图。

（2）编写控制程序。

●●● 任务 4　应用定时器实现电动机的顺序启动控制 ●●●

任务引入

某生产设备有 3 台电动机，控制要求如下。

（1）当按下启动按钮时，电动机 M1 启动；电动机 M1 运行 5s 后，电动机 M2 启动；电动机 M2 运行 10s 后，电动机 M3 启动。

（2）当按下停止按钮时，3 台电动机同时停止。

（3）在启动过程中，指示灯 HL 常亮，表示"正在启动中"；启动过程结束后，指示灯 HL 熄灭；当某台电动机出现过载故障时，全部电动机均停止，指示灯 HL 闪烁，表示"出现过载故障"。

根据控制要求设计的 3 台电动机顺序启动控制电路如图 2-24 所示，主电路略。其中，KH1~3 为 3 台电动机热继电器常闭触点的串联，接入到 I0.0；Q0.0~Q0.2 分别连接 3 个接触器线圈，用于控制 3 台电动机。

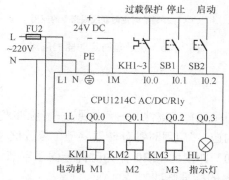

图 2-24　3 台电动机顺序启动控制电路

相关知识

一、接通延时定时器

1. 接通延时定时器指令 TON

接通延时定时器指令 TON 是当 IN 输入接通时延时 PT 指定的一段时间后，Q 输出为"1"。接通延时定时器指令的应用如图 2-25（a）所示，当 I0.0 接通（IN 输入端出现上升沿）时启动定时器。当定时器当前时间 ET 等于设定时间 PT 指定的值时，Q 输出变为"1"，线圈 Q0.0 有输出，当前时间 ET 保持不变。不管是在延时期间，还是到达设定值 PT 后，只要 IN 输入端断开，定时器立即复位，当前时间 ET 清零，输出 Q 变为"0"，其时序图如图 2-25（b）所示。

2. 接通延时定时器线圈指令–(TON)–

接通延时定时器线圈指令–(TON)–的顶部为定时器数据块编号或符号名，下部为设定时间。接通延时定时器线圈指令的应用如图 2-25（c）所示，它与图 2-25（a）实现同样的功能，请读者自行分析其原理。

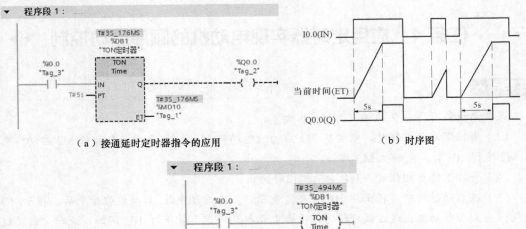

（a）接通延时定时器指令的应用　　　　　　　　（b）时序图

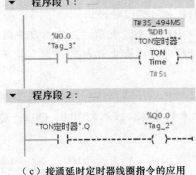

（c）接通延时定时器线圈指令的应用

图2-25　接通延时定时器的应用

二、时钟存储器

在设备视图的巡视窗口中选择"属性"→"常规"→"脉冲发生器（PTO/PWM）"→"系统和时钟存储器"选项，勾选 "启用时钟存储器字节"复选框，如图 2-26 所示。时钟存储器字节的地址采用默认的 0，即使用 MB0 作为时钟存储器字节。时钟存储器字节中的各位可以输出高低电平各占 50%的标准脉冲。

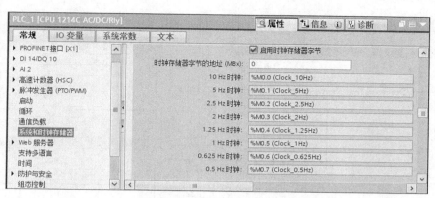

图2-26 启用时钟存储器字节

任务实施

一、硬件组态与软件编程

应用定时器实现电动机的顺序启动控制

1. 硬件组态

（1）打开博途软件，新建一个项目"2-4 应用定时器实现电动机的顺序启动控制"。

（2）双击项目树下的"添加新设备"选项，添加"CPU1214C AC/DC/Rly"，选择版本号为 V4.2，添加一个站点"PLC_1"。

（3）在设备视图的巡视窗口中，选择"属性"→"常规"→"脉冲发生器（PTO/PWM）"→"系统和时钟存储器"选项，勾选"启用时钟存储器字节"复选框。时钟存储器字节的地址采用默认的 0，即使用 MB0 作为时钟存储器字节。

2. 软件编程

（1）在项目树下选择"PLC_1"→"PLC 变量"选项，双击"添加新变量表"选项，添加一个变量表并创建所需的变量。

（2）编写控制程序。双击项目树下的"Main[OB1]"选项，打开程序编辑器，编写控制程序，如图 2-27 所示。由于 I0.0 连接的是热继电器 KH 的常闭触点，故系统通电后，I0.0 有输入（即 I0.0 为"1"），程序段 1 中的 I0.0 常开触点预先闭合，程序段 3 中的 I0.0 常闭触点预先断开。在编写定时器指令时，将 TON 从基本指令下拖曳到编辑区中，弹出"调用选项"对话框，将数据块名修改为"T1"，单击"确定"按钮即可。

① 启动。在程序段 1 中，当按下启动按钮 SB2 时，I0.2 有输入，其常开触点闭合，线圈 Q0.0 通电自锁，电动机 M1 启动运行；同时，接通延时定时器 T1 的 IN 输入为"1"，开始延时。延时 5s 后，其 Q 端输出为"1"，Q0.1 线圈通电，电动机 M2 启动。

在程序段 2 中，电动机 M2 启动，Q0.1 常开触点接通，接通延时定时器 T2 的 IN 输入为"1"，开始延时。延时 10s 后，其 Q 端输出为"1"，Q0.2 线圈通电，电动机 M3 启动。

② 停止。在程序段 1 中，当按下停止按钮 SB1（I0.1 为"1"，其常闭触点断开）或任意一台电动机发生过载故障（热继电器 KH1～3 常闭触点断开，I0.0 为"0"）时，线圈 Q0.0 断电，自锁解除，电动机 M1 停止。同时，接通延时定时器 T1 的 IN 输入断开，Q 输出变为"0"，线圈 Q0.1 断电，电动机 M2 停止。程序段 2 中的 Q0.1 常开触点断开，接通延时定时器 T2 的 Q

端输出变为"0"，线圈 Q0.2 断电，电动机 M3 停止。

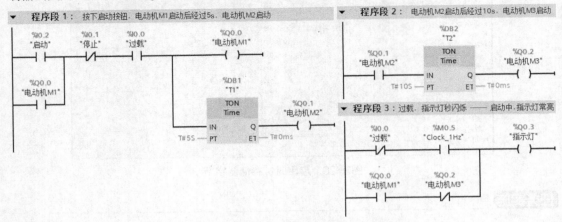

图2-27 3台电动机顺序启动控制程序

③ 启动与报警指示。在程序段 3 中，当电动机 M1 开始启动（Q0.0 常开触点接通）时，指示灯 Q0.3 常亮；当 3 台电动机顺序启动完成（Q0.2 常闭触点断开）时，指示灯 Q0.3 熄灭。当出现过载故障时，I0.0 为"0"，其常闭触点接通，通过秒脉冲 M0.5 使指示灯 Q0.3 闪烁。

二、仿真运行

（1）在项目树下的项目"2-4 应用定时器实现电动机的顺序启动控制"上单击鼠标右键，选择"属性"→"保护"选项，选择"块编译时支持仿真"选项，选择项目树下的站点"PLC_1"，再单击工具栏中的"编译"按钮 🖹 进行编译。编译后，巡视窗口中应显示没有错误。

（2）单击工具栏中的"开始仿真"按钮 🖳，打开仿真器，单击"新建"按钮 ，新建一个仿真项目"2-4 应用定时器实现电动机的顺序启动控制仿真"。在进入的"下载预览"界面中单击"装载"按钮，将 PLC_1 站点下载到仿真器中。单击工具栏中的"启动 CPU"按钮 ，使 PLC 运行。

（3）在仿真界面中双击"SIM 表格"下的"SIM 表格_1"选项，打开"SIM 表格_1"，单击工具栏中的 🔳 按钮，添加项目变量，如图 2-28 所示。

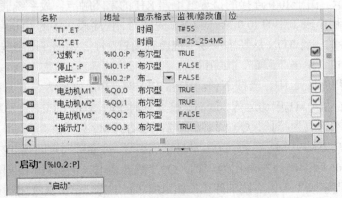

图2-28 3台电动机顺序启动控制仿真

（4）勾选"过载"复选框，单击按下"启动"按钮，"电动机 M1"为 TRUE，第一台电动机启动，同时"指示灯"为 TRUE，指示灯亮，T1 开始延时。T1 延时 5s 后，"电动机 M2"为

TRUE，第二台电动机启动，同时 T2 开始延时。T2 延时 10s 后，"电动机 M3"为 TRUE，3 台电动机顺序启动完成，同时"指示灯"为 FALSE，指示灯熄灭。

（5）单击"停止"按钮，3 台电动机同时停止。

（6）在 3 台电动机的运行过程中，取消勾选"过载"复选框，模拟过载，3 台电动机同时停止，"指示灯"闪烁，进行过载报警。

三、运行操作步骤

（1）按照图 2-24 所示连接控制电路。

（2）在项目树下选择"PLC_1"选项，再单击工具栏中的"下载到设备"按钮，将该站点下载到 PLC 中。单击工具栏中的"启动 CPU"按钮，使 PLC 处于运行状态。

（3）PLC 上输入指示灯 I0.0 应点亮，表示 I0.0 被热继电器 KH 常闭触点接通。

（4）按下启动按钮 SB2，电动机 M1 启动，指示灯亮；经过 5s 后，电动机 M2 启动；再经过 10s 后，电动机 M3 启动，指示灯熄灭。

（5）按下停止按钮 SB1，3 台电动机同时停止。

（6）在正常运行过程中，断开 I0.0（模拟过载），3 台电动机停止，同时指示灯开始闪烁。

扩展知识

一、脉冲定时器

1. 脉冲定时器指令 TP

脉冲定时器指令 TP 用于在 IN 的上升沿将输出 Q 置位为 PT 设定的一段时间。脉冲定时器指令的应用如图 2-29（a）所示，在程序段 1 中，当 I0.0 接通（IN 输入端出现上升沿）时启动定时器，Q 输出端变为"1"，线圈 Q0.0 有输出。定时器开始工作后，当前时间 ET 从 0ms 开始增加，达到 PT 设定的时间后，Q 输出变为"0"。如果 IN 仍为"1"，则当前时间值保持不变，如图 2-29（b）中的波形 A 所示。在延时期间，如果 IN 再次出现上升沿，则延时不受影响，如图 2-29（b）中的波形 B 所示。

在程序段 2 中，当 I0.1 为"1"时，定时器线圈复位-(RT)-通电，定时器被复位。用定时器数据块的编号或符号名指定需要复位的定时器。如果定时器正在定时且 IN 输入端为"0"，则当前时间值 ET 清零，Q 输出也变为"0"，如图 2-29（b）中的波形 C 所示。如果定时器正在定时且 IN 输入端为"1"，则当前时间值 ET 清零，但是 Q 输出保持为"1"，如图 2-29（b）中的波形 D 所示。当 I0.1 变为"0"且定时器 IN 输入端仍为"1"时，重新开始定时，如图 2-29（b）中的波形 E 所示。

2. 脉冲定时器线圈指令-(TP)-

脉冲定时器线圈指令-(TP)-的顶部为定时器数据块编号或符号名，下部为设定时间。脉冲定时器线圈指令的应用如图 2-29（c）所示，它与图 2-29（a）实现同样的功能，请读者自行分析其工作原理。

在使用脉冲定时器线圈指令之前，要添加一个定时器的背景数据块。双击"添加新块"选项，在弹出的对话框中选中"数据块 DB"，将名称修改为"TP 定时器"，选择数据块类型为"IEC_TIMER"，单击"确定"按钮。在指令下选择"基本指令"→"定时器操作"选项，将"启动脉冲定时器"指令-(TP)-拖曳到程序段 1 下。在项目树下选择"程序块"→"系统块"→"程序资源"选项，从详细视图中将"TP 定时器"拖曳到该指令的上面。该指令的下部可以直接输入"5s"。程序段 3 中复位定时器指令-(RT)-的顶部输入与此类似。

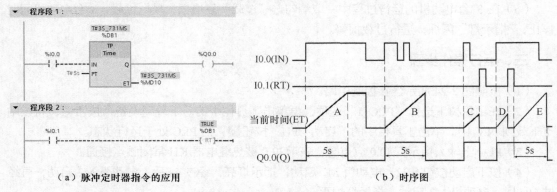

（a）脉冲定时器指令的应用   （b）时序图

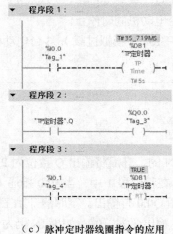

（c）脉冲定时器线圈指令的应用

图2-29　脉冲定时器的应用

　　选中"TP 定时器"，从下面的详细视图中将"Q"拖曳到程序段 2 中的常开触点上，使其直接变为"TP 定时器.Q"。

二、关断延时定时器

1. 关断延时定时器指令 TOF

　　关断延时定时器指令 TOF 会在当 IN 输入断开时，延时 PT 设定的一段时间后，使 Q 输出为"0"。关断延时定时器指令的应用如图 2-30（a）所示，当 IN 输入端接通时，Q 输出为"1"，当前时间 ET 被清零。当 IN 输入端由接通变为断开（IN 输入的下降沿）时开始延时，当前时间从 0 增大到设定值 PT 时，输出 Q 变为"0"，当前时间保持不变。如果在关断延时期间，IN 输入端接通，则 ET 被清零，Q 输出保持为"1"。其时序图如图 2-30（b）所示。

2. 关断延时定时器线圈指令

　　关断延时定时器线圈指令-(TOF)-的顶部为定时器数据块编号或符号名，下部为设定时间。关断延时定时器线圈指令的应用如图 2-30（c）所示，它与图 2-30（a）实现同样的功能，请读者自行分析其原理。

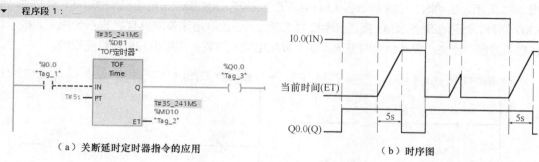

（a）关断延时定时器指令的应用 （b）时序图

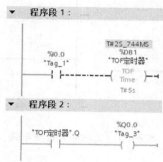

（c）关断延时定时器线圈指令的应用

图2-30 关断延时定时器的应用

三、定时器自复位电路

在编写程序时，常用到定时器自复位电路，即在定时器延时时间到后执行其他程序段，同时复位定时器。

1. 定时器自复位电路 1

定时器自复位电路是由定时器和它的常闭触点构成的，如图 2-31（a）中的程序段 2 所示，该程序段用于实现每秒 MW10 加 1。在编写程序时，一定要将延时时间到时所执行的程序段放置在定时器上面，否则定时器延时时间到时不会执行所要求的程序段。例如，若将程序段 1 和程序段 2 上下对调，则不会执行加 1 的运算。这是由于定时器 T1 延时时间到后，循环扫描时按从上到下的程序段执行，定时器 T1 会先复位。

2. 定时器自复位电路 2

编写程序时，按照逻辑关系，如果习惯于将定时器延时时间到时所执行的程序段放置在定时器下面，则可以使用图 2-31（b）所示的程序。这里使用了位存储器 M0.0，T1 延时时间到后，M0.0 为"1"，程序段 2 中的 MW10 加 1，在下一个扫描周期中，程序段 1 中的 M0.0 常闭触点断开，定时器复位。

四、丫-△降压启动控制

1. 控制电路

三相交流电动机丫-△降压启动控制电路是常见的控制功能之一，在启动时，电动机定子绕组连接为丫形，启动结束后换接为△形连接运行，达到降压启动的目的。丫-△降压启动控制电路如图 2-32 所示，启动时，电源接触器 KM1 和丫形接触器 KM2 接通，电动机丫形启动；经过 5s 后，KM2 断开，△形接触器 KM3 接通，换接为△形运行。控制电路要求具有启动/报警指示，指示灯在启动过程中点亮，启动结束时熄灭。如果发生电动机过载，则停机并进行灯光报警。

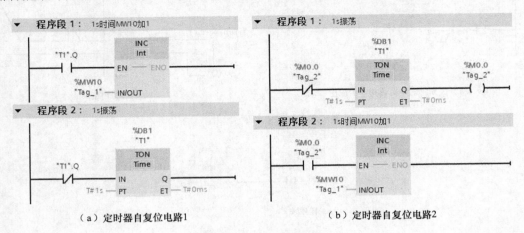

（a）定时器自复位电路1　　　　　　　（b）定时器自复位电路2

图2-31　定时器自复位电路

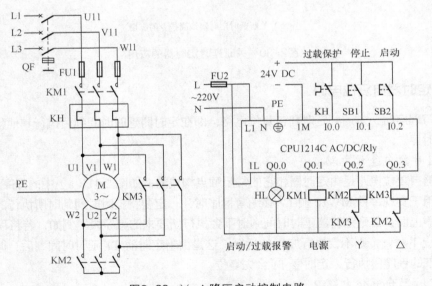

图2-32　丫-△降压启动控制电路

在主电路中，如果 KM2 和 KM3 的主触点同时接通，则会造成短路。为了避免短路情况发生，KM2 和 KM3 线圈不能同时通电，可以使用接触器线圈电气联锁。

2. 编写程序

根据控制要求设计的控制程序如图 2-33 所示，过载保护 I0.0 预先接通，程序段 3 和程序段 4 中的 I0.0 常闭触点断开，为启动做准备。

在程序段 1 中，当按下启动按钮时，I0.2 常开触点接通，将从 Q0.1 开始的 2 个位（即 Q0.1 和 Q0.2）置位为 "1"，电动机丫形启动。

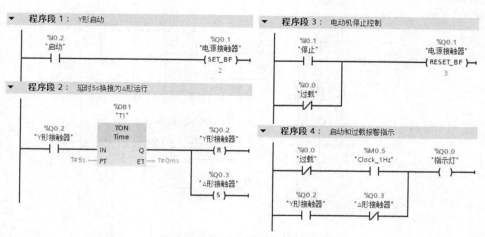

图2-33 Y-△降压启动控制程序

在程序段 2 中，当 Q0.2 常开触点接通时，定时器 T1 开始延时 5s。5s 时间到后，T1 的输出 Q 为 "1"，Q0.2 复位为 "0"，Q0.3 置位为 "1"，电动机换接为△形运行。

在程序段 3 中，当按下停止按钮（I0.1 的常开触点闭合）或发生过载（I0.0 的常闭触点闭合）时，将从 Q0.1 开始的 3 个位（即 Q0.1～Q0.3）复位，电动机停止。

在程序段 4 中，发生过载，I0.0 的常闭触点闭合，指示灯 Q0.0 闪烁。若正在Y形启动过程中，则 Q0.2 的常开触点闭合，指示灯常亮；换接为△形运行后，Q0.3 常闭触点断开，指示灯熄灭。

练习题

1. 接通延时定时器的 IN 输入_____时开始定时，当定时时间等于设定时间时，输出 Q 变为_____。当 IN 输入断开时，当前时间值 ET_____，输出 Q 变为_____。

2. 要求：按下启动按钮（I0.0），Q0.0 控制的主电动机和 Q0.1 控制的冷却电动机运行 20s，主电动机自动断电，冷却电动机运行 10s 后断电。请设计梯形图程序实现以上要求的功能。

••• 任务 5 应用计数器实现单按钮启动/停止控制 •••

任务引入

在实际的设备控制中，因为控制台面积有限，不能安排更多的按钮，同时使用较多按钮会占用更多的 PLC 输入点，增加成本，所以可以考虑使用单按钮控制，控制要求如下。

（1）使用一个按钮实现电动机的启动和停止控制，即第一次按下按钮，电动机启动；第二次按下按钮，电动机停止。

（2）当电动机发生过载故障时，电动机断电停止。

单按钮启动/停止控制电路如图 2-34 所示，按钮的颜色不能使用红色或绿色，只能使用黑色、白色或灰色。输入 I0.0 作为热继电器 KH 常闭触点的接入点，I0.1 接入一个按钮 SB 的常开触点，用于启动/停止控制；Q0.0 连接接触器 KM 的线圈，用于控制电动机。

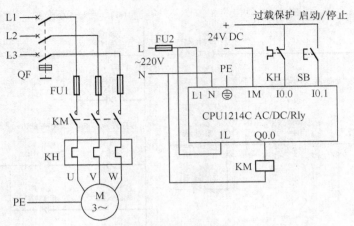

图2-34 单按钮启动/停止控制电路

相关知识

一、计数器的数据类型和背景数据块

IEC 计数器指令是函数块，调用时需要指定对应的背景数据块。以加计数器指令为例，打开右边的指令列表，将"计数器操作"下的加计数器指令拖曳到梯形图中的适当位置，会自动弹出数据块的"调用选项"对话框，可以修改该数据块的名称。IEC 计数器没有编号，可以使用数据块的名称（如"C1"）来作为计数器的标识符，单击"确定"按钮，生成梯形图，单击指令框中 CTU 下面的 3 个问号，再单击问号右边出现的 ▼ 按钮，从下拉列表中选择计数器的数据类型，如图 2-35（a）所示。如果选择 SInt 或 USInt，则占用 3 个字节的存储空间；如果选择 Int 和 UInt，则占用 6 个字节的存储空间；如果选择 DInt 或 UDInt，则占用 12 个字节的存储空间。

选择"程序块"→"系统块"→"程序资源"选项，打开对应的背景数据块，如图 2-35（b）所示。CU 和 CD 分别是加计数输入和减计数输入，在 CU 或 CD 的输入由"0"变为"1"（信号的上升沿）时，计数器的当前值 CV 被加 1 或减 1。R 为复位输入，LD 为装载设定值 PV，QU 和 QD 分别为加计数输出和减计数输出，PV 为设定值，CV 为当前值。

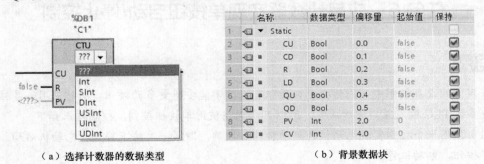

（a）选择计数器的数据类型　　　　　　　　　　（b）背景数据块

图2-35 计数器的数据类型及背景数据块

二、加计数器CTU

加计数器的应用如图 2-36（a）所示，当 I0.0 常开触点由断开变为接通（CU 信号的上升沿）

时，加计数器的当前值 CV 加 1。当前值 CV 大于等于设定值 PV 时，Q 输出为"1"（Q0.0 线圈通电），否则为"0"。当 I0.1 为"1"时，复位输入端 R 有输入，计数器被复位，CV 值清零，输出 Q 变为"0"，其时序图如图 2-36（b）所示。

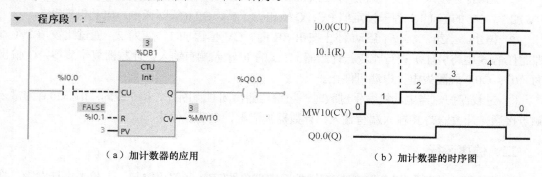

（a）加计数器的应用   （b）加计数器的时序图

图2-36　加计数器的应用及其时序图

任务实施

一、硬件组态与软件编程

应用计数器实现单按钮启动/停止控制

1. 硬件组态

（1）打开博途软件，新建一个项目"2-5 应用计数器实现单按钮启动/停止控制"。

（2）双击项目树下的"添加新设备"选项，添加"CPU1214C AC/DC/Rly"，选择版本号为 V4.2，添加一个站点"PLC_1"。

2. 软件编程

（1）在项目树下选择"PLC_1"→"PLC 变量"选项，双击"添加新变量表"选项，添加一个变量表并创建所需的变量。

（2）编写控制程序。编写的控制程序如图 2-37 所示。在编写计数器 CTU 时，从基本指令下将 CTU 拖曳到编辑区中，弹出"调用选项"对话框，将计数器背景数据块名称修改为"C1"，单击"确定"按钮。选择"程序块"→"系统块"→"程序资源"选项，打开对应的背景数据块，从详细视图中将 CV 拖曳到相应指令的上方即可。

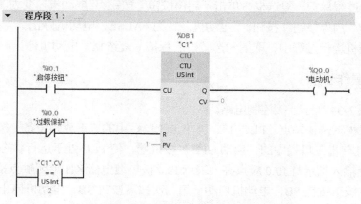

图2-37　单按钮启动/停止控制程序

由于 I0.0 连接的是热继电器 KH 的常闭触点，故系统通电后，I0.0 有输入（即 I0.0 为"1"），I0.0 常闭触点预先断开。

① 启动。当第一次按下启动/停止按钮 SB 时，I0.1 常开触点接通，计数器 CTU 的当前值 CV 加 1，CV 的值（1）等于设定值 PV，Q 输出为"1"，Q0.0 线圈通电，电动机启动。

② 停止。当第二次按下启动/停止按钮 SB 时，CV 值再加 1，变为 2，通过比较指令（本课题任务 6 中将讲述）进行比较，计数器 CTU 的 R 输入端有输入，计数器复位清零，Q 输出为"0"，Q0.0 线圈失电，电动机停止。

③ 过载保护。当电动机发生过载时，热继电器常闭触点断开，I0.0 变为"0"，I0.0 的常闭触点接通，计数器的 R 输入端有输入，计数器被清零，电动机停止。

二、仿真运行

（1）在项目树下的项目"2-5 应用计数器实现单按钮启动/停止控制"上单击鼠标右键，选择"属性"→"保护"选项，选择"块编译时支持仿真"选项，选择项目树下的站点"PLC_1"，再单击工具栏中的"编译"按钮🔚进行编译。编译后，巡视窗口中应显示没有错误。

（2）单击工具栏中的"开始仿真"按钮🖳，打开仿真器，单击"新建"按钮🗯，新建一个仿真项目"2-5 应用计数器实现单按钮启动/停止控制仿真"。在进入的"下载预览"界面中单击"装载"按钮，将 PLC_1 站点下载到仿真器中。单击工具栏中的"启动 CPU"按钮🔳，使 PLC 运行。

（3）在仿真界面中双击"SIM 表格"下的"SIM 表格_1"选项，打开"SIM 表格_1"，单击工具栏中的🔟按钮，添加项目变量，如图 2-38 所示。

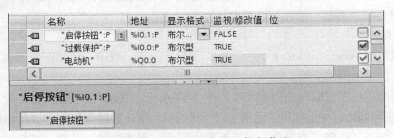

图 2-38 单按钮启动/停止控制仿真

（4）勾选"过载保护"复选框，单击"启停按钮"按钮，"电动机"变为 TRUE，电动机启动；第二次单击"启停按钮"按钮，"电动机"变为 FALSE，电动机停止。

（5）在电动机运行过程中，取消勾选"过载保护"复选框，电动机停止。

三、运行操作步骤

（1）按照图 2-34 所示连接控制电路。

（2）在项目树下选择站点"PLC_1"，再单击工具栏中的"下载到设备"按钮📥，将该站点下载到 PLC 中。单击工具栏中的"启动 CPU"按钮🔳，使 PLC 处于运行状态。

（3）PLC 上输入指示灯 I0.0 应点亮，表示 I0.0 被热继电器 KH 常闭触点接通。

（4）第一次按下按钮 SB，电动机启动；第二次按下按钮 SB，电动机停止，如此反复。

（5）在电动机运行过程中断开 I0.0（模拟过载），电动机停止。

扩展知识

一、减计数器CTD

减计数器的应用如图 2-39（a）所示，其时序图如图 2-39（b）所示，当计数器的当前值 CV 小于等于 0 时，输出 Q 为"1"，否则为"0"。因开机时，CV 为 0，故 Q 为"1"，Q0.0 线圈通电。

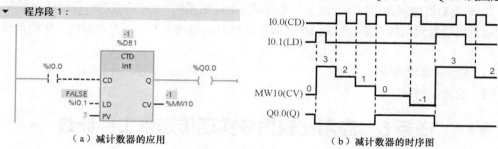

（a）减计数器的应用　　　　　　　（b）减计数器的时序图

图2-39　减计数器的应用及其时序图

当 I0.1 为"1"（LD 有输入）时，将设定值 PV 装载到当前值 CV 中，CV 值变为 3，输出 Q 变为"0"，Q0.0 线圈失电。当 I0.1 为"0"、I0.0 常开触点由断开变为接通（CD 的上升沿）时，CV 值减 1。当 CV 值减到 0 或小于 0 时，Q 输出为"1"，Q0.0 线圈通电。当 I0.0 和 I0.1 同时为"1"（即 CD 和 LD 同时有输入）时，优先装载 LD。

二、加减计数器CTUD

加减计数器的应用如图 2-40（a）所示，其时序图如图 2-40（b）所示，当计数器的当前值 CV 大于等于设定值 PV 时，QU 输出为"1"，否则为"0"；当计数器的 CV 小于等于 0 时，QD 输出为"1"，否则为"0"。因开机时，CV 为 0，故 QD（Q0.1）为"1"。

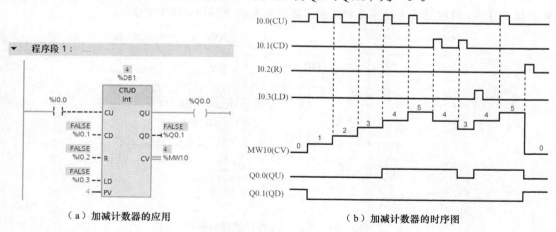

（a）加减计数器的应用　　　　　　　（b）加减计数器的时序图

图2-40　加减计数器的应用及其时序图

当 I0.0 由"0"变为"1"（CU 的上升沿）时，CV 值加 1。当 CV 加到大于等于 4（PV 设定值）时，QU 输出为"1"，Q0.0 线圈通电。当 I0.1 由"0"变为"1"时，CV 值减 1。当 CV 减到小于等于 0 时，QD 输出为"1"。当 I0.3（LD）为"1"时，将 4（PV 设定值）装载到当前值 CV 中。当 I0.2（复位端 R）为"1"时，计数器复位，当前值 CV 清零。

练习题

1. 在加计数器 CU 信号的_____时，加计数器的当前值 CV 加 1。当前值 CV 大于等于设定值 PV 时，Q 输出为_____，否则为_____。当复位输入端 R 有输入时，CV 值被_____，输出 Q 变为_____。

2. 某电动机控制要求如下：按下启动按钮，电动机正转，20s 后电动机自动换向反转，10s 后电动机自动换向正转，如此反复 10 次后电动机自动停止。若按下停止按钮，则电动机立即停止。

（1）绘出控制电路图。

（2）设计控制程序。

••• 任务 6　应用比较指令实现传送带工件计数 •••

任务引入

使用传送带输送工件，使用光电传感器计数，控制要求如下。

（1）当计件数量小于 15 时，指示灯常亮。

（2）当计件数量大于等于 15 时，指示灯闪烁。

（3）当计件数量为 20 时，传送带停止，同时指示灯熄灭，经过 5s 后，传送带重新启动。

根据控制要求设计的传送带工件计数控制电路如图 2-41 所示。光电传感器使用 NPN 输出型的光电式接近开关，棕色、蓝色和黑色的引线分别为电源的正极、负极和输出，电源电压为直流 5～30V。NPN 要求电流从 PLC 的输入端流出到光电传感器的输出端，故需要将 PLC 的输入连接为源型（即 24V 的正极接 1M）。将光电传感器的电源接 24V 的正极与负极，光电开关的输出接 I0.3。工件经过光电传感器时反射光线，光电开关导通，I0.3 有输入。

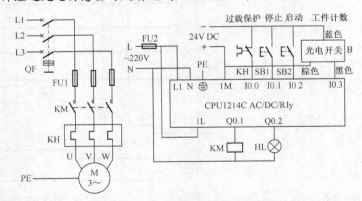

图2-41　传送带工件计数控制电路

相关知识——比较指令

触点比较指令是对两个操作数进行比较，如果满足比较条件，则该触点接通；如果不满足比较条件，则该触点断开。触点比较指令按比较方式不同分为 CMP==（相等）、CMP<>（不等）、CMP>=（大于等于）、CMP<=（小于等于）、CMP>（大于）和 CMP<（小于）。

生成比较指令后，双击触点中间比较符号下面的问号，再单击问号右边出现的 ▼ 按钮，从下拉列表中选择要比较的数据的类型。比较指令的比较符号也可以修改，双击比较符号，再单击右边出现的 ▼ 按钮，可以从下拉列表中选择比较符号。

S7-1200 比较指令的数据类型可以是 Byte、Word、DWord、SInt、Int、DInt、USInt、UInt、UDInt、Real、LReal、String、WString、Char、WChar、Time、Date、TOD、DTL 等。

任务实施

一、硬件组态与软件编程

应用比较指令实现传送带工件计数计数

1. 硬件组态

（1）打开博途软件，新建一个项目"2-6 应用比较指令实现传送带工件计数"。

（2）双击项目树下的"添加新设备"选项，添加"CPU1214C AC/DC/Rly"，选择版本号为 V4.2，添加一个站点"PLC_1"。

（3）在设备视图的巡视窗口中选择"属性"→"常规"→"脉冲发生器（PTO/PWM）"→"系统和时钟存储器"选项，勾选"启用时钟存储器字节"复选框。时钟存储器字节的地址采用默认的 0，即使用 MB0 作为时钟存储器字节。

2. 软件编程

（1）在项目树下选择"PLC_1"→"PLC 变量"选项，双击"添加新变量表"选项，添加一个变量表并创建所需的变量。

（2）编写控制程序。编写的控制程序如图 2-42 所示，通电后，I0.0 有输入，程序段 2 中的 I0.0 常闭触点断开，为启动做准备。

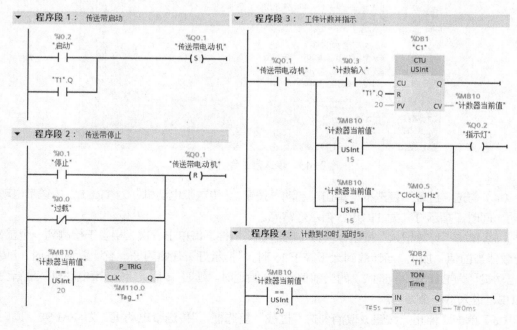

图2-42　传送带工件计数控制程序

① 启动。在程序段 1 中，当按下启动按钮 SB2 时，I0.2 常开触点接通，Q0.1 置位为 "1"，传送带电动机启动。

② 工件计数。在程序段 3 中，传送带电动机运行时，Q0.1 常开触点接通，工件每次经过光电传感器时，光电开关 I0.3 常开触点接通 1 次，C1 的当前值（MB10）加 1；当 MB10<15 时，Q0.2 线圈一直通电，指示灯常亮；当 MB10≥15 时，指示灯每秒闪烁 1 次；当 MB10=20 时，程序段 2 中的 Q0.1 复位，传送带电动机停止，同时程序段 4 中的定时器 T1 开始延时 5s。延时时间到后，程序段 1 中的 "T1".Q 常开触点闭合，传送带电动机重新启动，程序段 3 中的计数器 C1 复位。

③ 停止或过载。在程序段 2 中，当按下停止按钮 SB1（I0.1 常开触点闭合）或发生过载（I0.0 常闭触点接通）时，Q0.1 复位，传送带电动机停止，计数器 C1 停止计数，当前值保持不变。下一次启动时，在 C1 当前值的基础上继续计数。

二、仿真运行

（1）在项目树下的项目 "2-6 应用比较指令实现传送带工件计数" 上单击鼠标右键，选择 "属性" → "保护" 选项，选择 "块编译时支持仿真" 选项，选择项目树下的站点 "PLC_1"，再单击工具栏中的 "编译" 按钮 进行编译。编译后，巡视窗口中应显示没有错误。

（2）单击工具栏中的 "开始仿真" 按钮 ，打开仿真器，单击 "新建" 按钮 ，新建一个仿真项目 "2-6 应用比较指令实现传送带工件计数仿真"。在进入的 "下载预览" 界面中单击 "装载" 按钮，将 PLC_1 站点下载到仿真器中。单击工具栏中的 "启动 CPU" 按钮 ，使 PLC 运行。

（3）在仿真界面中双击 "SIM 表格" 下的 "SIM 表格_1" 选项，打开 "SIM 表格_1"，单击工具栏中的 按钮，添加项目变量，如图 2-43 所示。

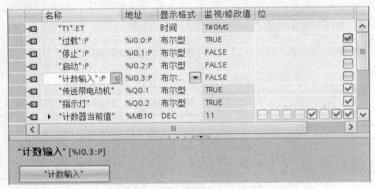

图2-43　传送带工件计数仿真

（4）勾选 "过载" 复选框，单击 "启动" 按钮，"传送带电动机" 为 TRUE，传送带电动机启动；同时 "指示灯" 为 TRUE，指示灯常亮。

（5）单击 "计数输入" 按钮，模拟传感器检测工件。每单击一次，相当于检测到一个工件，"计数器当前值" 加 1。当计数到大于等于 15 时，"指示灯" 开始闪烁；当计数到 20 时，"传送带电动机" 为 FALSE，同时 T1 的当前值 ET 开始延时。延时 5s 后，"传送带电动机" 重新变为 TRUE，进入下一个循环。

（6）单击 "停止" 按钮或取消勾选 "过载" 复选框，"传送带电动机" 为 FALSE，同时禁止计数。

三、运行操作步骤

（1）按照图 2-41 所示连接控制电路。

（2）在项目树下选择站点"PLC_1"，再单击工具栏中的"下载到设备"按钮 ⬇️，将该站点下载到 PLC 中。单击工具栏中的"启动 CPU"按钮 ▶️，使 PLC 处于运行状态。

（3）PLC 上输入指示灯 I0.0 应点亮，表示 I0.0 被热继电器 KH 常闭触点接通。

（4）按下启动按钮 SB2，传送带电动机启动，指示灯常亮，对工件开始计数。当计数到 15 时，指示灯开始闪烁；当计数到 20 时，传送带电动机停止；5s 后传送带电动机重新启动，指示灯又变为常亮，进入下一个循环。

（5）按下停止按钮 SB1 或断开 I0.0（模拟过载），传送带电动机停止。

扩展知识——值在范围内和值超出范围指令

前面的比较指令是对两个操作数进行比较，在西门子 PLC 中也可以进行范围比较。"值在范围内"指令 IN_RANGE 和"值超出范围"指令 OUT_RANGE 可以等效为一个触点。MIN 为最小值，MAX 为最大值，VAL 为被比较的值。对于 IN_RANGE 指令，如果满足 $MIN \leq VAL \leq MAX$，则等效于触点接通，指令框为绿色，否则指令框为蓝色的虚线。对于 OUT_RANGE 指令，如果 $VAL < MIN$ 或 $VAL > MAX$，则等效于触点接通，指令框为绿色，否则指令框为蓝色的虚线。

IN_RANGE 指令和 OUT_RANGE 指令的应用如图 2-44 所示，如果 MW10 的值是 55，在 0～100 内，则 IN_RANGE 指令接通，Q0.0 线圈通电，OUT_RANGE 指令断开，Q0.1 线圈断电；如果 MW10 的值为 110，超出了 0～100 的范围，则 IN_RANGE 指令断开，Q0.0 线圈断电，OUT_RANGE 指令接通，Q0.1 线圈通电。

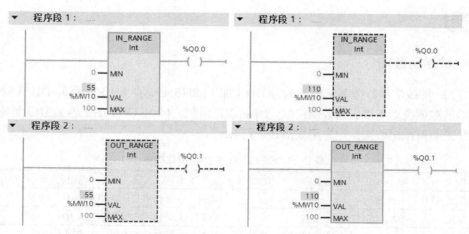

图2-44 IN_RANGE指令和OUT_RANGE指令的应用

练习题

1．在 MW10 等于 400 或 MW12 大于 2 000 时将 M5.0 置位，否则将 M5.0 复位，使用比较指令编写程序。

2．编写程序，I0.0 为"1"时求出 MW20～MW26 中最小的整数，并将其存放在 MW30 中。

••• 任务 7 应用数学函数指令实现多挡位功率调节 •••

任务引入

某加热器有 7 个功率挡位，分别是 0.5kW、1kW、1.5kW、2kW、2.5kW、3kW 和 3.5kW，控制要求如下。

（1）每按一次功率增加按钮 SB1，功率上升 1 挡。

（2）每按一次功率减少按钮 SB2，功率下降 1 挡。

（3）按停止按钮 SB3，加热停止。

多挡位功率调节控制电路如图 2-45 所示，其中使用了 0.5kW、1kW、2kW 的加热器，分别由 KM1～KM3 进行控制。

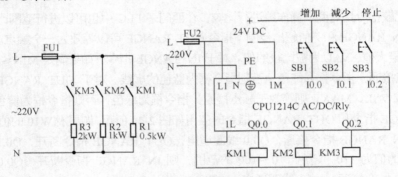

图2-45 多挡位功率调节控制电路

相关知识

一、数学函数指令

S7-1200 的数学函数指令见表 2-3，ADD（加）、SUB（减）、MUL（乘）、DIV（除）指令的操作数的数据类型可以是整数或实数，IN 可以是常数，IN 和 OUT 的数据类型应相同。整数除法指令是将商截尾取整，作为整数格式送到 OUT。

表 2-3 S7-1200 的数学函数指令

指令	描述	指令	描述
CALCULATE	计算	SQR	计算平方，OUT=IN^2
ADD	加，OUT=IN1+IN2	SQRT	计算平方根，OUT=$\sqrt{IN}$
SUB	减，OUT=IN1−IN2	LN	计算自然对数，OUT=LN(IN)
MUL	乘，OUT=IN1*IN2	EXP	计算指数值，OUT=e^{IN}
DIV	除，OUT=IN1/IN2	SIN	计算正弦值，OUT=sin(IN)
MOD	返回除法的余数	COS	计算余弦值，OUT=cos(IN)
NEG	求 IN 的补码	TAN	计算正切值，OUT=tan(IN)
INC	将参数 IN/OUT 的值加 1	ASIN	计算反正弦值，OUT=arcsin(IN)
DEC	将参数 IN/OUT 的值减 1	ACOS	计算反余弦值，OUT=arccos(IN)

续表

指令	描述	指令	描述
ABS	计算绝对值	ATAN	计算反正切值，OUT=arctan(IN)
MIN	获取最小值	FRAC	提取小数
MAX	获取最大值	EXPT	取幂，OUT=IN1^{IN2}
LIMIT	设置限值		

ADD 和 MUL 指令允许有多个输入，单击方框中参数 IN2 后面的 按钮，会增加一个输入 IN3，以后增加的输入编号依次递增。

从指令列表中可以通过拖曳或双击来添加运算指令，双击指令框运算符号下面的 "Auto(???)"，再单击右边出现的 按钮，从下拉列表中选择要计算的数据的类型。运算指令符号也可以修改，双击运算指令符号，再单击右边出现的 按钮，可以从下拉列表中修改运算指令符号。

二、系统存储器字节

在项目中添加 PLC 后，单击设备视图中的 CPU，在巡视窗口中选择"属性"→"常规"→"脉冲发生器（PTO/PWM）"→"系统和时钟存储器"选项，如图 2-46 所示，勾选"启用系统存储器字节"和"启用时钟存储器字节"复选框，其默认地址分别为 MB1 和 MB0，也可以修改该地址。

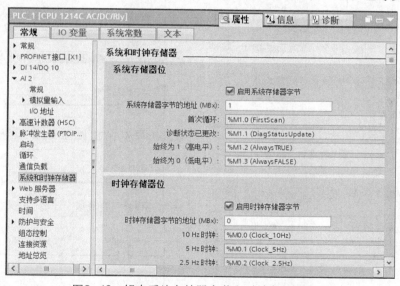

图2-46 组态系统存储器字节和时钟存储器字节

任务实施

一、硬件组态与软件编程

1. 硬件组态

（1）打开博途软件，新建一个项目"2-7 应用数学函数指令实现多挡位功率调节"。

应用数学函数指令
实现多挡位功率
调节

（2）双击项目树下的"添加新设备"选项，添加"CPU1214C AC/DC/Rly"，选择版本号为 V4.2，添加一个站点"PLC_1"。

（3）在设备视图下的巡视窗口中，选择"属性"→"常规"→"脉冲发生器（PTO/PWM）"→"系统和时钟存储器"选项，勾选"启用系统存储器字节"复选框。

2. 软件编程

（1）在项目树下选择"PLC_1"→"PLC 变量"选项，双击"添加新变量表"选项，添加一个变量表并创建所需的变量。

（2）编写控制程序。编写的控制程序如图 2-47 所示。

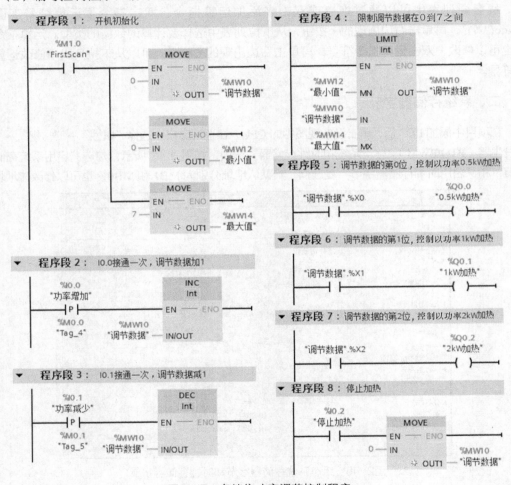

图2-47　多挡位功率调节控制程序

① 开机初始化。在程序段 1 中，开机后第一次扫描时，将调节数据 MW10 清零，将最小值 MW12 设置为 0，将最大值 MW14 设置为 7。

② 增加功率。在程序段 2 中，当按下功率增加按钮 SB1 时，在 I0.0 的上升沿（不使用上升沿指令会执行多次加 1 运算），MW10 加 1，其第 0 位为"1"，程序段 5 中"调节数据".%X0 的常开触点闭合，Q0.0 线圈通电，通过 KM1 以 0.5kW 功率进行加热。此后每按一次按钮 SB1，KM1～KM3 按加 1 规律通电动作，直到 KM1～KM3 全部通电为止，最大加热功率为 3.5kW。

③ 减小功率。在程序段 3 中，每按一次减小功率按钮 SB2，在 I0.1 的上升沿（不使用上升沿指令会执行多次减 1 运算），MW10 减 1，KM1～KM3 按减 1 规律动作，直到 KM1～KM3 全部断电为止。

④ 限制。在程序段 4 中，限制 MW10 中的数据在 0 到 7 之间。

⑤ 停止。在程序段 8 中，当按下停止按钮 SB3（I0.2 常开触点接通）时，将 0 送到 MW10 中，KM1～KM3 同时断电，停止加热。

二、仿真运行

（1）在项目树下的项目"2-7 应用数学函数指令实现多挡位功率调节"上单击鼠标右键，选择"属性"→"保护"选项，选择"块编译时支持仿真"选项，选择项目树下的站点"PLC_1"，再单击工具栏中的"编译"按钮 ，进行编译。编译后，巡视窗口中应显示没有错误。

（2）单击工具栏中的"开始仿真"按钮 ，打开仿真器，单击"新建"按钮 ，新建一个仿真项目"2-7 应用数学函数指令实现多挡位功率调节仿真"。在进入的"下载预览"界面中单击"装载"按钮，将 PLC_1 站点下载到仿真器中。单击工具栏中的"启动 CPU"按钮 ，使 PLC 运行。

（3）在仿真界面中，双击"SIM 表格"下的"SIM 表格_1"选项，打开"SIM 表格_1"，单击工具栏中的 按钮，添加项目变量，如图 2-48 所示。

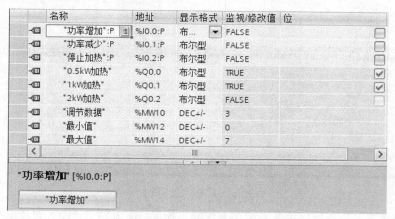

图2-48 多挡位功率调节仿真

（4）每单击一次"功率增加"按钮，"调节数据"加 1，Q0.2～Q0.0 按照 2#000～2#111 变化，加热功率每次增加 0.5kW。

（5）每单击一次"功率减少"按钮，"调节数据"减 1，Q0.2～Q0.0 按照 2#111～2#000 变化，加热功率每次减少 0.5kW。

（6）单击"停止加热"按钮，"调节数据"清零，Q0.2～Q0.0 输出为 0，停止加热。

三、运行操作步骤

（1）按照图 2-45 连接控制电路。

（2）在项目树下选择站点"PLC_1"，再单击工具栏中的"下载到设备"按钮 ，将该站点下载到 PLC 中。单击工具栏中的"启动 CPU"按钮 ，使 PLC 处于运行状态。

（3）每按一次按钮 SB1，功率增加 0.5kW，直到增加到最大功率 3.5kW；每按一次按钮 SB2，功率减少 0.5kW，直到停止加热；按按钮 SB3，停止加热。

扩展知识

一、CALCULATE指令

可以使用计算指令（CALCULATE）定义和执行数学表达式，根据指定的数据类型进行复杂的数学或逻辑运算。

从右边的指令列表中通过双击或拖曳将 CALCULATE 指令添加到工作区中。单击图 2-49 指令框中的指令符号下面的 "???"，从下拉列表中选择该指令的数据类型为 Int。单击指令框右上角的 图标或双击指令框中间的 OUT := <???>，可以弹出图 2-49 下部的对话框，在该对话框中输入待计算的表达式。表达式中只能包含输入参数 INn 和指令，Int 可以用到的指令下面已经给出。

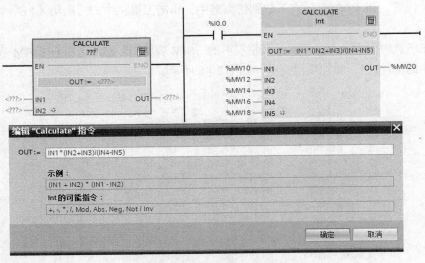

图2-49　CALCULATE指令

在初始状态下，指令框只包含 IN1 和 IN2 两个输入。计算表达式输入完成后，单击"确定"按钮，会自动添加其他输入。也可以通过单击指令框中的 按钮添加输入参数。该指令运算后，将运算结果保存在 MW20 中。

二、函数运算指令

浮点数（实数）函数运算指令的操作数 IN 和 OUT 均为 Real 数据类型。

计算指数值指令 EXP 的底数和计算自然对数指令 LN 的对数均为 e。如果计算平方根指令 SQRT 和 LN 指令的输入值为负数，则 OUT 将输出一个无效的浮点数。

三角函数指令和反三角函数指令中的角度均是以弧度为单位的浮点数。如果单位为角度，则应将角度乘以 $\pi/180$，将其换算为弧度。

计算反正弦指令 ASIN 和计算反余弦指令 ACOS 的输入值为 $-1.0 \sim +1.0$。ASIN 和 ATAN 的运算结果为 $-\pi/2 \sim +\pi/2$，ACOS 的运算结果为 $0 \sim \pi$。

例如，一个直角三角形的斜边为 L，斜边与一个直角边的夹角为 θ，求该夹角所对的直角边的长度 H，则 $H=L\times\sin\theta$。假设 MD10 中保存以度为单位的 θ 值，则要乘以 $\pi/180=0.0174533$，即将其转换为对应的弧度，如图 2-50 所示。

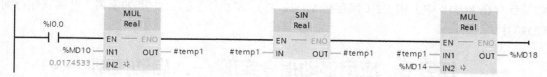

图2-50 浮点数函数运算指令

运算的中间结果用浮点数类型的局部变量 temp1 保存。在程序编辑器 Main 中，单击上部"块接口"下的 ▼ 按钮，展开块接口。在块接口的 temp 下添加一个局部变量 temp1，数据类型为 Real。可以在梯形图中双击需要放置该变量位置的 "???"，再单击右边出现的 ▦ 按钮，在下拉列表中选择#temp1；也可以在块接口中直接拖动该变量到需要放置的位置。

MD14 中是浮点数类型的斜边 L 的值，MD18 保存的是计算结果。

三、其他数学函数指令

1. MOD 指令

整数除法指令是得到结果的商，余数被去掉。可以用 MOD 指令获取整数除法的余数，将 IN1 除以 IN2，运算结果的余数保存在 OUT 中，IN1、IN2 和 OUT 只能取整数。

2. NEG 指令

取反指令 NEG 是将 IN 的值的符号取反后保存到 OUT 中。IN 和 OUT 的数据类型可以是 SInt、Int、DInt、浮点数。

3. ABS 指令

计算绝对值指令 ABS 是将 IN 的有符号数取绝对值保存在 OUT 中。数据类型可以是 SInt、Int、DInt、浮点数。

4. MIN 和 MAX 指令

获取最小值指令 MIN 是比较多个输入值，将其中最小的值送入 OUT。获取最大值指令是比较多个输入值，将其中最大的值送入 OUT。IN 和 OUT 的数据类型可以是各种整数、浮点数、DTL。

5. LIMIT 指令

设置限值指令 LIMIT 是将 IN 的值限制在 MN 和 MX 的值之间。如果 IN 的值没有超出该范围，则将 IN 的值送到 OUT 指定的地址中。如果 IN 的值小于 MN 的值，则将 MN 的值送入 OUT；如果 IN 的值大于 MX 的值，则将 MX 的值送入 OUT。

6. FRAC 和 EXPT 指令

提取小数指令 FRAC 是将 IN 的小数部分送入 OUT。取幂指令 EXPT 是计算以 IN1 的值为底、IN2 为指数的值，将计算结果送入 OUT。

练习题

1. 编写程序计算 $500\times20+300\div15$，将结果保存到 MW50 中。

2. 已知直角三角形某一个角的对边和斜边（实数类型），分别保存在 MD10 和 MD14 中，编写程序计算该角的角度值（实数类型），并将其保存在 MD20 中。

3. 已知点 1 的坐标为 X1（保存在 MD10 中）和 Y1（保存在 MD14 中），点 2 的坐标为 X2（保存在 MD18 中）和 Y2（保存在 MD22 中），求点 1 和点 2 之间的距离，并将其保存到 MD30 中。

••• 任务 8　应用移动指令实现丫-△启动控制 •••

任务引入

应用移动操作指令设计三相交流电动机丫-△降压启动控制电路和程序，并具有启动/报警指示。指示灯在启动过程中点亮，启动结束时熄灭。如果发生电动机过载，则停机并进行灯光报警。其控制电路如图 2-32 所示。

相关知识——移动指令

移动指令 MOVE 是将 IN 输入的源数据传送到 OUT 指定的目标地址中，IN 和 OUT 的数据类型可以是所有的数据类型。如果输入数据类型的位长度超出输出数据类型的位长度，则源值的高位会丢失。如果输入数据类型的位长度低于输出数据类型的位长度，则目标值的高位会被改写为 0。

在初始状态，指令框中包含 1 个输出（OUT1）。MOVE 指令允许有多个输出，可以单击指令框中的 按钮增加输出数目，增加的输出按升序排列。需要删除输出时，可以单击对应的输出，按 Delete 键进行删除，删除后将自动调整剩余的输出编号。在执行指令的过程中，将输入的操作数的内容传送到所有可用的输出，源数据保持不变。

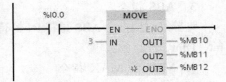

图2-51　移动指令的应用

移动指令的应用如图 2-51 所示，当 I0.0 接通时，将 3 移动到 MB10、MB11 和 MB12 中。

任务实施

一、硬件组态与软件编程

1. 硬件组态

（1）打开博途软件，新建一个项目"2-8 应用移动指令实现丫-△启动控制"。

（2）双击项目树下的"添加新设备"选项，添加"CPU1214C AC/DC/Rly"，选择版本号为 V4.2，添加一个站点"PLC_1"。

2. 软件编程

（1）在项目树下选择"PLC_1"→"PLC 变量"选项，双击"添加新变量表"选项，添加一个变量表并创建所需的变量。

（2）编写控制程序。编写的控制程序如图 2-52 所示，上电后，由于 I0.0 连接的是 KH 的常闭触点,所以 I0.0 有输入,程序段 4 中的 I0.0 常闭触点断开,为启动做准备。定时器 T1 用于电动机从丫形启动到△形运转的时间控制,时间为 5s。其工作原理如下。

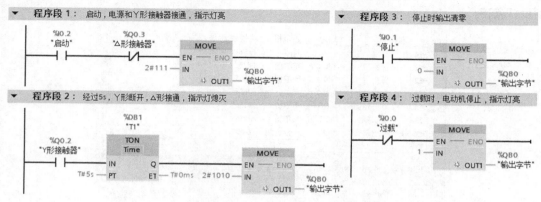

图2-52 丫-△启动控制程序

①丫形启动。在程序段 1 中,当按下启动按钮 SB2 时,I0.2 常开触点接通,将 2#111 传送到 QB0,Q0.2、Q0.1 和 Q0.0 为"1"。丫形接触器 KM2 和电源接触器 KM1 通电,电动机丫形启动。指示灯 HL 通电点亮,表示正在启动。串联 Q0.3 常闭触点是为了保证在△形运行时不会重新启动。

② △形运转。在程序段 2 中,Q0.2 常开触点接通,定时器 T1 通电延时 5s。延时时间到,T1 的 Q 输出为"1",将 2#1010 传送到 QB0,使 Q0.3 和 Q0.1 为"1",电源接触器 KM1 保持通电,△形接触器 KM3 通电,电动机换接为△形连接运转;Q0.0 为"0",指示灯熄灭,启动完成。

③ 停机。在程序段 3 中,当按下停止按钮 SB1 时,I0.1 常开触点接通,将 0 传送到 QB0,Q0.0~Q0.3 全部为"0",电动机断电停止。

④ 过载保护。当发生过载时,热继电器常闭触点分断,I0.0 没有输入,I0.0 常闭触点接通,将 1 传送到 QB0,Q0.3~Q0.1 全部为"0",电动机断电停止。Q0.0 为"1",指示灯 HL 亮,进行过载报警。

二、仿真运行

（1）在项目树下的项目"2-8 应用移动指令实现丫-△启动控制"上单击鼠标右键,选择"属性"→"保护"选项,选择"块编译时支持仿真"选项,选择项目树下的站点"PLC_1",再单击工具栏中的"编译"按钮🔂进行编译。编译后,巡视窗口中应显示没有错误。

应用移动指令实现
丫-△启动控制

（2）单击工具栏中的"开始仿真"按钮▣,打开仿真器,单击"新建"按钮✳,新建一个仿真项目"2-8 应用移动指令实现丫-△启动控制仿真"。在进入的"下载预览"界面中单击"装载"按钮,将 PLC_1 站点下载到仿真器中。单击工具栏中的"启动 CPU"按钮▮,使 PLC 运行。

（3）在仿真界面中,双击"SIM 表格"下的"SIM 表格_1"选项,打开"SIM 表格_1",单击工具栏中的▥按钮,添加项目变量,如图 2-53 所示。

（4）勾选"过载"复选框,单击"启动"按钮,Q0.2~Q0.0 为 2#111,电动机丫形启动,指示灯点亮,同时定时器 T1 的当前值 ET 开始延时;经过 5s,Q0.3~Q0.0 为 2#1010,电动机换接为△形运行,指示灯熄灭。

（5）单击"停止"按钮，QB0 输出为 0，电动机停止。

（6）在电动机运行过程中，取消勾选"过载"复选框，模拟过载，电动机停止，Q0.0 为"1"，指示灯点亮。

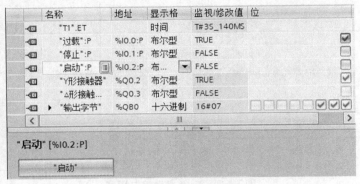

图2-53　Y-△启动控制仿真

三、运行操作步骤

（1）按照图 2-32 连接控制电路。

（2）在项目树下选择"PLC_1"选项，再单击工具栏中的"下载到设备"按钮，将该站点下载到 PLC 中。单击工具栏中的"启动 CPU"按钮，使 PLC 处于运行状态。

（3）PLC 上输入指示灯 I0.0 应点亮，表示 I0.0 被热继电器 KH 常闭触点接通。

（4）按下启动按钮 SB2，电动机Y形启动，启动指示灯点亮；经过 5s，电动机换接为△形运行，指示灯熄灭。

（5）按下停止按钮 SB1，电动机停止。

（6）在电动机运行过程中，断开 I0.0（模拟过载），电动机停止，指示灯点亮。

扩展知识

一、块移动指令

1. 块移动指令 MOVE_BLK

块移动指令 MOVE_BLK 用于将一个存储区（源范围）的数据移动到另一个存储区（目标范围）中。输入 COUNT 用于指定将移动到目标范围中的元素个数，IN 和 OUT 是待移动源区域和目标区域的首个元素地址（可以不是第一个元素地址）。

2. 不可中断的存储区移动指令 UMOVE_BLK

不可中断的存储区移动指令 UMOVE_BLK 的功能与 MOVE_BLK 基本相同，区别在于此移动操作不会被操作系统的其他任务打断。在执行 UMOVE_BLK 指令期间，CPU 的中断响应时间会增加。

3. 移动块指令 MOVE_BLK_VARIANT

移动块指令 MOVE_BLK_VARIANT 用于将一个存储区（源范围）的数据移动到另一个存储区（目标范围）中。可以将一个完整的数组或数组的元素复制到另一个相同数据类型的数组中。源数组和目标数组的大小（元素个数）可能会不同。可以复制一个数组内的多个或单个元素。

块移动指令的应用如图 2-54（a）所示，当 I0.0 常开触点接通时，执行 MOVE_BLK_VARIANT 指令，将源数据块中的源数组（SRC）从下标 7（SRC_INDEX）开始的 5 个（COUNT）数据移动到目标数据块中的目标数组（DEST）从下标 7（DEST_INDEX）开始的 5 个元素中，执行结果如图 2-54（b）所示。

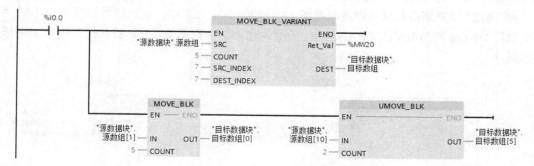

（a）块移动指令的应用

源数据块						目标数据块				
	名称		数据类型	起始...	监视值		名称		数据类型	监视值
1	▼ Static					1	▼ Static			
2	▼ 源数组		Array[0..20] of Byte			2	▼ 目标数组		Array[0..40] of Byte	
3	源数组[0]		Byte	16#1	16#01	3	目标数组[0]		Byte	16#02
4	源数组[1]		Byte	16#2	16#02	4	目标数组[1]		Byte	16#03
5	源数组[2]		Byte	16#3	16#03	5	目标数组[2]		Byte	16#04
6	源数组[3]		Byte	16#4	16#04	6	目标数组[3]		Byte	16#05
7	源数组[4]		Byte	16#5	16#05	7	目标数组[4]		Byte	16#06
8	源数组[5]		Byte	16#6	16#06	8	目标数组[5]		Byte	16#0B
9	源数组[6]		Byte	16#7	16#07	9	目标数组[6]		Byte	16#0C
10	源数组[7]		Byte	16#8	16#08	10	目标数组[7]		Byte	16#08
11	源数组[8]		Byte	16#9	16#09	11	目标数组[8]		Byte	16#09
12	源数组[9]		Byte	16#A	16#0A	12	目标数组[9]		Byte	16#0A
13	源数组[10]		Byte	16#B	16#0B	13	目标数组[10]		Byte	16#0B
14	源数组[11]		Byte	16#C	16#0C	14	目标数组[11]		Byte	16#0C
15	源数组[12]		Byte	16#D	16#0D	15	目标数组[12]		Byte	16#35
16	源数组[13]		Byte	16#E	16#23	16	目标数组[13]		Byte	16#35
17	源数组[14]		Byte	16#F	16#23	17	目标数组[14]		Byte	16#35

（b）块移动指令的执行结果

图 2-54 块移动指令的应用及其执行结果

执行 MOVE_BLK 指令，将源数据块中从源数组[1]开始的 5 个数据移动到目标数据块的目标数组[0]开始的区域中。

执行 UMOVE_BLK 指令，将源数据块中从源数组[10]开始的 2 个数据移动到目标数据块的目标数组[5]开始的区域中。

二、填充块指令和交换指令

1. 填充块指令

填充块指令 FILL_BLK 是将 IN 输入的值填充到从输出指定起始地址的目标范围中，参数 COUNT 用于指定填充元素的个数。源范围和目标范围的数据类型应相同。

不可中断的填充块指令 UFILL_BLK 与 FILL_BLK 指令的功能相同，区别在于前者的填充操作不会被操作系统的其他任务打断。

2. 交换指令

交换指令 SWAP 用于交换 IN 中字节的顺序，保存到 OUT 指定的地址中。

填充块指令与交换指令的应用如图 2-55 所示，当 I0.1 常开触点接通时，执行 FILL_BLK 指令，将 16#35 填充到目标数据块中从目标数组[12]开始的 3 个元素中；执行 UFILL_BLK 指令，将 16#23 填充到源数据块中从源数组[12]开始的 3 个元素中，执行结果如图 2-54（b）所示；执行 DWord 数据类型的 SWAP 指令，交换 4 个字节中数据的顺序，将其保存到 OUT 指定的地址中。

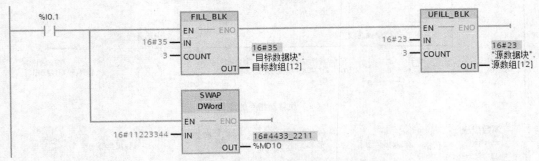

图2-55 填充块指令与交换指令的应用

练习题

1. 编写程序，在 I0.1 的下降沿将数据块 DB1 中的 Array[0..19] of Int 类型的数组 Data1 中的前 10 个整数清零。

2. 编写程序，使用数据块移动指令将数据块 DB1 中的 Array[0..10] of Int 类型的数组"源数据"复制到 Array[0..20] of Int 类型的"目标数据"中从第 7 个元素开始的存储区域中。

••• 任务 9 应用转换指令实现圆面积计算 •••

任务引入

根据输入的圆的半径计算圆的面积。为了提高计算精度，将半径转换为实数，使用实数进行计算，将计算结果转换为整数输出。

相关知识——转换指令

一、转换指令

转换指令 CONVERT（CONV）的 IN 和 OUT 数据类型可以为位字符串、整数、浮点数、Char、WChar、BCD16（16 位的 BCD 码）、BCD32（32 位的 BCD 码），该指令将读取参数 IN 的内容，并根据指令框中选择的数据类型对其进行转换，转换值存储在 OUT 指定的地址中。

二、浮点数转换为整数指令

取整指令 ROUND 用于将浮点数转换为四舍五入的整数。浮点数向上取整指令 CEIL 用于将浮点数向上转换为较大的相邻整数，如将 32.4 转换为 33。浮点数向下取整指令 FLOOR 用于将浮点数向下转换为较小的相邻整数，如将 32.7 转换为 32。截尾取整指令 TRUNC 用于只取浮点数的整数部分，舍去小数部分。

任务实施

一、硬件组态与软件编程

应用转换指令实现
圆面积计算

1. 硬件组态

（1）打开博途软件，新建一个项目"2-9 应用转换指令实现圆面积计算"。

（2）双击项目树下的"添加新设备"选项，添加"CPU1214C AC/DC/Rly"，选择版本号为 V4.2，添加一个站点"PLC_1"。

2. 软件编程

编写的控制程序如图 2-56 所示，先将"半径"（整数类型）转换为实数，并存放到局部变量 Temp1 中，再进行平方运算，并乘以 3.14，最后进行四舍五入取整，将结果保存到变量"面积"中。

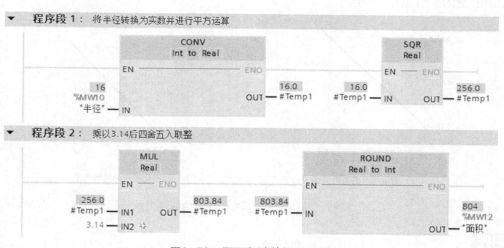

图2-56　圆面积计算控制程序

二、仿真运行

（1）在项目树下的项目"2-9 应用转换指令实现圆面积计算"上单击鼠标右键，选择"属性"→"保护"选项，选择"块编译时支持仿真"选项，选择项目树下的站点"PLC_1"，再单击工具栏中的"编译"按钮进行编译。编译后，巡视窗口中应显示没有错误。

（2）单击工具栏中的"开始仿真"按钮，打开仿真器，在进入的"下载预览"界面中单击"装载"按钮，将 PLC_1 站点下载到仿真器中。单击工具栏中的"启动 CPU"按钮，使PLC 运行。

（3）单击程序编辑器工具栏中的"监视"按钮，处于监视状态的程序如图 2-56 所示。在"半径"上单击鼠标右键，修改操作数为 16，经过计算后的"面积"为 804。

扩展知识

一、缩放指令

缩放指令 SCALE_X 用于将浮点数输入值 VALUE（$0.0 \leqslant$ VALUE $\leqslant 1.0$）线性转换为 MIN（下限值）和 MAX（上限值）之间的数值，并保存在 OUT 指定的地址中。单击指令框内指令名称下的问号，从下拉列表中可以设置输入输出变量的数据类型，参数 MIN、MAX 和 OUT 的数据类型应相同。缩放指令的线性关系如图 2-57（a）所示，其线性转换关系满足 OUT=VALUE×（MAX−MIN）+MIN。

二、标准化指令

标准化指令 NORM_X 用于将输入值 VALUE（MIN $\leqslant$ VALUE $\leqslant$ MAX）线性转换为 0.0～1.0 中的浮点数，称为标准化或归一化，转换结果保存在 OUT 指定的地址中。单击指令框内指令名称下的问号，从下拉列表中可以设置输入输出变量的数据类型，参数 MIN、MAX 和 VALUE 的数据类型应相同。标准化指令的线性关系如图 2-57（b）所示，其线性转换关系满足 OUT=（VALUE−MIN）/（MAX−MIN）。

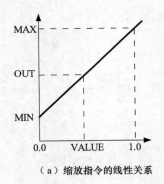
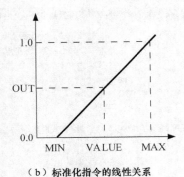

（a）缩放指令的线性关系　　　　　　　　　　（b）标准化指令的线性关系

图2-57　缩放指令与标准化指令的线性关系

练习题

1. 半径保存在 MW10 中，取圆周率为 3.1416，使用实数运算指令编写计算圆周长的程序，将运算结果转换为整数，并保存在 MW12 中。

2. 以 0.1° 为单位的整数角度值保存在 MW10 中，在 I0.2 的上升沿，求出该角度的正弦值，将运算结果转换为以 10^{-3} 为单位的整数值，并存放在 MW20 中。

●●● 任务 10　应用程序控制指令选择电动机控制方式 ●●●

任务引入

对一台电动机有 3 种控制方法，第一种是点动控制，第二种是连续运行控制，第三种是自动控制（电动机运行 10min 后自动停止），其控制电路如图 2-58 所示，控制要求如下。

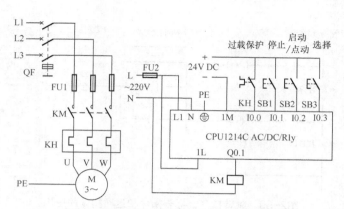

图2-58 选择电动机控制方式的控制电路

（1）SB3 为选择按钮，默认点动控制，第一次按下为连续运行控制，第二次按下为自动控制，第三次按下恢复为点动控制。

（2）SB2 默认点动控制。按下 SB2，电动机启动运行；松开 SB2，电动机停止。

（3）按下 SB3，选择连续运行控制。按下 SB2，电动机启动运行；按下 SB1，电动机停止。在电动机运行期间，发生过载时电动机会停止。

（4）按下 SB3，选择自动控制。按下 SB2，电动机启动运行，经过 10min，电动机停止。在电动机运行期间，按下 SB1 或发生过载时电动机会停止。

（5）按下 SB3，又恢复为默认的点动控制。

相关知识

一、跳转指令、标签指令与返回指令

1. JMP 与 LABEL 指令

跳转指令 JMP 与标签指令 LABEL 配合使用。当跳转线圈-(GMP)-的输入为"1"时，跳转到该指令顶部指定的标签处。

跳转指令的功能是跳转到标签所在的位置向下顺序执行，跳转指令与标签之间的程序段不执行。跳转时，可以向前或向后跳转，也可以从多个位置跳转到同一个标签处，但是只能在同一个程序块中跳转，不能从一个程序块跳转到另一个程序块。在一个程序块内，跳转标签的名称只能使用一次。一个程序段只能设置一个跳转标签，标签的首字母不能为数字。

2. JMPN 指令

跳转指令 JMPN 与标签指令 LABEL 配合使用。当跳转线圈-(GMPN)-的输入为"0"时，跳转到该指令顶部指定的标签处。

3. RET 指令

返回指令 RET 可以是有条件返回或无条件返回，线圈通电时，停止执行该指令后面的指令，返回调用它的程序块。在块结束时不需要 RET 指令来结束块，系统会自动完成这一任务。

4. 跳转指令的应用

跳转指令、标签指令和返回指令的应用如图 2-59 所示，在程序段 1 中，如果 I0.0 常开触点未接通，则不执行跳转指令，执行程序段 2，进行点动控制。执行完程序段 3 中的返回指令后，程序段 4 不会执行。

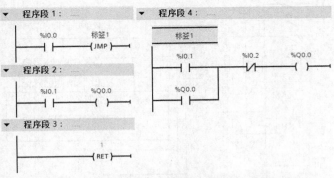

图2-59　跳转指令、标签指令和返回指令的应用

如果程序段 1 中的 I0.0 常开触点接通，则执行跳转指令，跳过程序段 2 和程序段 3，直接跳转到程序段 4 中的"标签 1"处，进行连续运行控制。

二、跳转列表指令和跳转分支指令

1. 跳转列表指令 JMP_LIST

使用跳转列表指令 JMP_LIST，可定义多个有条件跳转，跳转到由参数 K 的值指定的跳转标签，跳转标签可以由指令框的输出 DESTn 指定。单击指令框中的 ❊ 按钮，可增加输出 DESTn 的数量。输出从值 0 开始编号，每次新增输出后以升序继续编号。在指令的输出中只能指定跳转标签。S7-1200 最多可以声明 32 个输出。

K 参数值将指定输出编号，程序将从跳转标签处继续执行。如果参数 K 的值大于可用的输出编号，则继续执行块中下一个程序段中的程序。在图 2-60 中，如果 JMP_LIST 指令的 K 值为 0，则跳转到标签 LABEL0 处；如果 K 值为 1，则跳转到标签 LABEL1 处；如果 K 值为 2，则跳转到标签 LABEL2 处；如果 K 值大于 2，则不跳转，继续执行下一个程序段。

2. 跳转分支指令 SWITCH

跳转分支指令 SWITCH 根据一个或多个比较指令的结果，定义要执行的多个程序跳转。在参数 K 中指定要比较的值，将该值与各个输入提供的值进行比较。单击指令框中的比较符号，可以从下拉列表中选择比较方法。可以从指令框的"???"下拉列表中选择该指令的数据类型。

该指令从第一个比较开始执行，如果满足比较条件，则跳转到 DEST0，不考虑后续比较条件；如果满足第二个比较条件，则跳转到 DEST1；如果未满足任何指定的比较条件，则将在输出 ELSE 处执行跳转。如果输出 ELSE 中未定义程序跳转，则程序从下一个程序段继续执行。

单击指令框中的 ❊ 按钮，可增加输出 DESTn 的数量。输出从值 0 开始编号，每次新增输出后以升序继续编号。在图 2-60 中，如果 SWITCH 指令的 K 值小于 0，则跳转到标签 LABEL0 处；如果 K 值大于 10，则跳转到标签 LABEL1 处；否则，跳转到标签 LABEL2 处。

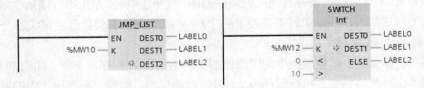

图2-60　多分支跳转指令

任务实施

一、硬件组态与软件编程

应用程序控制指令
选择电动机控制
方式

1. 硬件组态

（1）打开博途软件，新建一个项目"2-10 应用程序控制指令选择电动机控制方式"。

（2）双击项目树下的"添加新设备"选项，添加"CPU1214C AC/DC/Rly"，选择版本号为 V4.2，添加一个站点"PLC_1"。

2. 软件编程

（1）在项目树下选择"PLC_1"→"PLC 变量"选项，双击"添加新变量表"选项，添加一个变量表并创建所需的变量。

（2）编写控制程序。编写的控制程序如图 2-61 所示。上电时 I0.0 有输入，程序中 I0.0 常开触点闭合，为启动做准备。

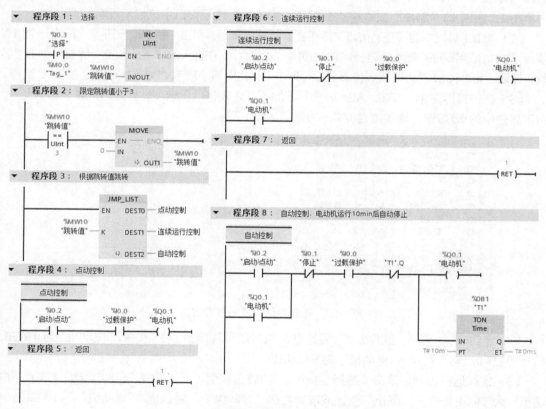

图2-61　选择电动机控制方式的控制程序

① 选择控制方法。在程序段 1 中，每按下一次"选择"按钮 I0.3，变量"跳转值"加 1。在程序段 2 中，限定"跳转值"小于 3。

② 点动控制。在程序段 3 中，如果"跳转值"为 0，则跳转到程序段 4 中的标签"点动控制"处。当"启动/点动"按钮按下时，线圈 Q0.1 通电，电动机启动；当松开该按钮时，Q0.1 断电，电动机停止。程序段 5 为无条件返回，不再执行程序段 6～程序段 8。

③ 连续运行控制。在程序段 3 中，如果"跳转值"为 1，则跳过程序段 4 和程序段 5，跳转到程序段 6 中的标签"连续运行控制"处。当"启动/点动"按钮按下时，线圈 Q0.1 通电自锁，电动机启动运行。当按下"停止"按钮或发生过载时，线圈 Q0.1 断电，自锁解除，电动机停止。程序段 7 为无条件返回，不再执行程序段 8。

④ 自动控制。在程序段 3 中，如果"跳转值"为 2，则跳过程序段 4～程序段 7，跳转到程序段 8 中的标签"自动控制"处。当"启动/点动"按钮按下时，线圈 Q0.1 通电自锁，电动机启动运行，同时定时器 T1 延时 10min。延时时间到，T1 的 Q 输出为"1"，其常闭触点断开，线圈 Q0.1 断电，自锁解除，电动机停止。在电动机运行延时期间，如果按下"停止"按钮或出现过载，则同样可以使电动机停止。

二、仿真运行

（1）在项目树下的项目"2-10 应用程序控制指令选择电动机控制方式"上单击鼠标右键，选择"属性"→"保护"选项，选择"块编译时支持仿真"选项，选择项目树下的站点"PLC_1"，再单击工具栏中的"编译"按钮 🖥 进行编译。编译后，巡视窗口中应显示没有错误。

（2）单击工具栏中的"开始仿真"按钮 🖳，打开仿真器，单击"新建"按钮 ⚹，新建一个仿真项目"2-10 应用程序控制指令选择电动机控制方式仿真"。在进入的"下载预览"界面中单击"装载"按钮，将 PLC_1 站点下载到仿真器中。单击工具栏中的"启动 CPU"按钮 🖳，使 PLC 运行。

（3）在仿真界面中，双击"SIM 表格"下的"SIM 表格_1"选项，打开"SIM 表格_1"，单击工具栏中的 ◄🕮 按钮，添加项目变量，如图 2-62 所示。

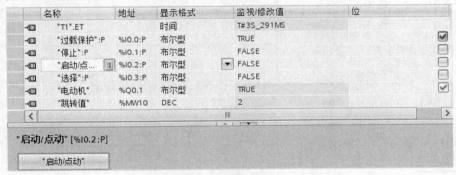

图 2-62　选择电动机控制方式仿真

（4）点动控制。勾选"过载保护"复选框，单击按下"启动/点动"按钮，"电动机"为 TRUE；松开"启动/点动"按钮，"电动机"为 FALSE。

（5）连续运行控制。单击"选择"按钮，"跳转值"变为 1。单击"启动/点动"按钮，"电动机"为 TRUE；单击"停止"按钮或取消勾选"过载保护"复选框，"电动机"为 FALSE。

（6）自动控制。单击"选择"按钮，"跳转值"变为 2。单击"启动/点动"按钮，"电动机"为 TRUE，定时器 T1 开始延时 10min。延时时间到后，"电动机"变为 FALSE。在延时期间，单击"停止"按钮或取消勾选"过载保护"复选框，"电动机"为 FALSE。

三、运行操作步骤

（1）按照图 2-58 连接控制电路。

（2）在项目树下选择站点"PLC_1"，再单击工具栏中的"下载到设备"按钮 📥，将该站点下载到 PLC 中。单击工具栏中的"启动 CPU"按钮 📥，使 PLC 处于运行状态。

（3）PLC 上输入指示灯 I0.0 应点亮，表示 I0.0 被热继电器 KH 常闭触点接通。

（4）点动控制。按下点动按钮 SB2，电动机启动；松开 SB2，电动机停止。

（5）连续运行控制。按一次选择按钮 SB3，按下启动按钮 SB2，电动机启动运行；按下停止按钮 SB1 或断开 I0.0，电动机停止。

（6）自动控制。再按一次选择按钮 SB3，按下启动按钮 SB2，电动机启动运行，经过 10min，电动机自动停止。在运行期间，按下停止按钮 SB1 或断开 I0.0，电动机都会停止。

练习题

1. 使用跳转指令编写一个既能点动控制又能自锁控制的电动机控制程序。设 I0.0 常开触点断开时实现点动控制，I0.0 常开触点接通时实现自锁控制。

2. 为什么图 2-61 所示控制程序中的线圈 Q0.1 不能视为双线圈？

••• 任务 11　应用字逻辑指令实现字节低 4 位输出 •••

任务引入

当 I0.0 反复接通时，将 3 个字节数据的低 4 位分别输出到 QB0 的低 4 位。

相关知识

一、逻辑运算指令

逻辑运算有"与""或""异或"和"求反码"，前面 3 个逻辑运算允许有多个输入，单击指令框中的 ※ 按钮，可以增加输入的个数，它们的数据类型有位字符串 Byte、Word 和 DWord。而逻辑"求反码"指令只有一个输入，其数据类型可以是位字符串或整数。

（1）逻辑"与"指令 AND 是将输入按位进行相"与"，有"0"出"0"，全"1"出"1"，运算结果从 OUT 输出。AND 指令的应用如图 2-63 所示，如果 IN1 的值为 2#1010_1100（16#AC），IN2 的值为 2#1100_0101（16#C5），则执行该指令后，结果为 2#1000_0100（16#84）。

（2）逻辑"或"指令 OR 是将输入按位进行相"或"，有"1"出"1"，全"0"出"0"，运算结果从 OUT 输出。OR 指令的应用如图 2-63 所示，如果 IN1 的值为 2#1010_1100，IN2 的值为 2#1100_0101，则执行该指令后，结果为 2#1110_1101（16#ED）。

（3）逻辑"异或"指令 XOR 是将输入按位进行相"异或"，相异出"1"，相同出"0"，运算结果从 OUT 输出。XOR 指令的应用如图 2-63 所示，如果 IN1 的值为 2#1010_1100，IN2 的值为 2#1100_0101，则执行该指令后，结果为 2#0110_1001（16#69）。

（4）逻辑"求反码"指令（INV）INVERT 是将输入按位进行取反，有"0"出"1"，有"1"出"0"，运算结果从 OUT 输出。INV 指令的应用如图 2-63 所示，如果 IN 的值为 2#1010_1100，则执行该指令后，结果为 2#0101_0011（16#53）。

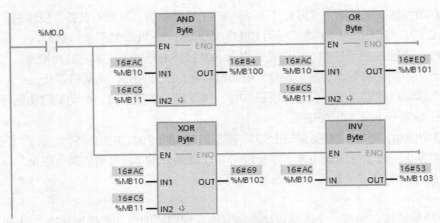

图2-63　逻辑运算指令的应用

二、SEL、MUX和DEMUX指令

1. 选择指令 SEL

选择指令 SEL 的功能是根据开关（输入 G）的情况，选择输入 IN0 或 IN1 之一，并将其内容复制到输出。如果输入 G 的信号状态为"0"，则将输入 IN0 的值传送到输出中。如果输入 G 的信号状态为"1"，则将输入 IN1 的值传送到输出中。在图 2-64 中，G 为"1"，则将 200 传送到 OUT。

2. 多路复用指令 MUX

多路复用指令 MUX 的功能是根据输入参数 K 的值选择输入数据，并将它复制到 OUT 指定的地址，即当 K=n 时，将 INn 复制到 OUT。如果 K 的值大于输入的个数，则将参数 ELSE 的值复制到 OUT，并且 ENO 的输出状态为"0"。单击指令框中的 ❇ 按钮，可以增加输入参数 INn 的个数。INn、ELSE 和 OUT 的数据类型需一致，参数 K 的数据类型为整数。在图 2-64 中，K 为 1，则将 34 复制到 OUT 中。

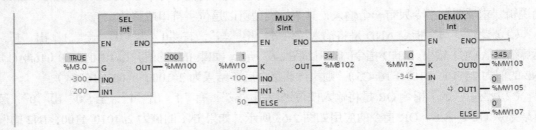

图2-64　SEL、MUX和DEMUX指令的应用

3. 多路分用指令 DEMUX

多路分用指令 DEMUX 的功能是根据输入参数 K 的值,将输入的内容复制到选定的输出中,即当 K=n 时，将输入复制到 OUTn 中。如果 K 的值大于输出的个数，则将参数 IN 的值复制到 ELSE 中，并且 ENO 的输出状态为"0"。单击指令框中的 ❇ 按钮，可以增加输出参数 OUTn 的个数。IN、ELSE 和 OUTn 的数据类型需一致，参数 K 的数据类型为整数。在图 2-64 中，K 为 0，则将−345 复制到 OUT0 中。

任务实施

一、硬件组态与软件编程

1. 硬件组态

（1）打开博途软件，新建一个项目"2-11 应用字逻辑指令实现字节低 4 位输出"。

（2）双击项目树下的"添加新设备"选项，添加"CPU1214C AC/DC/Rly"，选择版本号为 V4.2，添加一个站点"PLC_1"。

2. 软件编程

（1）在项目树下选择"PLC_1"→"PLC 变量"选项，双击"添加新变量表"选项，添加一个变量表并创建所需的变量。

（2）编写控制程序。编写的控制程序如图 2-65 所示，在程序段 1 中，I0.0 每接通一次，MW100 加 1。

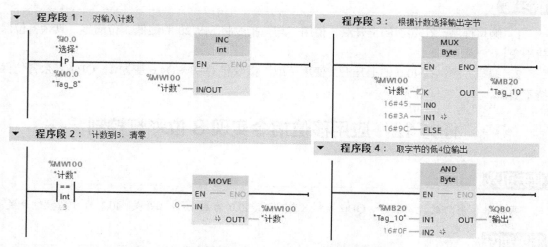

图2-65 应用字逻辑指令实现字节低4位输出控制程序

在程序段 2 中，如果 MW100 等于 3 时，MW100 恢复为初始值 0。

在程序段 3 中，通过多路复用指令 MUX 根据 MW100 的值分别将对应输入的数据复制到 MB20 中。

在程序段 4 中，将 MB20 的值与 16#0F 进行相与，取 MB20 的低 4 位送到 QB0。

二、仿真运行

（1）在项目树下的项目"2-11 应用字逻辑指令实现字节低 4 位输出"上单击鼠标右键，选择"属性"→"保护"选项，选择"块编译时支持仿真"选项，选择项目树下的站点"PLC_1"，再单击工具栏中的"编译"按钮🔧进行编译。编译后，巡视窗口中应显示没有错误。

（2）单击工具栏中的"开始仿真"按钮🖥，打开仿真器，单击"新建"按钮📄，新建一个仿真项目"2-11 应用字逻辑指令实现字节低 4 位输出仿真"。在进入的"下载预览"界面中单击"装载"按钮，将 PLC_1 站点下载到仿真器中。单击工具栏中的"启动 CPU"按钮📥，使 PLC 运行。

（3）在仿真界面中，双击"SIM 表格"下的"SIM 表格_1"选项，打开"SIM 表格_1"，单击工具栏中的 按钮，添加项目变量，如图 2-66 所示。

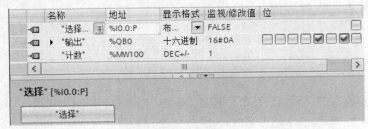

图2-66　应用字逻辑指令实现字节低4位输出仿真

（4）开始时"计数"的值为 0，"输出"为 16#05；单击"选择"按钮，"计数"的值变为 1，"输出"变为 16#0A；再单击"选择"按钮，"计数"的值变为 2，"输出"变为 16#0C；再单击"选择"按钮，"计数"的值变为 0，"输出"变为 16#05，进入下一个循环。

练习题

1．编写程序，在 I0.2 的上升沿，使用"与"指令将 MW20 的最低 3 位清零，其余各位保持不变。

2．编写程序，在 I0.0 的上升沿，使用"或"指令将 Q4.3～Q4.6 变为 1，QB4 其余各位保持不变。

••• 任务 12　应用移位指令实现 8 位彩灯控制 •••

任务引入

实现 8 位彩灯的流水显示，QB0 控制 8 盏彩灯，I0.0 为启动/停止开关，I0.1 为方向控制开关。

相关知识

一、移位指令

1．右移指令 SHR

SHR 指令可以对位字符串或整数进行操作，从指令框的"???"下拉列表中选择该指令的数据类型。当使能输入端 EN 有效时，SHR 指令将 IN 输入端的数据按二进制向右移动 n 位（N 输入端的数据），高位补"0"，低位抛出，结果存放到 OUT 指定的单元中。

右移指令的应用如图 2-67 所示，在 I0.0 的上升沿，将 MW100 中的值向右移动 4 位，最低 4 位抛出，最高 4 位补 0，运算后的结果为 2#0000_1010_1111_0000。

使用右移指令时需特别注意的是，应保证该指令在一个扫描周期内执行，否则会导致执行多次移位操作。

2．左移指令 SHL

SHL 指令可以对位字符串或整数进行操作，从指令框的"???"下拉列表中选择该指令的数据类型。当使能输入端 EN 有效时，SHL 指令将 IN 输入端的数据按二进制向左移动 n 位（N 输入端的数据），低位补"0"，高位抛出，结果存放到 OUT 指定的单元中。

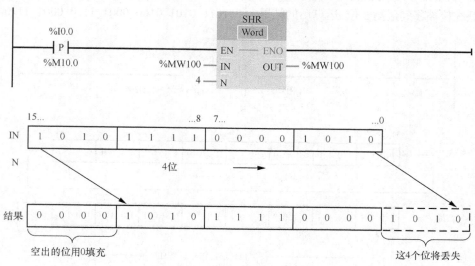

图2-67　右移指令的应用

左移指令的应用如图 2-68 所示，在 I0.0 的上升沿，将 MW100 中的值向左移动 6 位，最高 6 位抛出，最低 6 位补 0，运算后的结果为 2#1101_0101_0100_0000。

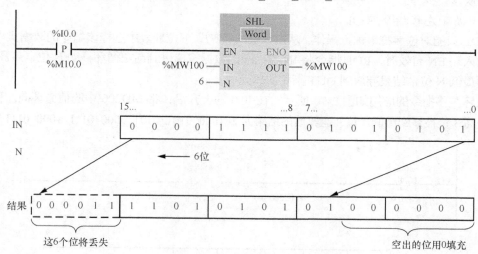

图2-68　左移指令的应用

使用左移指令时需特别注意的是，应保证该指令在一个扫描周期内执行，否则会导致执行多次移位操作。

二、循环移位指令

1. 循环右移指令 ROR

ROR 只能对位字符串进行操作，从指令框的"???"下拉列表中选择该指令的数据类型。当使能输入端 EN 有效时，ROR 指令将 IN 输入端的数据按二进制向右循环移动 N 位，最低 N 位移动到最高 N 位，结果存放到 OUT 指定的单元中。

循环右移指令的应用如图 2-69 所示，在 I0.0 的上升沿，将 MD200 中的值循环向右移动 3 位，最低 3 位被移到最高 3 位，运算后的结果为 2#1011_0101_0100_0001_1110_0001_1110_1010。

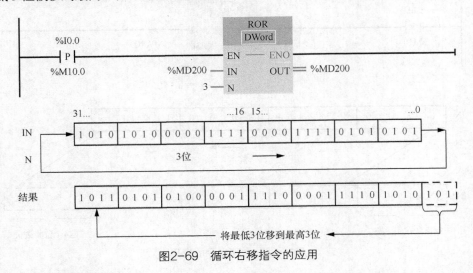

图2-69　循环右移指令的应用

使用循环右移指令时需特别注意的是，应保证该指令在一个扫描周期内执行，否则会导致执行多次移位操作。

2. 循环左移指令 ROL

ROL 只能对位字符串进行操作，从指令框的"???"下拉列表中选择该指令的数据类型。当使能输入端 EN 有效时，ROL 指令将 IN 输入端的数据按二进制向左循环移动 N 位，最高 N 位移动到最低 N 位，结果存放到 OUT 指定的单元中。

循环左移指令的应用如图 2-70 所示，在 I0.0 的上升沿，将 MD200 中的值循环向左移动 3 位，最高 3 位被移到最低 3 位，运算后的结果为 2#1000_0101_0101_0000_0111_1000_0111_1111。

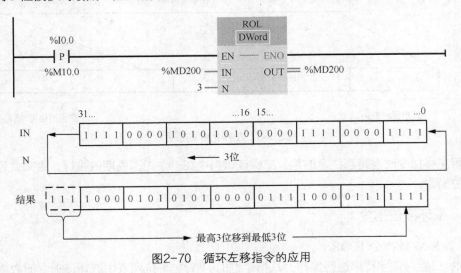

图2-70　循环左移指令的应用

使用循环左移指令时需特别注意的是，应保证该指令在一个扫描周期内执行，否则会导致执行多次移位操作。

任务实施

一、硬件组态与软件编程

1. 硬件组态

（1）打开博途软件，新建一个项目"2-12 应用移位指令实现 8 位彩灯控制"。

（2）双击项目树下的"添加新设备"选项，添加"CPU1214C AC/DC/Rly"，选择版本号为 V4.2，添加一个站点"PLC_1"。

（3）在设备视图下的巡视窗口中，选择"属性"→"常规"→"脉冲发生器（PTO/PWM）"→"系统和时钟存储器"选项，勾选"启用系统存储器字节"和"启用时钟存储器字节"复选框。

2. 软件编程

（1）在项目树下选择"PLC_1"→"PLC 变量"选项，双击"添加新变量表"选项，添加一个变量表并创建所需的变量。

（2）编写控制程序。编写的控制程序如图 2-71 所示，在程序段 1 中，PLC 首次扫描时，M1.0 的常开触点接通，将 QB0 置初始值 1。

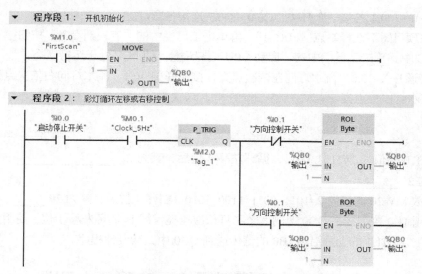

图2-71　8位彩灯控制程序

在程序段 2 中，如果 I0.1 为"0"，当 I0.0 为"1"（其常开触点接通）时，在时钟存储器位 M0.1 的上升沿，将 QB0 每 200ms 向左循环移动一位，产生流水灯效果。如果 I0.1 为"1"，则使其常闭触点断开，常开触点接通，使 QB0 每 200ms 向右循环移动一位，产生流水灯效果。

二、仿真运行

（1）在项目树下的项目"2-12 应用移位指令实现 8 位彩灯控制"上单击鼠标右键，选择"属性"→"保护"选项，选择"块编译时支持仿真"选项，选择项目树下的站点"PLC_1"，再单击工具栏中的"编译"按钮 进行编译。编译后，巡视窗口中应显示没有错误。

（2）单击工具栏中的"开始仿真"按钮 ，打开仿真器，单击"新建"按钮 ，新建一个仿真项目"2-12 应用移位指令实现 8 位彩灯控制仿真"。在进入的"下载预览"界面中单击"装载"按钮，将 PLC_1 站点下载到仿真器中。单击工具栏中的"启动 CPU"按钮，使 PLC 运行。

（3）在仿真界面中，双击"SIM 表格"下的"SIM 表格_1"选项，打开"SIM 表格_1"，单击工具栏中的按钮，添加项目变量，如图 2-72 所示。

名称	地址	显示格式	监视/修改值	位
"启动停止开关":P	%I0.0:P	布尔型	TRUE	☑
"方向控制开关":P	%I0.1:P	布... ▼	FALSE	☐
▶ "输出"	%QB0	十六进制	16#40	☐☐☑☐☐☐☐☐

图2-72　8位彩灯控制仿真

（4）勾选"启动停止开关"复选框，"输出"循环向左移位；勾选"方向控制开关"复选框，"输出"循环向右移位；取消勾选"启动停止开关"复选框，"输出"停止移位。

三、运行操作步骤

（1）I0.0 和 I0.1 各接一个开关，Q0.0～Q0.7 连接各彩灯。

（2）在项目树下选择站点"PLC_1"，再单击工具栏中的"下载到设备"按钮，将该站点下载到 PLC 中。单击工具栏中的"启动 CPU"按钮，使 PLC 处于运行状态。

（3）接通开关 I0.0，流水灯向左依次点亮；接通开关 I0.1，流水灯向右依次点亮；断开开关 I0.0，流水灯停止点亮。

练习题

1. MB10 的值为 2#1101_0011，循环左移 2 位后，其为 2#_____，再次左移 2 位后，其为 2#_____。

2. 整数 MW20 的值为 2#1011_0011_1100_1010，右移 4 位后，其为 2#_____。

3. 使用 I1.0 控制接在 QB0 上的 8 个彩灯依次点亮，每 1s 循环左移 1 位。使用 IB0 设置彩灯的初始值，在 I1.1 的上升沿将 IB0 的值传送到 QB0 中，请设计程序。

●●● 任务 13　应用模拟量输入实现压力测量 ●●●

任务引入

风机向管道送风，压力传感器测量管道的压力，量程为 0～10kPa，输出的信号是直流 0～10V，其控制要求如下。

（1）当按下启动按钮时，风机启动，将测量压力保存到 MW100 中，用于显示。

（2）当压力大于 8kPa 时，HL1 指示灯点亮，风机停止，否则指示灯熄灭。

（3）当压力小于 7.5kPa 时，风机自动启动。

（4）当压力小于 3kPa 时，HL2 指示灯点亮，否则指示灯熄灭。

（5）当按下停止按钮或风机过载时，风机停止。

应用模拟量输入实现压力测量的控制电路如图 2-73 所示。

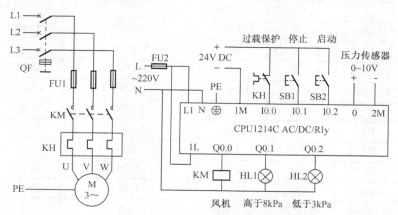

图2-73　应用模拟量输入实现压力测量的控制电路

相关知识——模拟量输入与模拟值的对应关系

S7-1200 CPU1214C 集成了 2 通道模拟量输入（默认地址为 IW64 和 IW66，分辨率为 10 位），只能使用 0～10V 的单极性模拟量电压输入。电压输入分为单极性和双极性，电流输入只有单极性。如果需要双极性或电流输入，则可以选择信号模块 SM1231 或信号板 SB1231。

表 2-4 给出了单极性模拟量输入与模拟值之间的对应关系，其中最重要的关系是单极性模拟量量程的上、下限分别对应模拟值 27 648 和 0，即 0～10V（或 0～20mA、4～20mA）对应的模拟值为 0～27 648。

表2-4　单极性模拟量输入与模拟值之间的对应关系

范围	量程			模拟值	
	0～10V	0～20mA	4～20mA	十进制	十六进制
上溢	11.852V	>23.52mA	>22.81mA	32 767	7FFF
	11.759V	23.52mA	22.81mA	32 512	7F00
上溢警告	11.759V	23.52mA	22.81mA	32 511	7EFF
	10V	20mA	20mA	27 649	6C01
正常范围	10V	20mA	20mA	27 648	6C00
	0V	0mA	4mA	0	0
下溢警告		0mA	4mA	−1	FFFF
	不支持负值	−3.52mA	1.185mA	−4 864	ED00
下溢		−3.52mA	1.185mA	−4 865	ECFF
		<−3.52mA	<1.185mA	−32 768	8000

表 2-5 给出了双极性模拟量输入与模拟值之间的对应关系，其中最重要的关系是双极性模拟量量程的上、下限分别对应模拟值 27 648 和−27 648，即−10～+10V、−5～+5V、−2.5～+2.5V 或−1.25～+1.25V 对应的模拟值为−27 648～+27 648。

表 2-5　双极性模拟量输入与模拟值之间的对应关系

范围	输入量程				模拟值	
	±10V	±5V	±2.5V	±1.25V	十进制	十六进制
上溢	11.851V	5.926V	2.963V	1.481V	32 767	7FFF
	11.759V	5.879V	2.940V	1.470V	32 512	7F00
上溢警告	11.759V	5.879V	2.940V	1.470V	32 511	7EFF
	10V	5V	2.5V	1.25V	27 649	6C01
正常范围	10V	5V	2.5V	1.25V	27 648	6C00
	0V	0V	0V	0V	0	0
	−10V	−5V	−2.5V	−1.25V	−27 648	9400
下溢警告	−10V	−5V	−2.5V	−1.25V	−27 649	93FF
	−11.759V	−5.879V	−2.940V	−1.470V	−32 512	8100
下溢	−11.759V	−5.879V	−2.940V	−1.470V	−32 513	80FF
	−11.851V	−5.926V	−2.963V	−1.481V	−32 768	8000

任务实施

一、硬件组态与软件编程

1. 硬件组态

（1）打开博途软件，新建一个项目"2-13 应用模拟量输入实现压力测量"。

（2）双击项目树下的"添加新设备"选项，添加"CPU1214C AC/DC/Rly"，选择版本号为 V4.2，添加一个站点"PLC_1"。

应用模拟量输入实现压力测量

2. 软件编程

（1）在项目树下选择"PLC_1"→"PLC 变量"选项，双击"添加新变量表"选项，添加一个变量表并创建所需的变量。

（2）编写控制程序。应用模拟量输入实现压力测量的控制程序如图 2-74 所示。因为 I0.0 接入热继电器 KH 的常闭触点，所以 I0.0 开机有输入，程序段 7 中的 I0.0 常闭触点断开，为风机启动做准备。

① 风机启动。在程序段 1 中，当按下启动按钮 SB2 时，I0.2 常开触点接通，启动标志位 M10.0 置位为"1"；在程序段 2 中，M10.0 常开触点闭合，Q0.0 线圈通电，风机启动。

在程序段 3 中，将模拟值（地址为 IW64，取值为 0～27 648）使用标准化指令 NORM_X 线性转换为 0.0～1.0，再通过缩放指令 SCALE_X 将 0.0～1.0 线性转换为 0～10 000，并将其保存到 MW100 中，MW100 即是压力测量值。

在程序段 4 中，当压力值大于 8kPa 时，Q0.1 置位，指示灯点亮，表示高于 8kPa 报警。

在程序段 5 中，当压力值小于 7.5kPa 时，Q0.1 复位，高于 8kPa 指示灯熄灭。

在程序段 6 中，当压力值小于 3kPa 时，Q0.2 线圈通电，指示灯点亮，表示低于 3kPa 报警。

② 压力低于 7.5kPa 时的风机重启。在程序段 2 中，当压力值高于 8kPa 时，Q0.1 常闭触点断开，风机停止。当压力值下降到低于 7.5kPa 时，Q0.1 复位，其常闭触点重新闭合，风机重启。

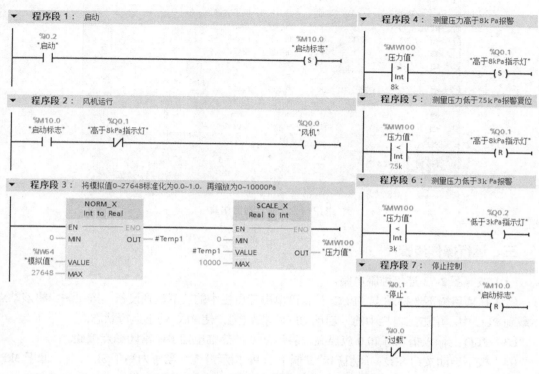

图2-74 应用模拟量输入实现压力测量的控制程序

③ 停止。当按下停止按钮 SB1（I0.1 常开触点接通）、发生过载（I0.0 常闭触点接通）时，M10.0 复位，风机停止。

二、仿真运行

（1）在项目树下的项目"2-13 应用模拟量输入实现压力测量"上单击鼠标右键，选择"属性"→"保护"选项，选择"块编译时支持仿真"选项，选择项目树下的站点"PLC_1"，再单击工具栏中的"编译"按钮进行编译。编译后，巡视窗口中应显示没有错误。

（2）单击工具栏中的"开始仿真"按钮，打开仿真器，单击"新建"按钮，新建一个仿真项目"2-13 应用模拟量输入实现压力测量仿真"。在进入的"下载预览"界面中单击"装载"按钮，将 PLC_1 站点下载到仿真器中。单击工具栏中的"启动 CPU"按钮，使 PLC 运行。

（3）在仿真界面中，双击"SIM 表格"下的"SIM 表格_1"选项，打开"SIM 表格_1"，单击工具栏中的按钮，添加项目变量，如图 2-75 所示。

（4）勾选"过载"复选框，单击"启动"按钮，"风机"为 TRUE，风机启动；同时"低于3kPa 指示灯"为 TRUE。

（5）单击"模拟值"按钮，拖动下面的滑块改变模拟值，"压力值"随之变化。当"压力值"大于 3k 时，"低于 3kPa 指示灯"为 FALSE；当"压力值"大于 8kPa 时，"风机"变为 FALSE，"高于 8kPa 指示灯"变为 TRUE；当"压力值"小于 7.5kPa 时，"风机"变为 TRUE，"高于 8kPa 指示灯"变为 FALSE。

（6）单击"停止"按钮或取消勾选"过载"复选框，"风机"为 FALSE。

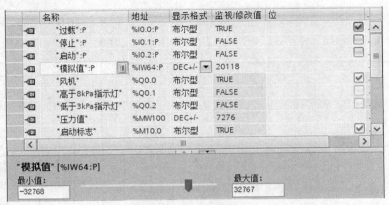

图2-75　压力测量仿真

三、运行操作步骤

（1）按照图 2-73 连接控制电路。

（2）在项目树下选择站点"PLC_1"，再单击工具栏中的"下载到设备"按钮，将该站点下载到 PLC 中。单击工具栏中的"启动 CPU"按钮，使 PLC 处于运行状态。

（3）PLC 上输入指示灯 I0.0 应点亮，表示 I0.0 被热继电器 KH 常闭触点接通。

（4）按下启动按钮 SB2，风机启动，低于 3kPa 指示灯亮；当压力高于 3kPa 时，低于 3kPa 指示灯熄灭；当压力高于 8kPa 时，风机停止，同时高于 8kPa 指示灯亮；当压力下降到低于 7.5kPa 时，风机重新启动，高于 8kPa 指示灯熄灭。

（5）按下停止按钮 SB1 或断开 I0.0（模拟过载），风机停止。

练习题

1．IW64 中的整数 0～27 648 正比于温度值 0～800℃。使用整数运算指令编写程序，将 IW64 输出的模拟值转换为对应的温度值（单位为℃），并将其存放在整数 MW100 中。

2．模拟量输入量程为 0～10V，被 IW64 转换为 0～27 648 的整数。使用标准化指令和缩放指令编写程序，将 IW64 中的模拟值转换为对应的实数类型的电压值（单位为 V），并将其存放在 MD10 中。

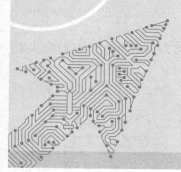

S7-1200顺序控制的应用

课程育人

"蛟龙号"载人潜水器首席装配钳工技师顾秋亮爱琢磨善钻研,喜欢啃工作中的"硬骨头",解决了许多技术难题,成功带领全组人员多次完成了潜水器的组装和海试。我们只要爱岗敬业,在平凡的工作岗位上也可以做出不平凡的成绩,以过硬的技术在工作岗位中奉献自己的力量,无愧青春。

许多生产设备的机械动作是按照生产工艺规定的次序,在各个输入信号的作用下,根据内部状态和时间的顺序有序进行的。顺序控制是先将一个复杂的工作流程分解为若干个较为简单的工步,再分别对各个工步进行编程,这样可使编程工作简单化和规范化。

••• 任务1 应用单流程模式实现电动机顺序启动控制 •••

任务引入

设某设备有 3 台电动机,其控制要求如下。

(1)按下启动按钮,第 1 台电动机 M1 启动;M1 运行 5s 后,第 2 台电动机 M2 启动;M2 运行 15s 后,第 3 台电动机 M3 启动。

(2)按下停止按钮,3 台电动机全部停止。

3 台电动机顺序启动控制电路如图 3-1 所示,主电路略。

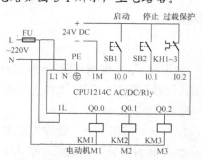

图3-1 3台电动机顺序启动控制电路

相关知识——单流程顺序控制功能图

1. 步

顺序控制设计的基本思想是将系统的一个周期划分为若干个顺序相连的阶段,这些阶段称为步（Step），并用编程元件（如位存储器）来表示各步。每一步实现一定的动作或功能，用转换条件控制代表各步的编程元件，使它们的状态按一定的顺序变化。

3 台电动机顺序启动控制的功能图如图 3-2 所示，根据 Q0.0～Q0.2 的开/关（ON/OFF）状态变化，可以将其工作过程划分为 3 步，分别用编程元件 M5.1～M5.3 来表示。其中，设置了一个等待启动的初始步，用矩形方框表示步，矩形方框内编程元件的地址为步的代号。

2. 初始步和活动步

一个顺序控制程序必须有一个初始状态，初始状态对应顺序控制程序运行的起点，在功能图中称为初始步。初始步用双线方框表示，每一个顺序控制功能图至少应该有一个初始步。

当系统正处于某一步所在的阶段时，该步处于活动状态，称该步为"活动步"。当步处于活动状态时，执行该步内的动作；当处于不活动状态时，该步内的动作不执行。

3. 动作

某一步执行的工作或命令统称为动作，用矩形框的文字或变量表示，并将该方框与对应的步相连。

图3-2　3台电动机顺序启动控制的功能图

4. 有向连线

有向连线表示步的转换方向。在绘制顺序控制功能图时，将代表各步的方框按先后顺序排列，并用有向连线将它们连接起来。表示从上到下或从左到右这两个方向的有向连线的箭头可以省略。

5. 转换与转换条件

转换用与有向连线垂直的短线来表示，将相邻两步分隔开。转换条件标注在转换短线的旁边。转换条件是与转换逻辑相关的触点，可以是常开触点、常闭触点或它们的组合。当转换条件为"1"时，从当前步转换到下一步，前一步关闭（变为不活动步），该步内的动作不再执行；后一步激活（变为活动步），执行该步的动作。

任务实施

一、硬件组态与软件编程

1. 硬件组态

（1）打开博途软件，新建一个项目"3-1 单流程顺序启动控制"。

（2）双击项目树下的"添加新设备"选项，添加"CPU1214C AC/DC/Rly"，选择版本号为 V4.2，生成一个站点"PLC_1"。

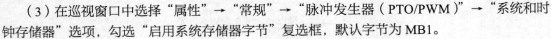

3-1 单流程
顺序启动控制

（3）在巡视窗口中选择"属性"→"常规"→"脉冲发生器（PTO/PWM）"→"系统和时钟存储器"选项，勾选"启用系统存储器字节"复选框，默认字节为 MB1。

2. 软件编程

（1）在项目树下选择"PLC_1"→"PLC 变量"选项，双击"添加新变量表"选项，将添加的变量表命名为"项目变量"。

（2）添加如图 3-3 所示的变量。

（3）编写程序。在项目树下展开程序块，双击"Main[OB1]"选项，打开程序编辑器，编写如图 3-4 所示的控制程序。该程序的工作原理如下。

① 由于 I0.2 连接的是热继电器 KH 的常闭触点，故系统上电后，I0.2 有输入，程序段 2 中的 I0.2 常开触点预先闭合，程序段 5 中的 I0.2 常闭触点预先断开。

3-1单流程顺序启动控制 ▸ PLC_1 [CPU 1214C AC/DC/Rly] ▸ PLC 变量 ▸ 项目变量 [10]

项目变量

	名称	数据类型	地址	保持	从 H...	从 H...	在 H...	注释
1	启动	Bool	%I0.0	☐	☑	☑	☑	
2	停止	Bool	%I0.1	☐	☑	☑	☑	
3	过载保护	Bool	%I0.2	☐	☑	☑	☑	
4	电动机M1	Bool	%Q0.0	☐	☑	☑	☑	
5	电动机M2	Bool	%Q0.1	☐	☑	☑	☑	
6	电动机M3	Bool	%Q0.2	☐	☑	☑	☑	
7	初始步	Bool	%M5.0	☐	☑	☑	☑	
8	步1	Bool	%M5.1	☐	☑	☑	☑	
9	步2	Bool	%M5.2	☐	☑	☑	☑	
10	步3	Bool	%M5.3	☐	☑	☑	☑	

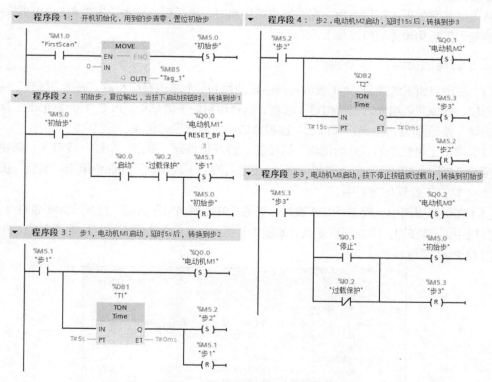

图3-3 单流程顺序启动控制变量

图3-4 单流程顺序启动控制程序

② 开机初始化。PLC 上电，程序段 1 中的首次扫描 M1.0 常开触点接通一次，MB5 清零，置位 M5.0，即开机进入初始步 M5.0 进行等待。

③ 启动。在程序段 2 中，开机时进入初始步，M5.0 为“1”，复位输出 Q0.0～Q0.2。当按下启动按钮 SB1 时，I0.0 常开触点接通，置位 M5.1（转换到步 1），步 1 变为活动步；复位 M5.0，初始步变为不活动步。

程序段 3 中的步 1 为活动步（M5.1 为 "1"），Q0.0 置位，电动机 M1 启动，同时定时器 T1 开始延时。延时 5s 后，其 Q 输出为 "1"，置位 M5.2（转换到步 2），步 2 变为活动步；复位 M5.1，步 1 变为不活动步。

　　程序段 4 中的步 2 为活动步（M5.2 为 "1"），Q0.1 置位，电动机 M2 启动，同时定时器 T2 开始延时。延时 15s 后，其 Q 输出为 "1"，置位 M5.3（转换到步 3），步 3 变为活动步；复位 M5.2，步 2 变为不活动步。

　　程序段 5 中的步 3 为活动步（M5.3 为 "1"），Q0.2 置位，电动机 M3 启动，3 台电动机顺序启动结束，该步一直处于活动状态。

　　④ 停止。3 台电动机正常运行时，步 3 为活动步。当按下停止按钮 SB2 时，I0.1 常开触点接通，置位 M5.0（转换到初始步），初始步变为活动步；复位 M5.3，步 3 变为不活动步。在程序段 2 的初始步中，复位从 Q0.0 开始的 3 个位，3 台电动机同时停止，等待下一次启动。

　　⑤ 过载保护。当出现过载时，步 3 的 I0.2 常闭触点接通，转换到初始步，3 台电动机同时停止。同时，程序段 2 中的 I0.2 常开触点断开，禁止再次启动，直到热继电器冷却，KH 常闭触点复位为止。

　　从上面编写的程序可以看出，在进行步的转换时，激活后一个步（置位该步）的同时要使当前步变为不活动步（复位该步）。

二、仿真运行

　　（1）在项目树下的项目 "3-1 单流程顺序启动控制" 上单击鼠标右键，选择 "属性" → "保护" 选项，选择 "块编译时支持仿真" 选项，选择项目树下的站点 "PLC_1"，再单击工具栏中的 "编译" 按钮 进行编译。编译后，巡视窗口中应显示没有错误。

　　（2）单击工具栏中的 "开始仿真" 按钮 ，打开仿真器，单击 "新建" 按钮 ，新建一个仿真项目 "3-1 单流程顺序启动控制仿真"。在进入的 "下载预览" 界面中单击 "装载" 按钮，将 PLC_1 站点下载到仿真器中。

　　（3）在仿真界面中，双击 "SIM 表格" 下的 "SIM 表格_1" 选项，打开 "SIM 表格_1"，单击工具栏中的 按钮，添加项目变量，如图 3-5 所示。单击仿真器工具栏中的 "启动 CPU" 按钮 ，使 PLC 运行。

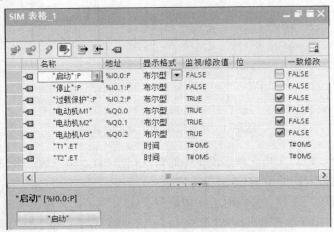

图3-5　单流程顺序启动控制仿真

（4）勾选"过载保护"复选框，单击"启动"按钮，"电动机 M1"的"位"列出现√；经过 5s 后，"电动机 M2"后的"位"列出现√；再经过 15s 后，"电动机 M3"后的"位"列出现√，3 台电动机顺序启动完成。

（5）单击"停止"按钮，"电动机 M1"～"电动机 M3"后的√同时消失，3 台电动机同时停止。

（6）3 台电动机同时运行时，取消勾选"过载保护"复选框，3 台电动机同时停止。再次单击"启动"按钮，电动机没有反应，禁止启动。

三、运行操作步骤

（1）按照图 3-1 连接控制电路。

（2）在项目树下选择站点"PLC_1"，再单击工具栏中的"下载到设备"按钮 ，将该站点下载到 PLC 中。单击工具栏中的"启动 CPU"按钮 ，使 PLC 处于运行状态。

（3）PLC 上输入指示灯 I0.2 应点亮，表示 I0.2 被热继电器 KH 常闭触点接通。

（4）按下启动按钮 SB1，电动机 M1 启动；经过 5s 后，电动机 M2 启动；再经过 15s 后，电动机 M3 启动。按下停止按钮 SB2，3 台电动机全部停止。

（5）3 台电动机都在运行时，断开 I0.2（模拟过载），3 台电动机同时停止，再次按下启动按钮后无效。

练习题

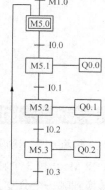

图 3-6　练习题 3

1．顺序控制功能图在步的转换时，前后步的状态如何变化？

2．有 3 台电动机 M1～M3，控制要求如下。

（1）按下启动按钮，M1 启动；M1 启动 5min 后，M2 自行启动；M2 启动 3min 后，M3 自行启动。

（2）按下停止按钮，M1 停止；M1 停止 4min 后，M2 停止；M2 停止 2min 后，M3 停止。

设计出顺序控制功能图和梯形图程序。

3．设计出图 3-6 所示的顺序控制功能图对应的梯形图程序。

••• 任务 2　应用选择流程模式实现运料小车控制 •••

任务引入

在多分支结构中，根据不同的转移条件来选择其中的某一个分支，这就是选择流程模式。下面以图 3-7 所示的运料小车运送 3 种原料的控制为例，说明选择流程模式的应用。

（1）用开关 I0.0、I0.1 的状态组合选择在何处卸料。

① 当 I0.0、I0.1 均为"1"时，选择在 A 处卸料。

② 当 I0.0 为"0"、I0.1 为"1"时，选择在 B 处卸料。

③ 当 I0.0 为"1"、I0.1 为"0"时，选择在 C 处卸料。

（2）运料小车在装料处（I0.3 原点限位）从 a、b、c 这 3 种原料中选择一种装入，选择卸料位置，按下启动按钮，小车右行送料，自动将原料对应卸在 A（I0.4 限位）、B（I0.5 限位）、

C（I0.6 限位）处，左行返回装料处。

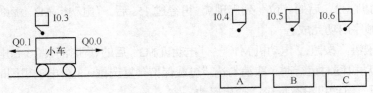

图3-7　小车运料方式示意图

运料小车的控制电路如图 3-8 所示，小车的右行和左行实际上是通过电动机的正反转实现的，所以输出接触器 KM1 和 KM2 要用电气联锁，主电路略。

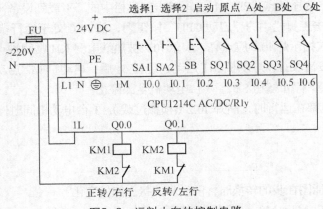

图3-8　运料小车的控制电路

相关知识——选择流程顺序控制功能图

根据小车运料方式设计的顺序控制功能图如图 3-9 所示。从顺序控制功能图可以看出，初始步 M5.0 有 3 个转换方向，即可以分别转换到步 M5.1、步 M5.2 和步 M5.3 这 3 个分支。具体转换到哪一个分支，由 I0.0、I0.1 的状态组合所决定。

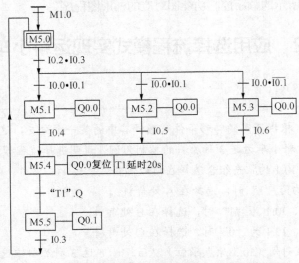

图3-9　根据小车运料方式设计的顺序控制功能图

例如，当装入 b 原料时，使开关状态 I0.0、I0.1 为"0""1"，压下行程开关 I0.3，按下启动按钮 I0.2，则选择进入步 M5.2 分支，小车右行。当小车触及 A 处行程开关 I0.4 时，因为步 M5.1 的状态为 OFF，所以 I0.4 不影响小车的运行。当小车继续右行触及 I0.5 时，进入步 M5.4，小车在 B 处停止，卸下 b 原料，同时 T1 延时 20s。延时时间到后，进入步 M5.5，小车左行，触及行程开关 I0.3 时，小车在装料处停止，完成一个工作周期。

因为 3 个分支（步 M5.1、M5.2 和 M5.3）都转换到步 M5.4，所以步 M5.4 是选择结构的汇合处。

任务实施

一、硬件组态与软件编程

1. 硬件组态

（1）打开博途软件，新建一个项目"3-2 选择流程模式控制"。

（2）双击项目树下的"添加新设备"选项，添加"CPU1214C AC/DC/Rly"，选择版本号为 V4.2，生成一个站点"PLC_1"。

选择流程模式控制

（3）在巡视窗口中选择"属性"→"常规"→"脉冲发生器（PTO/PWM）"→"系统和时钟存储器"选项，勾选"启用系统存储器字节"复选框，默认字节为 MB1。

2. 软件编程

（1）在项目树下选择"PLC_1"→"PLC 变量"选项，双击"添加新变量表"选项，将添加的变量表命名为"项目变量"。

（2）添加所需的变量。

（3）编写程序。在项目树下展开程序块，双击"Main[OB1]"选项，打开程序编辑器，编写如图 3-10 所示的控制程序。该程序的工作原理如下。

① 开机初始化。程序段 1 的首次扫描脉冲 M1.0 使 MB5 清零（即 M5.0～M5.7 复位），同时使初始步 M5.0 置位，初始步为活动步。

② A 处卸料。在程序段 2 中，小车在原点压住行程开关 SQ1，I0.3 常开触点接通，选择 I0.0 和 I0.1 都为"1"，按下启动按钮 SB，I0.2 常开触点接通，M5.1 置位，转换到步 1。在程序段 3 中，复位初始步 M5.0。

程序段 4 中的步 1 为活动步（M5.1 为"1"），Q0.0 置为"1"，电动机正转，运料小车右行，行至卸料处 A 时，撞击 A 处行程开关，I0.4 常开触点闭合，转换到程序段 7 中的步 4（M5.4）。

程序段 7 中的步 4 为活动步（M5.4 为"1"），Q0.0 复位，小车右行停止，在相应的卸料处进行卸料，卸料时间为 20s，由定时器 T1 控制。延时时间到后，T1 的 Q 输出为"1"，置位 M5.5，转换到步 5。

程序段 8 中的步 5 为活动步（M5.5 为"1"），Q0.1 线圈通电，电动机反转，运料小车左行，返回至装料处，撞击原点行程开关，I0.3 常开触点闭合，转换到初始步 M5.0，在 A 处进行卸料。

③ B 处卸料和 C 处卸料与 A 处卸料相似，请自行分析。

二、仿真运行

（1）在项目树下的项目"3-2 选择流程模式控制"上单击鼠标右键，选择"属性"→"保护"选项，选择"块编译时支持仿真"选项，选择项目树下的站点"PLC_1"，再单击工具栏中的"编译"按钮 🖬 进行编译。编译后，巡视窗口中应显示没有错误。

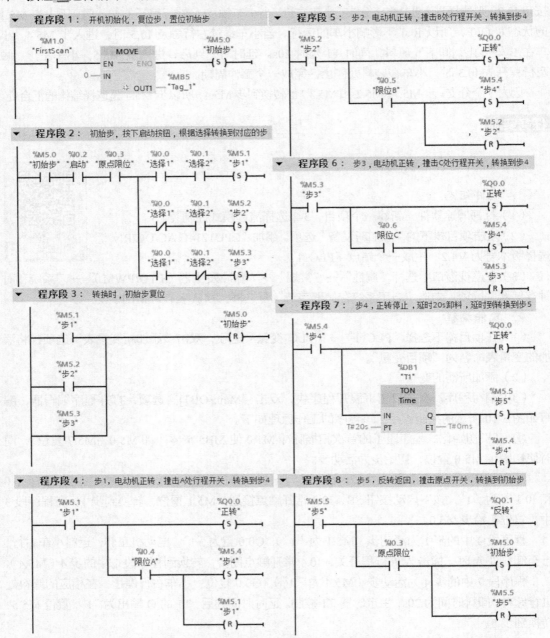

图3-10　应用选择流程模式实现运料小车控制程序

（2）单击工具栏中的"开始仿真"按钮 🖳，打开仿真器，单击"新建"按钮 ✳，新建一个仿真项目"3-2 选择流程模式控制仿真"。在进入的"下载预览"界面中单击"装载"按钮，将 PLC_1 站点下载到仿真器中。

（3）在仿真界面中，双击"SIM 表格"下的"SIM 表格_1"选项，打开"SIM 表格_1"，单击工具栏中的 🔲 按钮，添加项目变量，如图 3-11 所示。单击仿真器工具栏中的"启动 CPU"

按钮，使 PLC 运行。

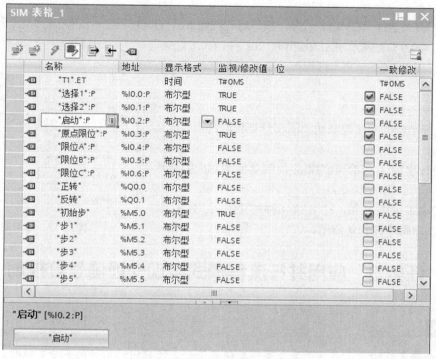

图3-11 选择流程模式控制仿真

（4）A 处卸料。

① 勾选"原点限位"复选框，模拟小车在原点。

② 勾选"选择 1"和"选择 2"复选框，选择在 A 处卸料。

③ 单击"启动"按钮，"正转"出现√，小车右行前进。取消勾选"原点限位"复选框，小车离开原点。

④ 勾选"限位 A"复选框，小车到达 A 处。"正转"的√消失，小车停在 A 处，定时器 T1 延时 20s 卸料。T1 延时到，"反转"出现√，小车左行返回。取消勾选"限位 A"复选框，小车离开 A 处。

⑤ 勾选"原点限位"复选框，小车到达原点。"反转"的√消失，小车停在原点。

（5）B 处卸料和 C 处卸料请参考步骤（4）。

三、运行操作步骤

（1）按照图 3-8 连接控制电路。

（2）在项目树下选择站点"PLC_1"，再单击工具栏中的"下载到设备"按钮，将该站点下载到 PLC 中。单击工具栏中的"启动 CPU"按钮，使 PLC 处于运行状态。

（3）运料小车工作过程如下。

A 处卸料：选择开关 SA1 和 SA2 闭合，压下原点行程开关 SQ1，按下启动按钮 SB，Q0.0 灯亮，小车右行；压下 A 处行程开关 SQ2，Q0.0 灯熄灭，在 A 处卸料；20s 后，Q0.1 灯亮，小车左行；压下 SQ1，Q0.1 灯熄灭，小车停在原点。

B 处卸料：选择开关 SA2 闭合，按下启动按钮 SB，Q0.0 灯亮，小车右行；压下 B 处行程开关 SQ3，Q0.0 灯熄灭，在 B 处卸料；20s 后，Q0.1 灯亮，小车左行；压下 SQ1，Q0.1 灯熄灭，小车停在原点。

C 处卸料：选择开关 SA1 闭合，按下启动按钮 SB，Q0.0 灯亮，小车右行；压下 C 处行程开关 SQ4，Q0.0 灯熄灭，在 C 处卸料；20s 后，Q0.1 灯亮，小车左行；压下 SQ1，Q0.1 灯熄灭，小车停在原点。

练习题

1. 选择结构的顺序控制功能图在分支和汇合上有什么特点？

2. 设计出图 3-12 所示的顺序控制功能图对应的梯形图程序。

3. 若小车运送 a、b、c、d 这 4 种材料到 A、B、C、D 处，试画出顺序控制功能图。

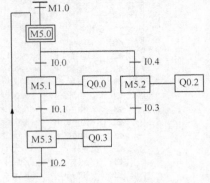

图3-12 练习题2

●●● 任务3 应用并行流程模式实现交通信号灯控制 ●●●

任务引入

在多个分支结构中，当满足某个条件后使多个分支流程同时执行的多分支流程，称为并行结构流程。在并行结构流程中，所有分支都执行完毕后，才能同时转移到下一个状态。以十字路口交通信号灯的控制为例，东西方向信号灯为一个分支，南北方向信号灯为另一个分支，两个分支应同时工作。交通信号灯的控制电路如图 3-13 所示。

交通信号灯一个周期（120s）的时序图如图 3-14 所示。南北信号灯和东西信号灯同时工作，0～50s 期间，南北方向绿灯亮，东西方向红灯亮；50～60s 期间，南北方向黄灯亮，东西方向红灯亮；60～110s 期间，南北方向红灯亮，东西方向绿灯亮；110～120s 期间，南北方向红灯亮，东西方向黄灯亮。

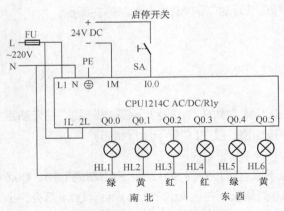

图3-13 交通信号灯的控制电路

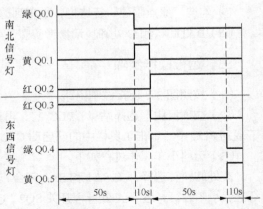

图3-14 交通信号灯一个周期（120s）的时序图

相关知识——并行流程顺序控制功能图

交通信号灯顺序控制功能图如图 3-15 所示，双线表示并行流程结构的开始和结束。程序运行后在初始步 M5.0 等待，I0.0 接通后，并行的南北、东西两个分支同时工作。

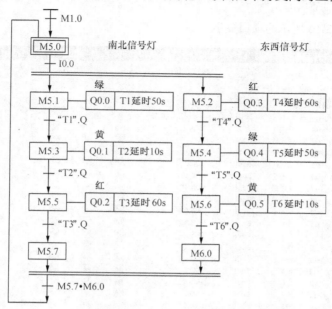

图3-15 交通信号灯顺序控制功能图

（1）并行结构的分支。步 M5.1 和步 M5.2 同时变为活动状态，南北方向绿灯亮，东西方向红灯亮；定时器 T1 延时 50s，T4 延时 60s。定时器 T1 设定时间到后，由步 M5.1 转换到步 M5.3，南北方向黄灯亮，东西方向红灯仍然亮，定时器 T2 开始延时 10s。T2 的设定时间到后，由步 M5.3 转换到步 M5.5，南北方向红灯亮，同时东西方向的定时器 T4 设定时间到，由步 M5.2 转换到步 M5.4，东西方向绿灯亮。南北方向的定时器 T3 延时 60s 且东西方向的定时器 T5 延时 50s。东西方向 T5 的设定时间到后，由步 M5.4 转换到步 M5.6，东西方向黄灯亮，南北方向仍然为红灯亮。东西方向的定时器 T6 开始延时 10s。T6 的设定时间到后，由步 M5.6 转换到步 M6.0，同时南北方向 T3 的设定时间到，由步 M5.5 转换到 M5.7。

（2）并行结构分支的汇合。当 M5.7 和 M6.0 都处于活动状态（即 M5.7 和 M6.0 都为"1"）时，这两个位的"与"为"1"，满足转换条件，系统返回初始步 M5.0，周而复始地重复上述过程。

任务实施

一、硬件组态与软件编程

1. 硬件组态

（1）打开博途软件，新建一个项目"3-3 并行流程模式控制"。

（2）双击项目树下的"添加新设备"选项，添加"CPU1214C AC/DC/Rly"，选择版本号为 V4.2，生成一个站点"PLC_1"。

（3）在巡视窗口中选择"属性"→"常规"→"脉冲发生器（PTO/PWM）"→"系统和时

并行流程模式控制

钟存储器”选项，勾选“启用系统存储器字节”复选框，默认字节为 MB1。

2. 软件编程

（1）在项目树下选择“PLC_1”→“PLC 变量”选项，双击“添加新变量表”选项，将添加的变量表命名为“项目变量”。

（2）添加如图 3-16 所示的项目变量。

3-3并行流程模式控制 ▸ PLC_1 [CPU 1214C AC/DC/Rly] ▸ PLC变量 ▸ 项目变量 [16]

项目变量

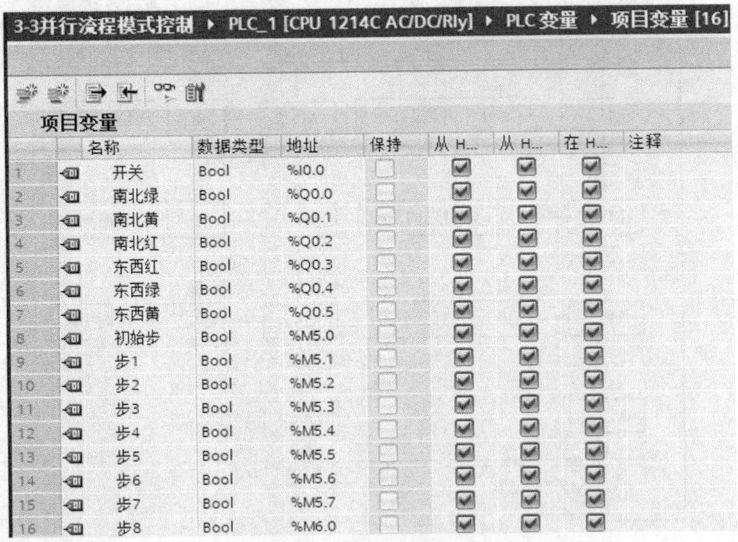

	名称	数据类型	地址	保持	从 H...	从 H...	在 H...	注释
1	开关	Bool	%I0.0	☐	☑	☑	☑	
2	南北绿	Bool	%Q0.0	☐	☑	☑	☑	
3	南北黄	Bool	%Q0.1	☐	☑	☑	☑	
4	南北红	Bool	%Q0.2	☐	☑	☑	☑	
5	东西红	Bool	%Q0.3	☐	☑	☑	☑	
6	东西绿	Bool	%Q0.4	☐	☑	☑	☑	
7	东西黄	Bool	%Q0.5	☐	☑	☑	☑	
8	初始步	Bool	%M5.0	☐	☑	☑	☑	
9	步1	Bool	%M5.1	☐	☑	☑	☑	
10	步2	Bool	%M5.2	☐	☑	☑	☑	
11	步3	Bool	%M5.3	☐	☑	☑	☑	
12	步4	Bool	%M5.4	☐	☑	☑	☑	
13	步5	Bool	%M5.5	☐	☑	☑	☑	
14	步6	Bool	%M5.6	☐	☑	☑	☑	
15	步7	Bool	%M5.7	☐	☑	☑	☑	
16	步8	Bool	%M6.0	☐	☑	☑	☑	

图3-16 并行流程模式控制项目变量

（3）编写程序。在项目树下展开程序块，双击“Main[OB1]”选项，打开程序编辑器，编写如图 3-17 所示的控制程序。该程序的工作原理如下。

① 开机初始化。开机时，首次扫描会将程序段 1 中的 MW5 清零（M5.0～M5.7、M6.0 复位），置位 M5.0，进入初始步。

② 南北信号灯和东西信号灯并行运行。程序段 2 为初始步，是并行结构的开始分支处。当启停开关 SA 接通时，I0.0 常开触点闭合，M5.1、M5.2 同时被置位，转换到步 1 和步 2，进入并行运行，同时复位初始步 M5.0。

南北方向：程序段 3 中的步 1 为活动状态（M5.1 为“1”），M5.1 的常开触点闭合，Q0.0 通电，绿灯亮，定时器 T1 延时 50s 后，T1 的输出 Q 为“1”，置位 M5.3，转换到步 3。程序段 4 中的步 3 为活动状态（M5.3 为“1”），M5.3 的常开触点闭合，Q0.1 通电，黄灯亮，定时器 T2 延时 10s 后，置位 M5.5，转换到步 5。程序段 5 中的步 5 为活动状态（M5.5 为“1”），M5.5 的常开触点闭合，Q0.2 通电，红灯亮，定时器 T3 延时 60s 后转换到步 7（M5.7 为“1”）。

东西方向：程序段 6 中的步 2 为活动状态（M5.2 为“1”），M5.2 的常开触点闭合，Q0.3 通电，红灯亮，定时器 T4 延时 60s 后，置位 M5.4，转换到步 4。程序段 7 中的步 4 为活动状态（M5.4 为“1”），M5.4 的常开触点闭合，Q0.4 通电，绿灯亮，定时器 T5 延时 50s 后，置位 M5.6，转换到步 6。程序段 8 中的步 6 为活动状态（M5.6 为“1”），M5.6 的常开触点闭合，Q0.5 通电，黄灯亮，定时器 T6 延时 10s 后转换到步 8（M6.0 为“1”）。

③ 并行结构的汇合。程序段 9 是并行结构的汇合处，只有当步 7 和步 8 都为活动状态（M5.7、M6.0 都为“1”）时，才会置位 M5.0，返回初始步 M5.0，进入下一个周期。

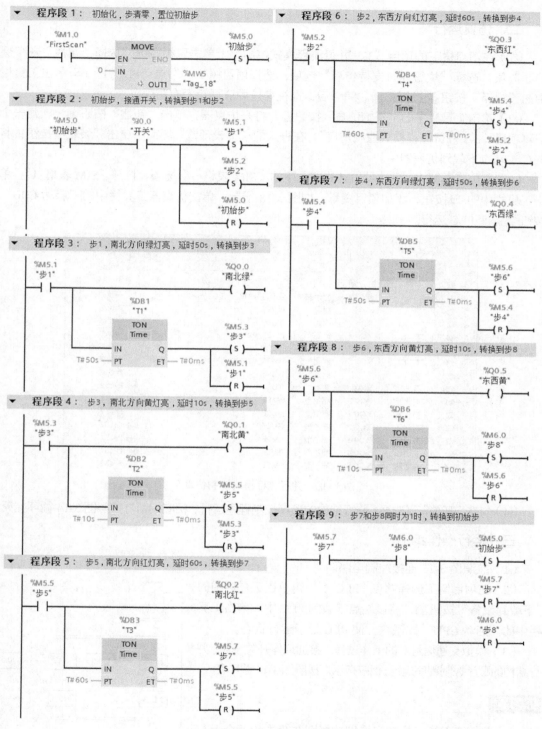

图3-17 交通信号灯控制程序

从该程序可以看出，在进行步的转换时，激活后一个步（置位该步）的同时要使当前步变为不活动步（复位该步）。

二、仿真运行

（1）在项目树下的项目"3-3 并行流程模式控制"上单击鼠标右键，选择"属性"→"保护"选项，选择"块编译时支持仿真"选项，选择项目树下的站点"PLC_1"，再单击工具栏中的"编译"按钮进行编译。编译后，巡视窗口中应显示没有错误。

（2）单击工具栏中的"开始仿真"按钮，打开仿真器，单击"新建"按钮，新建一个仿真项目"3-3 并行流程模式控制仿真"。在进入的"下载预览"界面中单击"装载"按钮，将PLC_1 站点下载到仿真器中。

（3）在仿真界面中，双击"SIM 表格"下的"SIM 表格_1"选项，打开"SIM 表格_1"，单击工具栏中的按钮，添加项目变量，如图 3-18 所示。单击仿真器工具栏中的"启动 CPU"按钮，使 PLC 运行。

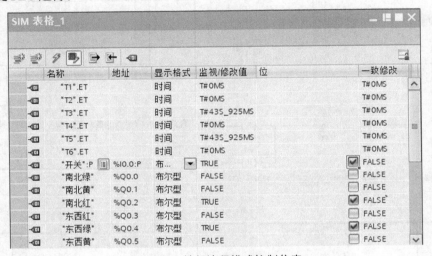

图3-18　并行流程模式控制仿真

（4）勾选"开关"复选框，并行结构的顺序控制程序运行，相应指示灯按照图 3-14 循环亮灭。

三、运行操作步骤

（1）按照图 3-13 连接控制电路。

（2）在项目树下选择站点"PLC_1"，再单击工具栏中的"下载到设备"按钮，将该站点下载到 PLC 中。单击工具栏中的"启动 CPU"按钮，使 PLC 处于运行状态。

（3）模拟交通信号灯的工作过程。接通启停开关 SA，并行结构的顺序控制程序运行，相应指示灯按照图 3-14 循环亮灭。

练习题

1．并行流程模式的顺序控制功能图在分支和汇合上有什么特点？

2．设计出图 3-19 所示顺序控制功能图对应的梯形图程序。

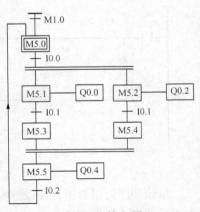

图3-19　练习题2

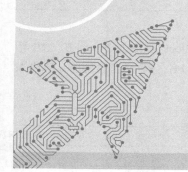

课程育人

华中数控、广州数控、南京埃斯顿、汇川等伺服驱动设备已进入产业化阶段，但高端伺服系统在我国仍处于研发阶段，与国外有一定的差距。但世上无难事，只要肯登攀，经过我们的努力，相信不久的将来，我们中国的高端伺服系统会迎头赶上。

线性编程是顺序执行所有任务指令，模块化编程是将任务分为各级子任务，每个子任务是一个函数或函数块，使编程具有可理解性和可维护性。扩展指令的应用实际上就是调用各个函数或函数块。本课题包括中断、函数、函数块、日期和时间、PTO指令、PWM指令和高速计数器指令等。

••• 任务1　应用时间中断实现电动机的间歇启动 •••

任务引入

应用时间中断实现电动机的间歇启动，控制要求如下。

（1）当按下启动按钮时，电动机运行1min，停止1min，周而复始。

（2）当按下停止按钮或发生过载时，电动机立即停止。

根据控制要求设计的电动机控制电路如图4-1所示。

图4-1　电动机控制电路

相关知识

一、代码块与程序结构

用户程序是由用户根据控制对象特定的任务，使用编程软件编写的程序，将其下载到CPU

中可以实现特定的控制任务。用户程序由组织块（Organization Block，OB）、FC、FB、DB 和一些系统功能指令组成。各种块的简要说明见表 4-1，其中 OB、FB、FC 都包含程序，统称为代码块。代码块仅受存储器容量的限制，而个数不受限制。

表 4-1　各种块的简要说明

块	简要说明
OB	操作系统与用户程序的接口，决定用户程序的结构
FB	用户编写的具有一定功能的子程序，有专用的背景数据块
FC	用户编写的具有一定功能的子程序，没有专用的背景数据块
背景 DB	用于保存 FB 或功能指令的输入/输出参数和静态变量，其数据在编译时自动生成
全局 DB	存储用户数据的数据区域，供所有代码块使用

操作系统上电后，先启动初始化组织块进行初始化，再进入主程序 OB1 循环执行。循环执行的程序可以被高优先级的中断事件中断，如图 4-2 所示，如果中断事件出现，则中断当前正在执行的程序，转而执行相应的中断程序。中断程序执行完成后，返回中断处继续执行。

根据实际应用需要，可选择线性结构或模块化结构创建用户程序。线性程序按顺序逐条执行用于自动化任务的所有指令。通常，线性程序是将所有程序指令都放入用于循环执行程序的 OB（OB1）中，如果所编程序的代码较长，则会不利于程序的查看、修改和调试。

模块化程序调用可执行特定任务的特定代码块。要创建模块化结构，需要将复杂的自动化任务划分为与过程的工艺功能相对应的更小的次级任务。每个相对独立的次级任务可以对应结构化程序中的一个程序段或子程序（FC 或 FB），主程序 OB1 通过调用这些代码块来实现整个自动化任务。所创建的 FC 或 FB 可在用户程序中重复使用，称为通用代码块，可简化用户程序的设计和实现。线性结构与模块化结构的对比如图 4-3 所示。模块化结构显著地增加了 PLC 程序的组织透明性、可理解性和易维护性。

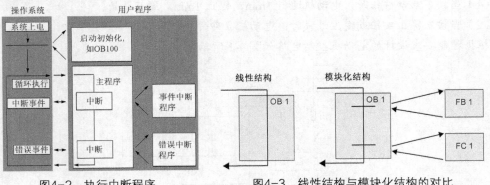

图4-2　执行中断程序　　　　图4-3　线性结构与模块化结构的对比

在自动化控制任务中，可以将工厂级控制任务划分为几个车间级控制任务，将车间级控制任务划分为几组生产线的控制任务，将生产线的控制任务划分为对几个电动机的控制，也可以将控制程序根据控制任务进行划分，每一层程序作为上一层控制程序的子程序，同时调用下一层的控制程序作为子程序，形成代码块的嵌套调用。从程序循环 OB 或启动 OB 开始，S7-1200 的嵌套深度为 16；从中断 OB 开始，嵌套深度为 6。

将一个控制任务划分为 3 个独立的子程序，如图 4-4 所示，这 3 个子程序分别为 FB1、FB2 和 FC1，在 FB2 中嵌套调用 FB1，FB1 又嵌套调用 FC21，其嵌套深度为 3。用户程序的执行次序如下：OB1→FB1+背景 DB→FC1→FB2+背景 DB→FB1+背景 DB→FC21→FC1→OB1。用户程序的分层调用是结构化编程方式的延伸。FC21 调用全局数据块 DB1。

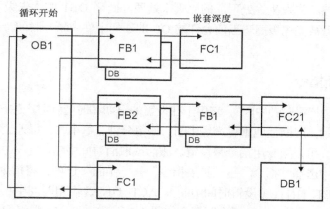

图4-4　用户程序的嵌套

二、事件与组织块

组织块是用户编写的，由操作系统调用，用于控制扫描循环和中断的执行、PLC 的启动和错误处理等。每个组织块必须有一个唯一的编号，123 之前的某些编号是固定的，其他编号应大于等于 123。OB 不能相互调用，也不能被 FC 或 FB 调用，只有通过特定的事件来触发组织块的执行。S7-1200 启动 OB 的事件见表 4-2。

表 4-2　S7-1200 启动 OB 的事件

事件类型	OB 编号	OB 数	启动事件	优先级
程序循环	1 或 ≥123	≥1	启动结束或上一个循环 OB 结束	1
启动	100 或 ≥123	≥0	从 STOP 切换到 RUN 模式	1
时间中断	10～17 或 ≥123	≤2	已达到启动时间	2
延时中断	20～23 或 ≥123	≤4	延时时间结束	3
循环中断	30～33 或 ≥123	≤4	设定时间已用完	8
硬件中断	40～47 或 ≥123	≤50	上升沿（≤16 个）、下降沿（≤16 个）	18
			HSC：计数值=设定值、计数方向变化、外部复位，均≤6 个	18
状态中断	55	1	CPU 接收到状态中断，如从站中的模块更改了操作模式	4
更新中断	56	1	CPU 接收到更新中断，如更改了从站或设备的插槽参数	4
制造商中断	57	1	CPU 接收到制造商或配置文件特定的中断	4
时间错误	80	1	超过最大循环时间，中断队列溢出、中断过多丢失中断	26
诊断错误中断	82	1	模块故障	5
拔出/插入中断	83	1	拔出/插入分式 I/O 模块	6
机架错误	86	1	分布式 I/O 的 I/O 系统错误	6

优先级、优先级组和队列用来决定事件服务程序的处理顺序。每个 CPU 的事件都有它的优先级，优先级的编号越大，优先级越高。事件按优先级的高低来处理，先处理高优先级的事件，优先级相同的事件按"先发生先处理"的原则来处理。循环 OB1 的优先级为 1（最低），优先级为 2～25 的 OB 可被优先级高于当前允许的 OB 的任何事件中断，时间错误（优先级为 26）可中断所有的 OB。

三、时间中断指令

时间中断又称为"日时钟中断"，它用于在设置的日期和时间到时产生一次中断，或者从设置的日期和时间开始，周期性地重复产生中断，如每分钟、每小时、每天、每周、每月、月末、每年产生一次中断。可以用专用指令来设置、激活或取消时间中断。

在程序编辑器中选择"指令"→"扩展指令"→"中断"选项，将指令 QRY_TINT（查询时间中断状态）、SET_TINTL（设置时间中断）、ACT_TINT（启用时间中断）、CAN_TINT（取消时间中断）拖曳到程序区中，时间中断指令如图 4-5 所示。OB_NR 为组织块编号，在 S7-1200 中，时间中断 OB 的编号为 10～17 或大于 123，最多只能使用两个。如果在执行指令期间发生了错误，则该指令的 Ret_Val（返回值）返回一个错误代码。

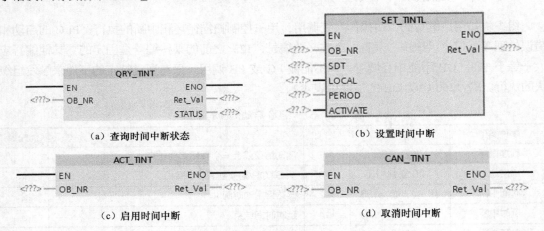

图4-5 时间中断指令

1. 查询时间中断状态指令 QRY_TINT

查询时间中断状态指令 QRY_TINT 用于查询 OB_NR 的状态并保存到 STATUS 指定的状态字中。QRY_TINT 的 STATUS 各位的含义见表 4-3。

表 4-3 QRY_TINT 的 STATUS 各位的含义

位	15～5	4		3	2		1		0	
值	0	1	0	0	1	0	1	0	1	0
含义	—	存在 OB 编号	不存在 OB 编号	—	已激活	未激活或已过去	禁用	启用	启动	运行

2. 设置时间中断指令 SET_TINTL

（1）参数 SDT（DTL 类型）是起始日期时间，包括年、月、日、时和分，忽略秒和毫秒。

（2）参数 PERIOD（Word 类型）用来设置产生时间中断的时间间隔，可以设置为 16#0000

（单次）、16#0201（每分钟一次）、16#0401（每小时一次）、16#1001（每天一次）、16#1201（每周一次）、16#1401（每月一次）、16#1801（每年一次）、16#2001（月末）。

（3）参数 LOCAL（Bool 类型）为"1"或"0"分别表示使用本地时间或系统时间。

（4）参数 ACTIVATE（Bool 类型）为"1"时表示使用该指令设置并激活时间中断；为"0"时表示仅设置时间中断，需要调用 ACT_TINT 指令来激活时间中断。

3. 启用时间中断指令 ACT_TINT

启用时间中断指令 ACT_TINT 用于对指定的中断 OB_NR 进行激活。

4. 取消时间中断指令 CAN_TINT

在不需要时间中断的时候，可以使用取消时间中断指令 CAN_TINT 取消指定的中断 OB_NR。

四、读取系统时间指令

在程序编辑器中选择"指令"→"扩展指令"→"日期和时间"→"时钟功能"选项，将读取时间指令 RD_SYS_T 拖曳到程序区中，读取系统时间指令如图 4-6 所示。Ret_Val（返回值）为 Int 类型，返回错误代码。该指令的功能是读取系统的日期和时间到 OUT 指定的 DTL 地址中。

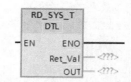

图4-6 读取系统时间指令

任务实施

一、硬件组态与软件编程

1. 硬件组态

（1）打开博途软件，新建一个项目"4-1 应用时间中断实现电动机的间歇启动"。

（2）双击项目树下的"添加新设备"选项，添加"CPU1214C AC/DC/Rly"，选择版本号为 V4.2，生成一个站点"PLC_1"。

应用时间中断
实现电动机的
间歇启动

2. 软件编程

（1）在项目树下选择"PLC_1"→"PLC 变量"选项，双击"添加新变量表"选项，将添加的变量表命名为"项目变量"。

（2）添加所需的变量。

（3）编写控制程序。

① 添加组织块 OB10。在项目树的程序块下双击"添加新块"选项，弹出"添加新块"对话框，如图 4-7 所示。单击"组织块"按钮，从右边的列表框中选择"Time of day"（日时间）选项，默认的语言为 LAD，组织块编号为 10，单击"确定"按钮。添加一个时间中断组织块 OB10，其默认名称为"Time of day"。

② 编写时间中断程序。双击时间中断 Time of day[OB10]选项，进入程序编辑界面，编写的时间中断程序如图 4-8 所示，每次中断后，Q0.0 取反一次。

③ 编写主程序。

a. 添加临时变量：在 Main 的接口区中单击▼按钮，展开接口，添加临时变量，如图 4-9 所示。

图4-7 "添加新块"对话框

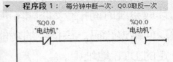

图4-8 编写的时间中断程序

图4-9 添加临时变量

b．主程序的编写：应用时间中断实现电动机的间歇启动主程序如图 4-10 所示，上电后，由于 I0.0 有输入，程序段 5 中的 I0.0 常闭触点断开，为启动做准备。

在程序段 1 中，查询 OB10 的状态并将其保存到 MW100 中。

在程序段 2 中，如果时间中断未激活（M101.2 为 "0"）且存在组织块 OB10（M101.4 为 "1"），则 M2.0 线圈通电，程序段 3 中的 M2.0 常开触点接通。

在程序段 3 中，当按下启动按钮 SB1 时，I0.1 常开触点接通，M2.1 线圈通电。

在程序段 4 中，M2.1 常开触点接通，读取系统时间作为时间中断的起始时间，设置时间中断的时间间隔为每分钟一次（16#0201），并激活时间中断 OB10。

在程序段 5 中，当按下停止按钮 SB2（I0.2 常开触点接通）或发生过载（I0.0 常闭触点接通）时，取消时间中断 OB10，复位 Q0.0（电动机停止）。

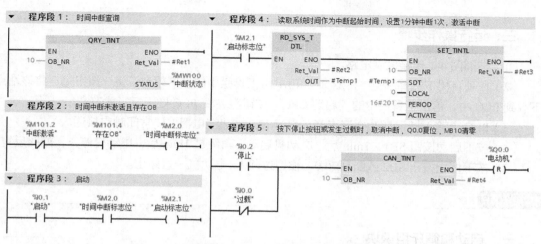

图4-10 应用时间中断实现电动机的间歇启动主程序

二、仿真运行

（1）在项目树下的项目"4-1 应用时间中断实现电动机的间歇启动"上单击鼠标右键，选择"属性"→"保护"选项，选择"块编译时支持仿真"选项，选择项目树下的站点"PLC_1"，再单击工具栏中的"编译"按钮 器 进行编译。编译后，巡视窗口中应显示没有错误。

（2）单击工具栏中的"开始仿真"按钮 器，打开仿真器，单击"新建"按钮 器，新建一个仿真项目"4-1 应用时间中断实现电动机的间歇启动仿真"。在进入的"下载预览"界面中单击"装载"按钮，将 PLC_1 站点下载到仿真器中。

（3）在仿真界面中，双击"SIM 表格"下的"SIM 表格_1"选项，打开"SIM 表格_1"，单击工具栏中的 器 按钮，添加项目变量，如图 4-11 所示。单击仿真器工具栏中的"启动 CPU"按钮 器，使 PLC 运行。

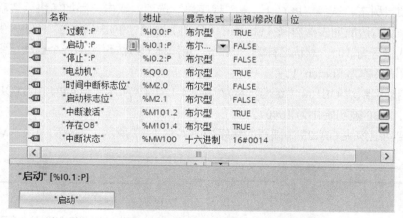

图4-11 应用时间中断实现电动机的间歇启动仿真

（4）勾选"过载"复选框，单击"启动"按钮，经过 1min，可以看到 Q0.0 为 TRUE，电动机运行；再经过 1min，Q0.0 为 FALSE，电动机停止，如此反复。

（5）当单击"停止"按钮或取消勾选"过载"复选框时，Q0.0 一直为 FALSE，电动机停止。

三、运行操作步骤

（1）按照图 4-1 连接控制电路。

（2）在项目树下选择站点"PLC_1"，再单击工具栏中的"下载到设备"按钮，将该站点下载到 PLC 中。单击工具栏中的"启动 CPU"按钮，使 PLC 处于运行状态。

（3）PLC 上输入指示灯 I0.0 应点亮，表示 I0.0 被热继电器 KH 常闭触点接通。

（4）按下启动按钮 SB1，1min 后，电动机启动；再经过 1min 后，电动机停止，如此反复。

（5）按下停止按钮 SB2 或断开 I0.0（模拟过载），电动机一直停止。

扩展知识

一、启动和循环组织块

1. 启动组织块

当 CPU 从 STOP 模式切换到 RUN 模式时，会执行一次启动组织块，对某些变量进行初始化。允许有多个启动 OB，默认为 OB100，其他的启动组织块的编号应大于等于 123，按照编号从小到大的顺序启动执行。一般只需要一个启动组织块。

启动组织块与组态的系统存储器中默认的第一次扫描位 M1.0 都可以对变量进行初始化，其区别是启动组织块在启动时执行，启动完成后进入循环扫描；而 M1.0 在第一次循环扫描时为"1"，在后面的循环扫描时为"0"。

下面应用一个启动组织块 OB100 使 QB0 初始化为 16#07，应用另一个启动组织块 OB123 统计 PLC 启动次数，其组态与编程步骤如下。

（1）打开博途软件，新建一个项目。

（2）双击项目树下的"添加新设备"选项，添加"CPU1214C AC/DC/Rly"，选择版本号为 V4.2，生成一个站点"PLC_1"。

（3）在项目树下，选择"PLC_1"→"程序块"选项，双击"添加新块"选项，单击"组织块"按钮，从右边的列表框选择"Startup"（启动）选项，单击"确定"按钮，生成一个启动组织块，默认编号为 100，默认名称为 Startup。用同样的方法再添加一个启动组织块，默认编号为 123，默认名称为 Startup_1。

（4）在启动组织块 OB100 中编写的程序如图 4-12（a）所示，当 CPU 由 STOP 模式切换到 RUN 模式时，QB0 被初始化为 16#07。

（5）在启动组织块 OB123 中编写的程序如图 4-12（b）所示，每启动一次，MB10 将加 1。

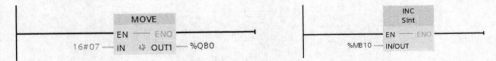

（a）在启动组织块OB100中编写的程序　　　　（b）在启动组织块OB123中编写的程序

图4-12　启动组织块的程序

（6）为了通过 MB10 统计 CPU 的启动次数，需要将 MB10 设为保持型。在项目树下，选择"PLC_1"→"PLC 变量"选项，双击"默认变量表"选项，单击默认变量表工具栏中的按钮，弹出"保持性存储器"对话框，如图 4-13 所示，在"存储器字节数从 MB0 开始"文本框中输入"20"，MB10 即变成了保持型。

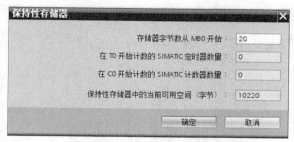

图4-13 "保持性存储器"对话框

2. 循环组织块

循环组织块 OB1 是用户程序中的主程序，CPU 操作系统每循环一次就调用一次 OB1，因此 OB1 是循环执行的。允许有多个循环 OB，默认为 OB1，其他的循环 OB 的编号应大于等于 123，按照编号从小到大的顺序执行。一般只需要一个循环 OB。

循环组织块

（1）新建项目并添加新设备 CPU 后，在项目树的程序块下已经自动生成了一个循环组织块 OB1，默认名称为 Main。

（2）双击程序块下的"添加新块"选项，在右边的列表框中选择"Program cycle"（程序循环）选项，单击"确定"按钮，生成了一个循环组织块。该组织块默认编号为 123，默认名称为 Main_1。

（3）分别在 OB1 和 OB123 中编写简单的程序，如图 4-14 所示，使用 I0.0 和 I0.1 分别控制 Q1.0 和 Q1.1，控制效果相同。

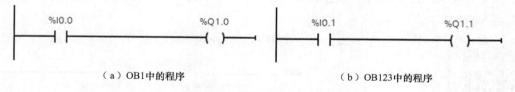

（a）OB1中的程序   （b）OB123中的程序

图4-14 循环组织块的程序

二、延时中断

1. 延时中断指令

PLC 普通定时器的工作过程与扫描工作方式有关，其定时精度较差。如果需要高精度的延时，则应使用延时中断。在程序编辑器中选择"指令"→"扩展指令"→"中断"选项，将延时中断的指令 QRY_DINT（查询延时中断状态）、SRT_DINT（启动延时中断）、CAN_DINT（取消延时中断）拖曳到程序区中，延时中断指令如图 4-15 所示。OB_NR 为组织块编号。如果在执行指令期间发生了错误，则该指令的 RET_VAL（返回值）返回一个错误代码。

（1）查询延时中断状态指令 QRY_DINT 用于查询 OB_NR 的延时中断状态，将其保存到 STATUS 指定的状态字中。QRY_DINT 的 STATUS 各位的含义与 QRY_TINT 一样。

（2）启动延时中断指令 SRT_DINT 中的参数 DTIME 为延时时间值，数据类型为 Time，取值为 1～60 000ms；参数 SIGN 用来表示延时中断起始处的标识符，标识延时中断的开始，数据类型为 Word。

（3）取消延时中断指令 CAN_DINT 可以用来取消已启动的延时中断。

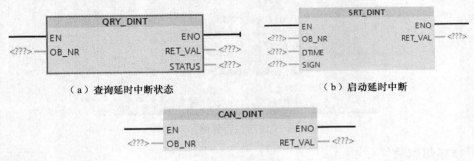

（a）查询延时中断状态　　　　　　　　　（b）启动延时中断

（c）取消延时中断

图4-15　延时中断指令

2. 延时中断应用实例

控制要求：应用延时中断从 Q0.0 输出周期为 1s 的脉冲。

（1）新建一个项目并添加新设备 CPU1214C。

（2）在项目树的程序块下，双击"添加新块"选项，单击"组织块"按钮，在右边的列表框中选择"Time delay interrupt"（延时中断）选项，默认组织块编号为 20，单击"确定"按钮，添加一个延时中断组织块 OB20，默认名称为"Time delay interrupt"。

（3）双击程序块下的延时中断组织块 OB20，打开程序编辑器，编写的程序如图 4-16（a）所示，每 500ms 中断一次，Q0.0 反转一次。

（4）主程序。主程序 OB1 如图 4-16（b）所示。在程序段 1 中，查询 OB20 的状态并将其保存到 MW102 中。

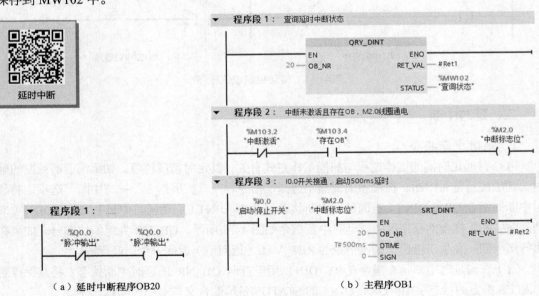

（a）延时中断程序OB20　　　　　　　　　（b）主程序OB1

图4-16　延时中断应用实例程序

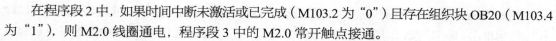

在程序段 2 中，如果时间中断未激活或已完成（M103.2 为"0"）且存在组织块 OB20（M103.4 为"1"），则 M2.0 线圈通电，程序段 3 中的 M2.0 常开触点接通。

在程序段 3 中，当接通启动/停止开关时，I0.0 常开触点接通，启动延时中断，延时中断时间为 500ms。

每 500ms 调用一次延时中断程序 OB20，使 Q0.0 输出高电平反转一次，如此重复。

当断开启动/停止开关时，停止输出秒脉冲。

练习题

1．S7-1200 初始化时可以调用组织块＿＿＿＿＿。

2．编写程序，使用 I0.0 启动时间中断，在指定的日期时间将 Q0.0 置位；使用 I0.1 取消时间中断，将 Q0.0 复位。

3．启动组织块与第一次扫描位 M1.0 有什么异同？

任务 2　应用硬件中断实现电动机的启停控制

任务引入

应用硬件中断实现对电动机的控制，控制电路如图 4-1 所示，控制要求如下。

（1）当按下启动按钮时，电动机启动运行。

（2）当按下停止按钮或电动机过载时，电动机停止。

相关知识——硬件中断

硬件中断组织块用于处理需要快速响应的过程事件。当出现硬件中断事件时，立即中止当前正在执行的程序，改为执行对应的硬件中断 OB。S7-1200 最多可以使用 50 个硬件中断 OB，编号为 40～47 或大于等于 123。S7-1200 支持的硬件中断事件如下。

（1）CPU 内置的数字量输入、信号板的数字量输入的上升沿事件和下降沿事件。不支持信号模块的数字量输入事件。

（2）高速计数器（High Speed Counter，HSC）的当前计数值等于设定值事件。

（3）HSC 的计数方向改变事件，即计数值由增大变为减少或由减少变为增大。

（4）HSC 的数字量外部复位输入的上升沿事件，计数值被复位为 0。

任务实施

一、硬件组态与软件编程

1．硬件组态

（1）打开博途软件，新建一个项目"4-2 应用硬件中断实现电动机的启停控制"。

（2）双击项目树下的"添加新设备"选项，添加"CPU1214C AC/DC/Rly"，选择版本号为 V4.2，生成一个站点"PLC_1"。

（3）在项目树的程序块下，双击"添加新块"选项，单击"组织块"按钮，在右边的列表

应用硬件中断实现电动机的启停控制

123

框中选择"Hardware interrupt"（硬件中断）选项，默认组织块编号为40，修改名称为"复位输出"，然后单击"确定"按钮。用同样的方法生成一个名为"置位输出"的硬件中断组织块 OB41。

（4）双击项目树的"PLC_1"下的"设备组态"选项，打开设备视图。选中 CPU，在巡视窗口中选择"属性"→"常规"→"DI14/DQ10"→"数字量输入"选项，选择"通道 1"选项（即 I0.1），如图 4-17 所示。勾选"启用上升沿检测"复选框，默认的事件名称为"上升沿 1"，单击"硬件中断"右边的...按钮，选择 OB41（置位输出）。

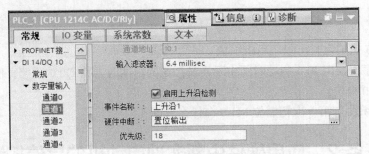

图4-17 组态硬件中断事件

I0.0 为过载保护输入（常闭触点），在断开时触发中断，使 Q0.0 复位（电动机停止）。勾选通道 0 的"启用下降沿检测"复选框，默认的事件名称为"下降沿 0"，硬件中断选择 OB40（复位输出）。

I0.2 为停止按钮输入（常开触点），在接通时触发中断，使 Q0.0 复位。勾选通道 2 的"启用上升沿检测"复选框，默认的事件名称为"上升沿 2"，硬件中断选择 OB40。

2. 软件编程

在 OB40 和 OB41 中编写的程序如图 4-18 所示，OB1 程序不编写，OB40 用于复位输出 Q0.0，OB41 用于置位输出 Q0.0。

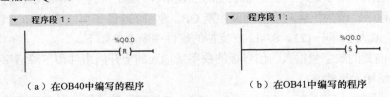

（a）在OB40中编写的程序   （b）在OB41中编写的程序

图4-18 硬件中断程序

二、仿真运行

（1）在项目树下的项目"4-2 应用硬件中断实现电动机的启停控制"上单击鼠标右键，选择"属性"→"保护"选项，选择"块编译时支持仿真"选项，选择项目树下的站点"PLC_1"，再单击工具栏中的"编译"按钮🔓进行编译。编译后，巡视窗口中应显示没有错误。

（2）单击工具栏中的"开始仿真"按钮🖳，打开仿真器，单击"新建"按钮✳，新建一个仿真项目"4-2 应用硬件中断实现电动机的启停控制仿真"。在进入的"下载预览"界面中单击"装载"按钮，将 PLC_1 站点下载到仿真器中。

（3）在仿真界面中，双击"SIM 表格"下的"SIM 表格_1"选项，打开"SIM 表格_1"，通过在地址栏中输入地址添加项目变量，如图 4-19 所示。单击仿真器工具栏中的"启动 CPU"按

钮 █，使 PLC 运行。

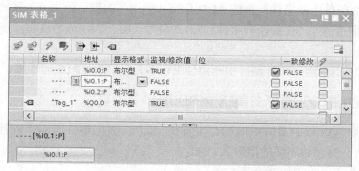

图4-19 应用硬件中断实现电动机的启停控制仿真

（4）勾选 I0.0 对应的复选框，使过载保护预先接通。

（5）单击 I0.1 的按钮，I0.1 产生一个上升沿，Q0.0 为 TRUE，电动机启动。

（6）单击 I0.2 的按钮，I0.2 产生一个上升沿，Q0.0 为 FALSE，电动机停止。

（7）电动机正在运行时，取消勾选 I0.0 对应的复选框，表示发生了过载，I0.0 产生一个下降沿，Q0.0 为 FALSE，电动机停止。

三、运行操作步骤

（1）按照图 4-1 连接控制电路。

（2）在项目树下选择站点"PLC_1"，再单击工具栏中的"下载到设备"按钮 █，将该站点下载到 PLC 中。单击工具栏中的"启动 CPU"按钮 █，使 PLC 处于运行状态。

（3）PLC 上输入指示灯 I0.0 应点亮，表示 I0.0 被热继电器 KH 常闭触点接通。

（4）按下启动按钮 SB1，电动机启动。

（5）按下停止按钮 SB2 或断开 I0.0（模拟过载），电动机停止。

扩展知识

一、中断连接指令和中断分离指令

在程序编辑器中，选择"指令"→"扩展指令"→"中断"选项，将中断连接指令 ATTACH（将 OB 附加到中断事件）和中断分离指令 DETACH（将 OB 与中断事件脱离）拖曳到程序区中，中断连接指令和中断分离指令如图 4-20 所示。OB_NR 为中断组织块编号。如果在执行指令期间发生了错误，则该指令的 RET_VAL（返回值）返回一个错误代码。

中断连接指令和中断分离指令

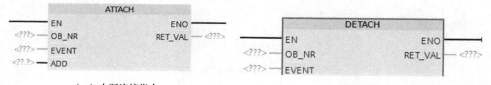

（a）中断连接指令　　　　　　　　（b）中断分离指令

图4-20 中断连接指令和中断分离指令

（1）ATTACH 指令用于建立硬件中断事件 EVENT 与中断组织块的连接，其参数 EVENT 为要分配给 OB 的硬件中断事件，参数 ADD（Bool 类型）的默认值为 0，表示将指定的事件取代连接到原来分配给这个 OB 的所有事件；ADD 设为 1 时，表示该事件将添加到此 OB 之前的事件分配中。

（2）DETACH 指令用于断开硬件中断事件 EVENT 与中断组织块的连接。

二、中断连接指令和中断分离指令的应用

要求使用指令 ATTACH 和 DETACH，在出现 I0.0 上升沿事件时，交替调用硬件中断组织块 OB40 和 OB41，分别将不同的值写入 QB0。

（1）新建一个项目并添加新设备 CPU1214C。

（2）在项目树的程序块下，双击"添加新块"选项，单击"组织块"按钮，在右边的列表框中选择"Hardware interrupt"（硬件中断）选项，默认组织块编号为 40，修改名称为"硬件中断 1"，单击"确定"按钮。用同样的方法生成一个名为"硬件中断 2"的组织块 OB41。

（3）双击项目树的"PLC_1"下的"设备组态"选项，打开设备视图。选中 CPU，在巡视窗口中选择"属性"→"常规"→"DI14/DQ10"→"数字量输入"选项，选择"通道 0"选项，勾选"启用上升沿检测"复选框，默认的事件名称为"上升沿 0"，单击"硬件中断"右边的 ... 按钮，选择 OB40（硬件中断 1）。

（4）因为组态硬件中断事件时，I0.0 的上升沿与 OB40（硬件中断 1）已经连接，所以 I0.0 第一次出现上升沿时，先调用 OB40。OB40 的程序如图 4-21（a）所示，在程序段 1 中使用 MOVE 指令给 QB0 赋值 16#F0；在程序段 2 中，使用 DETACH 指令断开 I0.0 上升沿事件与 OB40 的连接，使用 ATTACH 指令建立 I0.0 上升沿事件与 OB41 的连接。在连接中断事件 EVENT 时，双击中断事件 EVENT 的<???>，单击出现的 ▤ 按钮，在下拉列表中选择中断事件"上升沿 0"。

（5）当 I0.0 下一次出现上升沿事件时，调用中断组织块 OB41。OB41 的程序如图 4-21（b）所示，在程序段 1 中使用 MOVE 指令给 QB0 赋值 16#F；在程序段 2 中，使用 DETACH 指令断开 I0.0 上升沿事件与 OB41 的连接，使用 ATTACH 指令建立 I0.0 上升沿事件与 OB40 的连接。

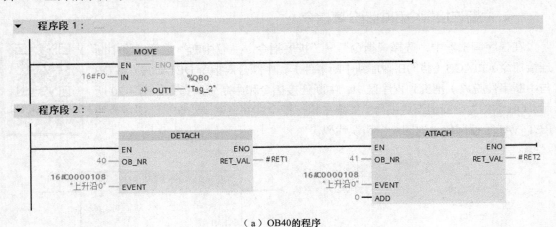

（a）OB40 的程序

图 4-21　硬件中断组织块程序

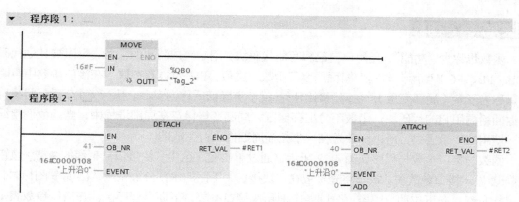

（b）OB41的程序

图4-21　硬件中断组织块程序（续）

练习题

1. 编写程序，在 I0.0 的上升沿调用硬件中断 OB40，将 MW100 加 1；在 I0.1 的下降沿调用硬件中断 OB41，将 MW100 减 1。

2. 应用中断连接指令和中断分离指令在 I0.0 的上升沿交替使 Q0.0 置位/复位。

3. 怎样设置数字量输入点的上升沿中断功能？

••• 任务 3　应用函数实现两组电动机的顺序启动控制 •••

任务引入

某设备有两组电动机，要求使用函数进行模块化编程，实现两组电动机的顺序启动控制。控制要求如下。

（1）第一组有两台电动机，第一台电动机 M11 启动后，经过 5s，第二台电动机 M12 启动。

（2）第二组也有两台电动机，第一台电动机 M21 启动后，经过 10s，第二台电动机 M22 启动。

两组电动机顺序启动控制的 I/O 分配见表 4-4，控制电路图略。

表 4-4　两组电动机顺序启动控制的 I/O 分配

第一组电动机					
输入端子	输入器件	作用	输出端子	输出器件	作用
I0.0	SB1	组 1 启动	Q0.0	接触器 KM11	控制电动机 M11
I0.1	SB2	组 1 停止	Q0.1	接触器 KM12	控制电动机 M12
I0.2	KH1	组 1 过载			
第二组电动机					
输入端子	输入器件	作用	输出端子	输出器件	作用
I0.3	SB3	组 2 启动	Q0.2	接触器 KM21	控制电动机 M21
I0.4	SB4	组 2 停止	Q0.3	接触器 KM22	控制电动机 M22
I0.5	KH2	组 2 过载			

相关知识——函数

函数也称为"功能"，是用户自己编写的代码块，用来完成特定的任务，可以被其他代码块（OB、FB、FC）调用。与其他编程语言"函数"类似，FC 也具有参数，在接口参数中声明的变量称为形参（局部变量），在调用时给形参赋予实际值后称为实参。执行完 FC 后，将执行结果返回给调用它的代码块。函数不分配存储区，局部变量保存在局部堆栈中，当函数调用结束时，使用的变量丢失，所以函数是在一个扫描周期内执行完成的。

函数的接口参数与程序如图 4-22 所示，通过单击程序区中"块接口"下面的 ▲ 或 ▼ 按钮可以隐藏/显示接口参数表。或者将光标放在"块接口"下面的水平分隔条上，出现 ‡ 图标时，按住鼠标左键，向下拉动分隔条，分隔条上面是块接口参数，下面是程序区。在接口参数表中，可以定义输入、输出等参数符号和数据类型。

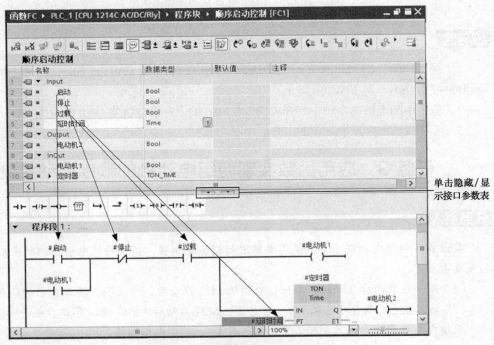

图4-22　函数的接口参数与程序

FC 的接口参数表中有 Input（输入参数）、Output（输出参数）、InOut（输入/输出参数）、Temp（临时数据）、Constant（常量）、Return（返回值），各种类型的局部变量如下。

（1）Input 是只读参数，用于接收调用块提供的输入数据，实参可以为常数。

（2）Output 是只写参数，用于将处理结果传递到调用的块中，实参不能为常数。

（3）InOut 是读写参数，用于接收调用块的输入数据，处理完成后，将处理结果传递到调用的块中。

（4）Temp 是只能用于函数内部的中间变量（数据区 L），不参与数据的传递。临时变量在函数调用时生效，函数调用完成后，临时变量区的数据释放，所以临时变量不能存储中间数据。

（5）Return 是返回值。

任务实施

一、硬件组态与软件编程

应用函数实现两组
电动机的顺序
启动控制

1. 硬件组态

（1）打开博途软件，新建一个项目"4-3 应用函数实现两组电动机的顺序启动控制"。

（2）双击项目树下的"添加新设备"选项，添加"CPU1214C AC/DC/Rly"，选择版本号为 V4.2，生成一个站点"PLC_1"。

2. 软件编程

（1）在项目树下选择"PLC_1"→"程序块"选项，双击"添加新块"选项，弹出"添加新块"对话框，如图 4-7 所示。单击"函数"按钮，FC 默认的编号为 1，选择语言为 LAD，修改函数名称为"顺序启动控制"，单击"确定"按钮，在项目树的"程序块"下生成了一个函数 FC1。

（2）创建 FC1 的接口参数，如图 4-22 所示。因为输出"电动机 1"使用了自己的常开触点进行自锁，所以它既读又写，应作为 InOut 参数。在指令列表中将 TON 定时器拖曳到程序区中，弹出"调用选项"对话框，如图 4-23 所示，单击"参数实例"按钮，设置接口参数名称为"定时器"，单击"确定"按钮，自动在 InOut 下生成参数"定时器"。在 Input 下生成参数"延时时间"，作为定时器的设定值，数据类型为 Time。

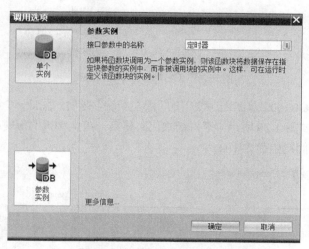

图4-23　"调用选项"对话框

（3）FC1 的程序设计。FC1 的程序见图 4-22 的程序区，过载保护接入热继电器的常闭触点，调用该函数时，参数"过载"应使用常开触点。正常运行时，其常开触点预先接通，为启动做准备。在接口参数表中将对应的参数拖曳到对应的位置即可。

① 当参数"启动"输入为"1"时，"电动机 1"线圈通电自锁，第一台电动机启动。"定时器"开始延时，延时时间为"延时时间"。延时到后，Q 有输出，"电动机 2"线圈通电，第二台电动机启动。

② 当"停止"为"1"或"过载"为"0"时，"电动机 1"线圈断电，自锁解除；"定时器"断电，Q 输出为"0"，"电动机 2"线圈断电，两台电动机同时停止。

（4）OB1 调用 FC1。

① 在项目树下双击"添加新块"选项，在弹出的对话框中单击"数据块"按钮，单击"确定"按钮，生成一个全局数据块"数据块_1[DB1]"，创建如图 4-24 所示变量。在项目树下选择"PLC_1"→"PLC 变量"，双击"添加新变量表"选项，添加一个变量表并创建所需的变量。

		名称	数据类型	起始值
1		▼ Static		
2		■ 组1延时时间	Time	T#0ms
3		▶ 组1定时器	IEC_TIMER	
4		■ 组2延时时间	Time	T#0ms
5		▶ 组2定时器	IEC_TIMER	

数据块_1

图4-24　数据块DB1的变量

② OB1 调用 FC1 的程序，如图 4-25 所示，从项目树的程序块下，拖曳两个 FC1 到程序段 1 中，第一个 FC1 用于第一组电动机的顺序启动控制，在 FC1 的方框内，左边为接口区定义的输入参数和输入/输出参数，右边为接口区定义的输出参数。方框内的参数称为形参，方框外的参数称为实参。第二个 FC1 用于第二组电动机的顺序启动控制。单击 PLC 的默认变量表和数据块 DB1，在详细视图中将变量分别拖曳到对应位置。

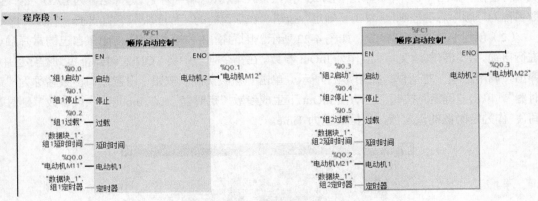

图4-25　OB1调用FC1的程序

（5）启动组织块 OB100。双击程序块下的"添加新块"选项，添加一个启动组织块"Startup" OB100，编写程序，如图 4-26 所示，开机初始化时将第一组电动机的延时时间初始化为 5s，第二组电动机的延时时间初始化为 10s。

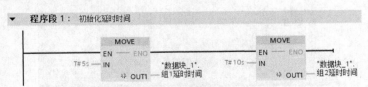

图4-26　启动组织块OB100

二、仿真运行

（1）在项目树下的项目"4-3 应用函数实现两组电动机的顺序启动控制"上单击鼠标右键，选择"属性"→"保护"选项，选择"块编译时支持仿真"选项，选择项目树下的站点"PLC_1"，再单击工具栏中的"编译"按钮 进行编译。编译后，巡视窗口中应显示没有错误。

（2）单击工具栏中的"开始仿真"按钮 ，打开仿真器，单击"新建"按钮 ，新建一个仿真项目"4-3 应用函数实现两组电动机的顺序启动控制仿真"。在进入的"下载预览"界面中单击"装载"按钮，将 PLC_1 站点下载到仿真器中。

（3）在仿真界面中，双击"SIM 表格"下的"SIM 表格_1"选项，打开"SIM 表格_1"，单击工具栏中的 按钮，将项目中所有的变量都添加到表格中，将不需要的变量删除，只保留如图 4-27 所示的变量。单击仿真器工具栏中的"启动 CPU"按钮 ，使 PLC 运行。

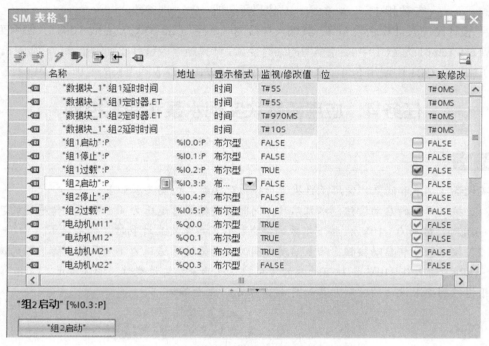

图4-27 两组电动机顺序启动控制仿真

（4）勾选"组 1 过载"复选框，单击"组 1 启动"按钮，"电动机 M11"为 TRUE，经过 5s，"电动机 M12"为 TRUE，第一组电动机顺序启动完成。当单击"组 1 停止"按钮或取消勾选"组 1 过载"复选框时，"电动机 M11"和"电动机 M12"均为 FALSE，第一组两台电动机同时停止。

（5）勾选"组 2 过载"复选框，单击"组 2 启动"按钮，"电动机 M21"为 TRUE，经过 10s，"电动机 M22"为 TRUE，第二组电动机顺序启动完成。当单击"组 2 停止"按钮或取消勾选"组 2 过载"复选框时，"电动机 M21"和"电动机 M22"均为 FALSE，第二组两台电动机同时停止。

三、运行操作步骤

（1）按照表 4-4 连接控制电路。

（2）在项目树下选择站点"PLC_1"，再单击工具栏中的"下载到设备"按钮 ，将该站点下载到 PLC 中。单击工具栏中的"启动 CPU"按钮 ，使 PLC 处于运行状态。

（3）PLC 上输入指示灯 I0.2 和 I0.5 应点亮，表示组 1 和组 2 的热继电器常闭触点接通。

（4）按下组 1 的启动按钮 SB1，电动机 M11 启动；经过 5s，电动机 M12 启动。

（5）按下组 1 的停止按钮 SB2 或断开 I0.2（模拟过载），第一组的两台电动机同时停止。

（6）按下组 2 的启动按钮 SB3，电动机 M21 启动；经过 10s，电动机 M22 启动。

（7）按下组 2 的停止按钮 SB4 或断开 I0.5（模拟过载），第二组的两台电动机同时停止。

练习题

1. 在调用函数时，方框内是函数的_____，方框外是对应的_____；方框内的左边是函数的_____参数和_____参数，右边是函数的_____参数。

2. 设计圆周长计算函数 FC1，其输入参数为"直径"（Int 类型），π 取 3.1416，使用实数计算圆周长，Temp1 为 FC1 中 Real 类型的临时变量，计算结果取整存放到输出参数"圆周长"（Int 类型）中。在 OB1 中调用 FC1，直径输入值使用 MW10，存放圆周长的地址为 MW12。

●●● 任务4　应用函数块实现水泵和油泵控制 ●●●

任务引入

某设备有水泵和油泵，使用函数块进行模块化编程，控制要求如下。

（1）按下水泵的启动按钮，水泵启动，同时测量输水管道压力（水泵压力传感器的测量值为 0～10kPa，输出 0～10V）；按下水泵的停止按钮或水泵发生过载时，水泵停止。

（2）按下油泵的启动按钮，油泵启动，同时测量输油管道压力（油泵压力传感器的测量值为 0～1kPa，输出 0～10V）；按下油泵的停止按钮或油泵发生过载时，油泵停止。

根据控制要求设计的控制电路如图 4-28 所示，主电路略。

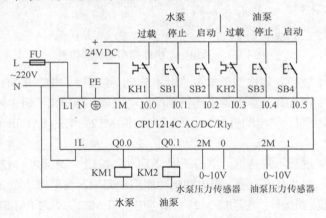

图4-28　水泵和油泵控制电路

相关知识——函数块

函数块也称为"功能块"，也具有形参，可以被其他代码块（如 OB、FB、FC 等）调用。FB 和 FC 的区别在于，FB 具有自己的存储区（背景数据块），可以将接口数据区（Temp 类型除外）存储于背景数据块中，其他逻辑程序可以直接使用背景数据块存储的数据；而函数没有自己的存储区，中间逻辑结果必须使用函数的输入、输出接口区存储，FC 执行完后，数据就不存在了。通常，函数块用于执行不能在一个扫描周期结束的操作。

函数块有自定义的函数块和系统函数块，前面用到的定时器、计数器等都属于系统函数块。自定义函数块 FB1 的接口参数如图 4-29（a）所示，单击程序区中"块接口"下面的▼按钮，打开块接口区，可以定义输入、输出等参数符号和数据类型。

FB 的接口参数表中有 Input（输入参数）、Output（输出参数）、InOut（输入/输出参数）、Static（静态数据）、Temp（临时数据）、Constant（常量），与 FC 大致相同，只是多了一个 Static 参数类型。

函数和函数块可以通过是否有背景数据块进行区分。如果在调用时弹出"调用选项"对话框，需要添加背景数据块，则是函数块。如果调用时没有背景数据块，则是函数。

任务实施

一、硬件组态与软件编程

1．硬件组态

（1）打开博途软件，新建一个项目"4-4 应用函数块实现水泵和油泵控制"。

（2）双击项目树下的"添加新设备"选项，添加"CPU1214C AC/DC/Rly"，选择版本号为 V4.2，生成一个站点"PLC_1"。

应用函数块实现水泵和油泵控制

2．软件编程

（1）添加函数块"压力测量"。

① 在项目树下选择"PLC_1"→"程序块"选项，双击"添加新块"选项，弹出"添加新块"对话框。单击其中的"函数块"按钮，FB 默认的编号为 1，选择语言为 LAD，修改函数名称为"压力测量"，单击"确定"按钮，在项目树的"程序块"下生成了一个函数块 FB1。

② 创建如图 4-29（a）所示的接口参数。为了理解背景数据块可以由其他块直接使用，这里特意将"压力值"作为静态变量，一般情况下，"压力值"作为 Output 变量使用。

③ 编写的 FB1 的程序如图 4-29（b）所示，在接口参数表中将对应的参数拖曳到程序区对应的位置。

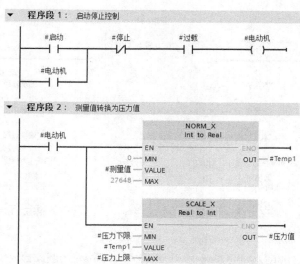

（a）FB1 的接口区　　　　　　　　　　（b）FB1 的程序

图4-29　函数块 FB1

在程序段 1 中，"过载"的常开触点预先接通，当"启动"的常开触点接通时，"电动机"线圈通电自锁，电动机启动运行。当"停止"的常闭触点断开或"过载"的常开触点断开时，电动机停止。

在程序段 2 中，"电动机"的常开触点接通时，先将"模拟值"（0～27 648）标准化为 0.0 到 1.0 之间的值，再线性转换为"压力下限"到"压力上限"之间的值并将其存入"压力值"。

（2）添加全局数据块 DB1。

在项目树下选择"PLC_1"→"程序块"选项，双击"添加新块"选项，弹出"添加新块"对话框。单击"数据块"按钮，添加一个全局数据块"数据块_1[DB1]"，创建如图 4-30 所示的变量。水泵压力传感器的测量值为 0～10kPa，故水泵压力上限设为 10 000，下限为 0；油泵压力传感器的测量值为 0～1 000Pa，故油泵压力上限设为 1 000，下限为 0。

		名称	数据类型	起始值	保持	从 HMI/OPC...	从 H...	在 HMI ...
1		▼ Static						
2		水泵压力上限	Int	10000	☐	☑	☑	☑
3		水泵压力下限	Int	0	☐	☑	☑	☑
4		水泵压力	Int	0	☐	☑	☑	☑
5		油泵压力上限	Int	1000	☐	☑	☑	☑
6		油泵压力下限	Int	0	☐	☑	☑	☑
7		油泵压力	Int	0	☐	☑	☑	☑

数据块_1

图4-30　压力测量的数据块DB1

（3）编写主程序。

① 打开主程序 OB1，将"程序块"下的"压力测量"函数块 FB1 拖曳到程序区中，在弹出的"调用选项"对话框中，修改背景数据块的名称为"水泵 DB"，单击"确定"按钮，自动生成了 FB1 的背景数据块 DB2。使用同样的方法生成一个对油泵控制的函数块的调用，FB1 在 OB1 中的调用如图 4-31 所示。

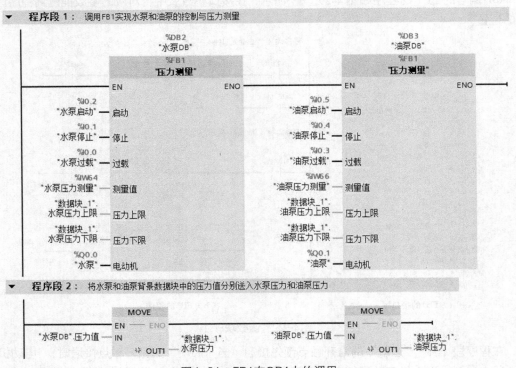

图4-31　FB1在OB1中的调用

② 添加一个变量表并按照图 4-32 创建变量，分别选中变量表和数据块 DB1，在详细视图中将对应的变量拖曳到函数块 FB1 对应的位置。

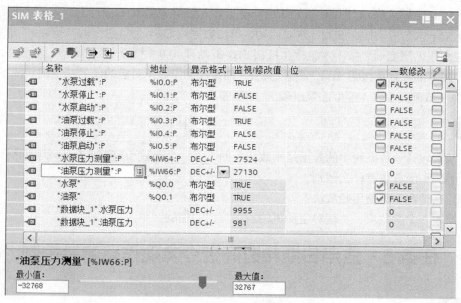

图4-32 水泵和油泵控制仿真

③ 在程序段 2 中分别将水泵和油泵背景数据块中的"压力值"送入水泵压力和油泵压力。

二、仿真运行

（1）在项目树下的项目"4-4 应用函数块实现水泵和油泵控制"上单击鼠标右键，选择"属性"→"保护"选项，选择"块编译时支持仿真"选项，选择项目树下的站点"PLC_1"，再单击工具栏中的"编译"按钮，进行编译。编译后，巡视窗口中应显示没有错误。

（2）单击工具栏中的"开始仿真"按钮，打开仿真器，单击"新建"按钮，新建一个仿真项目"4-4 应用函数块实现水泵和油泵控制仿真"。在进入的"下载预览"界面中单击"装载"按钮，将 PLC_1 站点下载到仿真器中。

（3）在仿真界面中，双击"SIM 表格"下的"SIM 表格_1"选项，打开"SIM 表格_1"，单击工具栏中的 按钮，将项目中所有的变量都添加到表格中，将不需要的变量删除，只保留如图 4-32 所示的变量。单击仿真器工具栏中的"启动 CPU"按钮，使 PLC 运行。

（4）勾选"水泵过载"复选框，单击"水泵启动"对应的按钮，"水泵"为 TRUE，水泵启动。选中"水泵压力测量"，拖动下面的滑动块，改变其大小，"水泵压力"的值发生相应变化。当单击"水泵停止"对应的按钮或取消勾选"水泵过载"复选框时，"水泵"为 FALSE，水泵停止。

（5）勾选"油泵过载"复选框，单击"油泵启动"对应的按钮，"油泵"为 TRUE，油泵启动。选中"油泵压力测量"，拖动下面的滑动块，改变其大小，"油泵压力"的值发生相应变化。当单击"油泵停止"对应的按钮或取消勾选"油泵过载"复选框时，"油泵"为 FALSE，油泵停止。

三、运行操作步骤

（1）按照图 4-28 连接控制电路。

（2）在项目树下选择站点"PLC_1"，再单击工具栏中的"下载到设备"按钮，将该站点下载到 PLC 中。单击工具栏中的"启动 CPU"按钮，使 PLC 处于运行状态。

（3）PLC 上输入指示灯 I0.0 和 I0.3 应点亮，表示热继电器 KH1 和 KH2 常闭触点接通。

（4）按下水泵启动按钮 SB2，水泵启动，单击数据块 DB1 工具栏中的 按钮，"水泵压力"显示对应的压力测量值；按下水泵停止按钮 SB1 或断开 I0.0（模拟水泵过载），水泵停止。

（5）按下油泵启动按钮 SB4，油泵启动，"油泵压力"显示对应的压力测量值；按下油泵停止按钮 SB3 或断开 I0.3（模拟油泵过载），油泵停止。

练习题

1．函数块背景数据块中的数据是函数块中的_____参数和数据（Temp 类型除外）。

2．函数和函数块有什么区别？

3．什么情况下应使用函数块？

4．编写一个函数块，实现对电动机的点动与自锁控制。

●●● 任务 5　应用日期和时间指令实现作息响铃控制　●●●

任务引入

设某单位作息响铃时间分别为 8:00、11:50、14:20、18:30，周六、周日不响铃，响铃时间为 1min。Q0.0 作为响铃输出，I0.0 接入按钮，用于修改日期和时间。

相关知识

一、日期和时间的数据类型

日期和时间的数据类型有 Time（32 位）、Time_Of_Day（32 位）、Date（16 位）和 DTL（12 字节）。DTL（日期和时间）结构的组件见表 4-5，可以在全局数据块或块的接口区中定义 DTL 变量。

表 4-5　DTL 结构的组件

组件	字节	字节数	数据类型	取值范围	组件	字节	字节数	数据类型	取值范围
YEAR（年）	0	2	UInt	1 970～2 262	MINUTE（分）	6	1	USInt	0～59
	1				SECOND（秒）	7	1	USInt	0～59
MONTH（月）	2	1	USInt	1～12	NANOSECOND（纳秒）	8	4	UDInt	0～999 999 999
DAY（日）	3	1	USInt	1～31		9			
WEEKDAY（星期）	4	1	USInt	1～7（星期日～星期六）		10			
HOUR（小时）	5	1	USInt	0～23		11			

二、转换时间并提取指令和时钟指令

1. 转换时间并提取指令

打开程序编辑器，选择"指令"→"扩展指令"→"日期和时间"选项，可以查看日期和时间指令。转换时间并提取指令 T_CONV 用于整数和日期时间数据类型之间的转换，将 IN 输入参数的数据类型转换为 OUT 上输出的数据类型，从输入和输出的指令框中可以选择转换的数据格式。

2. 时钟指令

系统时间是世界标准时间，本地时间是根据当地时区设置的本地标准时间。若不使用夏令时，则我国的本地时间（北京时间）比系统时间快 8h。

读取时间指令 RD_SYS_T 用于读取 CPU 时钟的当前系统日期和时间；设置时间指令 WR_SYS_T 用于设置 CPU 时钟的系统日期和时间；读取本地时间指令 RD_LOC_T 用于从 CPU 时钟读取当前本地时间；写入本地时间指令 WR_LOC_T 用于设置 CPU 时钟的本地日期和时间。

T_CONV 指令和时钟指令的应用如图 4-33 所示。

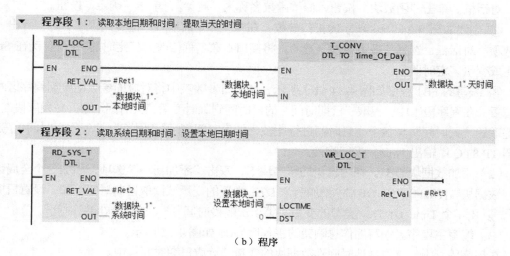

（b）程序

图4-33 T_CONV指令和时钟指令的应用

（1）新建一个项目并添加 CPU，添加一个数据块 DB1，创建变量，如图 4-33（a）所示。

（2）选择"指令"→"扩展指令"→"日期和时间"选项，将对应指令拖曳到如图 4-33（b）所示的程序中。

（3）选中数据块 DB1，在详细视图中将变量拖曳到对应位置。

（4）在项目树下的项目上单击鼠标右键，选择"属性"→"保护"选项，选择"块编译时支持仿真"选项。

（5）选择项目树下的"PLC_1"选项，单击工具栏中的"下载到设备"按钮，将该站点下载到 PLC 或仿真器中。

（6）在数据块 DB1 中，单击数据块工具栏中的"监视"按钮，双击图 4-33（a）中的变量"设置本地时间"的监视值，将其修改为本地的日期和时间，可以监视到，"天时间"为提取的当天的时间，"本地时间"比"系统时间"快 8h。

任务实施

一、硬件组态与软件编程

应用日期和时间指令实现作息响铃控制

1. 硬件组态

（1）打开博途软件，新建一个项目"4-5 应用日期和时间指令实现作息响铃控制"。

（2）双击项目树下的"添加新设备"选项，添加"CPU1214C AC/DC/Rly"，选择版本号为 V4.2，生成一个站点"PLC_1"。

（3）在巡视窗口中选择"属性"→"常规"→"时间"选项，选择本地时间为北京时间，不使用夏令时。

2. 软件编程

（1）添加函数块"响铃"。

① 在项目树下选择"PLC_1"→"程序块"选项，双击"添加新块"选项，弹出"添加新块"对话框。单击"函数块"按钮，修改函数名称为"响铃"，单击"确定"按钮。

② 创建如图 4-34（a）所示的接口参数。在将脉冲定时器 TP 拖曳到程序中时，弹出"调用选项"对话框，选择"多重实例"选项，将接口参数名称修改为"定时器"，可自动在 Static 下生成变量"定时器"。

③ 编写的 FB1 程序如图 4-34（b）所示，在接口参数表中将对应的参数拖曳到程序区对应的位置。在程序段 1 中，提取"日期时间"的日时间到临时变量"天时间"中。在程序段 2 中，将提取的"天时间"与各个作息时间进行比较，如果时间到（"天时间"等于作息时间），则定时器 TP 的 Q 端输出 1min，进行响铃。

（2）添加数据块 DB1。在项目树的程序块下，双击"添加新块"选项，添加一个全局数据块"数据块_1[DB1]"。在 DB1 中添加两个 DTL 类型的变量"读取日期时间"和"设置日期时间"，以及 4 个 Time_Of_Day 类型的变量"第 1 次响铃时间"～"第 4 次响铃时间"。

（3）编写主程序。编写的作息响铃的主程序 OB1 如图 4-35 所示。

在程序段 1 中，读取本地时间到数据块的变量"读取日期时间"中。

在程序段 2 中，判断星期是否在 2~6（即星期一～星期五）之间，如果在 2~6 之间，则调用函数块"响铃"按作息时间响铃。

在程序段 3 中，为了调试方便，增加了设置日期时间程序。

（4）初始化响铃时间。添加一个初始化组织块 OB100 用于开机时预设响铃时间，如图 4-36 所示，将响铃时间分别送入数据块中的变量"第 1 次响铃时间"～"第 4 次响铃时间"。

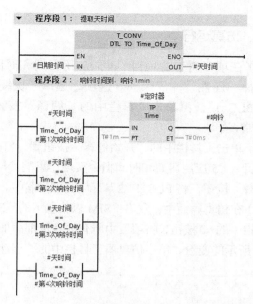

（a）接口参数 　　　　　　　　　　　　　　　　　　（b）FB1程序

图4-34 "响铃"函数块FB1

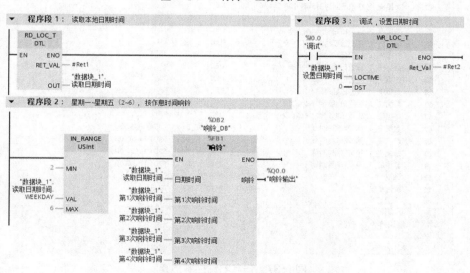

图4-35 编写的作息响铃的主程序OB1

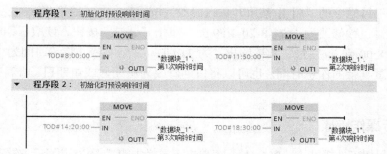

图4-36 初始化组织块OB100

二、仿真运行

（1）在项目树下的项目"4-5 应用日期和时间指令实现作息响铃控制"上单击鼠标右键，选择"属性"→"保护"选项，选择"块编译时支持仿真" 选项，选择项目树下的站点"PLC_1"，再单击工具栏中的"编译"按钮 进行编译。编译后，巡视窗口中应显示没有错误。

（2）单击工具栏中的"开始仿真"按钮 ，打开仿真器，单击"新建"按钮 ，新建一个仿真项目"4-5 应用日期和时间指令实现作息响铃控制仿真"。在进入的"下载预览"界面中单击"装载"按钮，将 PLC_1 站点下载到仿真器中。

（3）在仿真界面中，双击"SIM 表格"下的"SIM 表格_1"选项，打开"SIM 表格_1"，单击工具栏中的 按钮，将项目中所有的变量都添加到表格中，将不需要的变量删除，只保留如图 4-37 所示的变量。单击仿真器工具栏中的"启动 CPU"按钮 ，使 PLC 运行。

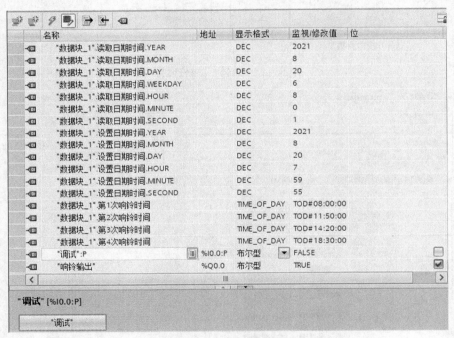

图4-37 作息响铃控制仿真

（4）单击工具栏中的"启用/禁用非输入修改"按钮 ，在"监视/修改值"列将年、月、日、小时、分钟、秒修改为 2021-8-20-7:59:55，单击"调试"按钮，读取日期时间即可被修改。经过 5s（8:00 到），变量"响铃输出"为 TRUE，开始响铃，响铃时间为 1min。按照同样的方法，调试其余的作息时间。也可以将日期修改为星期六或星期日，查看在这些作息时间是否响铃。

三、运行操作步骤

（1）在项目树下选择站点"PLC_1"，再单击工具栏中的"下载到设备"按钮 ，将该站点下载到 PLC 中。单击工具栏中的"启动 CPU"按钮，使 PLC 处于运行状态。

（2）在数据块 DB1 中，单击数据块工具栏中的"监视"按钮，双击变量"设置日期时间"的监视值，修改日期和时间，按下调试按钮 I0.0 进行设置。

（3）作息时间到，Q0.0 输出 1min 响铃。

练习题

1．系统时间和本地时间分别是什么时间？如何设置本地时间的时区？

2．编写程序，读取本地时间并将其保存到全局数据块 DB1 的 DTL 变量"本地时间"中。

• • • 任务6 应用 PTO 输出脉冲 • • •

任务引入

在步进控制或伺服控制中，经常需要 PLC 输出一定的脉冲数以实现定位控制。本任务使用脉冲串输出（Pulse-Train Output，PTO）一定频率的脉冲，控制要求如下。

（1）当按下按钮 SB1 时，Q0.0 输出 10 000Hz 的脉冲。

（2）当按下按钮 SB2 时，Q0.0 无脉冲输出。

（3）当按下按钮 SB3 时，Q0.0 输出脉冲的频率变为 20 000Hz。

根据控制要求设计的控制电路如图 4-38 所示，PTO 的脉冲为高频脉冲，PLC 一定要选择晶体管输出类型。因为 S7-1200 晶体管输出类型为 PNP，所以使用示波器监视输出脉冲时，需要在脉冲输出端加上 2kΩ 以上的下拉电阻。

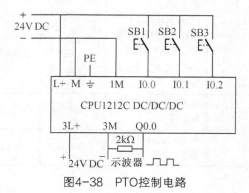

图4-38 PTO控制电路

相关知识

一、PTO的输出端子

在一个周期中，脉冲宽度（高电平的宽度）与脉冲周期之比称为占空比，PTO 的功能是提供占空比为 50% 的方波脉冲列输出。每个 S7-1200 CPU 都有 4 个用于产生 PTO 脉冲的发生器，可以通过晶体管输出（DC 输出）类型的 CPU 集成的 Q0.0～Q0.7 输出 PTO 脉冲，也可以通过晶体管输出的信号板 SB 输出 PTO 脉冲。PTO 的默认输出端子见表 4-6。

表 4-6　PTO 的默认输出端子

PTO 的默认 输出端子	类型	脉冲	方向	最大频率/kHz
PTO1	集成输出	Q0.0	Q0.1	100
	SB 输出	Q4.0	Q4.1	200
PTO2	集成输出	Q0.2	Q0.3	100
	SB 输出	Q4.2	Q4.3	200
PTO3	集成输出	Q0.4	Q0.5	20
	SB 输出	Q4.0	Q4.1	200
PTO4	集成输出	Q0.6	Q0.7	20
	SB 输出	Q4.2	Q4.3	200

二、CTRL_PTO指令

在程序编辑器中，选择"指令"→"扩展指令"→"脉冲"选项，将以预定频率输出一个脉冲序列指令 CTRL_PTO 拖曳到程序区中，其梯形图如图 4-39 所示，其参数见表 4-7。

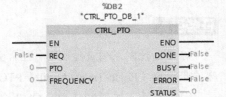

图4-39　CTRL_PTO指令的梯形图

表 4-7　CTRL_PTO 指令的参数

参数	声明	数据类型	说明	参数	声明	数据 类型	说明
REQ	Input	Bool	REQ=1 时,输出频率设置为 FREQUENCY, FREQUENCY=0 时, 无脉冲输出; REQ=0 时,输出无变化	DONE	Output	Bool	DONE=1 时,表示成功完成
				BUSY	Output	Bool	处理状态
PTO	Input	HW_PTO	脉冲发生器的硬件标识符	ERROR	Output	Bool	ERROR=1 时,表示发生错误
FREQUENCY	Input	UDInt	待输出的脉冲序列频率，单位为 Hz	STATUS	Output	Word	错误代码

任务实施

一、硬件组态与软件编程

1. 硬件组态

（1）打开博途软件，新建一个项目"4-6 应用 PTO 输出脉冲"。

（2）双击项目树下的"添加新设备"选项，添加 "CPU1212C DC/DC/DC"，选择版本号为 V4.4，生成一个站点"PLC_1"。

（3）在设备视图中选择 PLC，在巡视窗口中选择"属性"→"常规"→"脉冲发生器

应用 PTO 输出脉冲

（PTO/PWM）"→"PTO1/PWM1"→"常规"选项，勾选"启用该脉冲发生器"复选框。

（4）选择"参数分配"选项，单击脉冲信号类型的▼按钮，如图4-40所示，在下拉列表中选择"PTO（脉冲 A 和方向 B）"选项。

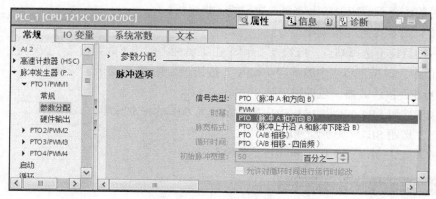

图4-40　PTO参数分配

（5）选择"硬件输出"选项，设定脉冲输出为 Q0.0，取消勾选"启用方向输出"复选框。

2. 软件编程

PTO 输出脉冲控制程序如图 4-41 所示。

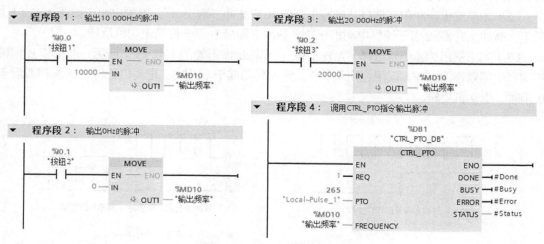

图4-41　PTO输出脉冲控制程序

（1）CTRL_PTO 指令的编写。在程序编辑器中，选择"指令"→"扩展指令"→"脉冲"选项，将 CTRL_PTO 指令拖曳到程序区的程序段 4 中，在弹出的"调用选项"对话框中单击"确定"按钮，生成该指令的背景数据块 DB1。选中默认变量表，在详细视图中将"Local～Pulse_1"拖曳到 PTO 的输入中。

（2）控制程序原理。在程序段 1 中，当 I0.0 接通时，将 10 000 送入"输出频率" MD10。

在程序段 2 中，当 I0.1 接通时，将 0 送入"输出频率"MD10。

在程序段 3 中，当 I0.2 接通时，将 20 000 送入"输出频率"MD10。

在程序段 4 中，REQ 为"1"，表示 PTO1（即 Local～Pulse_1）以 MD10 中的频率输出

脉冲。

二、运行操作步骤

本任务的仿真不能查看输出效果，故只能实物运行。

（1）按照图 4-38 连接控制电路。

（2）在项目树下选择站点"PLC_1"，再单击工具栏中的"下载到设备"按钮，将该站点下载到 PLC 中。单击工具栏中的"启动 CPU"按钮，使 PLC 处于运行状态。

（3）Q0.0 连接示波器，监视输出脉冲。

（4）按下按钮 SB1，输出 10 000Hz 的占空比为 50% 的标准脉冲。

（5）按下按钮 SB2，无脉冲输出。

（6）按下按钮 SB3，输出 20 000Hz 的标准脉冲。

扩展知识——PTO 输出信号类型

PTO 输出信号有 4 种，分别为"脉冲 A 和方向 B""脉冲上升沿 A 和脉冲下降沿 B""A/B 相移"和"A/B 相移-四倍频"，可以用 PTO 输出脉冲控制步进电动机或伺服电动机。

（1）如果输出脉冲信号选择"脉冲 A 和方向 B"，则输出脉冲波形如图 4-42（a）所示，脉冲 A 为控制脉冲，方向 B 为方向控制。当脉冲 A 有脉冲输出时，方向 B 为高电平，电动机正转；当方向 B 为低电平时，电动机反转。

（2）如果输出脉冲信号选择"脉冲上升沿 A 和脉冲下降沿 B"，则输出波形如图 4-42（b）所示，脉冲上升沿 A 用于控制电动机正转，脉冲下降沿 B 用于控制电动机反转。

（3）如果输出脉冲信号选择"A/B 相移"，则输出波形如图 4-42（c）所示，A 相和 B 相输出均产生同频率的脉冲，但相位相差 90°。当 A 相超前于 B 相时，电动机正转；当 A 相滞后于 B 相时，电动机反转。

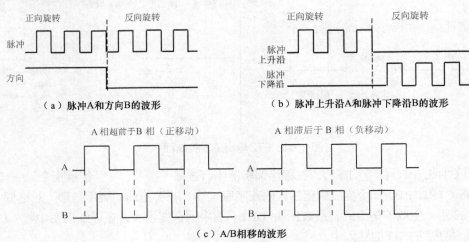

图4-42　PTO输出脉冲波形

（4）如果输出脉冲信号选择"A/B 相移-四倍频"，则其与"A/B 相移"的控制相似，只是控制精度为 A/B 相移的 4 倍。

1. 什么是 PTO？

2. 对于 CPU1212C 晶体管输出类型的集成输出端子，其 PTO 输出最大频率为_____，晶体管输出类型的信号板的最大输出频率为_____。

••• 任务 7 应用 PWM 输出脉冲 •••

任务引入

脉冲宽度调制（Pulse Width Modulation，PWM）的应用比较广泛，如调节直流电动机的速度、调节灯光的明暗等。本任务使用 PWM 输出脉冲宽度和脉冲周期可调的脉冲，控制要求如下。

（1）当按下按钮 SB1 时，从 Q0.0 输出的脉冲占空比增加 5%。

（2）当按下按钮 SB2 时，从 Q0.0 输出的脉冲周期增加 50μs。

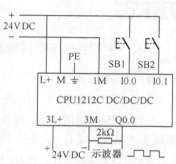

图4-43 PWM输出脉冲控制电路

根据控制要求设计的控制电路如图 4-43 所示，因为 S7-1200 晶体管输出类型为 PNP，所以使用示波器监视输出脉冲时，需要在脉冲输出端加上 2kΩ 以上的下拉电阻。

相关知识

一、PWM输出端子

PWM 的功能是提供占空比可调的脉冲列输出。每个 S7-1200 CPU 都有 4 个用于产生 PWM 脉冲的发生器，可以通过晶体管输出类型的 CPU 集成的 Q0.0～Q0.7 输出 PWM 脉冲，也可以通过晶体管输出的信号板的 Q4.0～Q4.3 输出 PWM 脉冲。PWM 的默认输出端子见表 4-8。

表 4-8 PWM 的默认输出端子

PWM 的默认输出端子	类型	脉冲	最小周期/μs
PWM1	集成输出	Q0.0	10
	SB 输出	Q4.0	5
PWM2	集成输出	Q0.2	10
	SB 输出	Q4.2	5
PWM3	集成输出	Q0.4	50
	SB 输出	Q4.1	5
PWM4	集成输出	Q0.6	50
	SB 输出	Q4.3	5

二、CTRL_PWM指令

在程序编辑器中，选择"指令"→"扩展指令"→"脉冲"选项，将脉冲宽度调制指令 CTRL_PWM 拖曳到程序区中，其梯形图如图 4-44 所示。

CTRL_PWM 指令的输入参数 PWM 为脉冲发生器的硬件标识符，可选择在设备视图中组态的 PWM；输入参数 ENABLE 为使能脉冲输出，当 ENABLE 为"1"时，允许脉冲输出，当 ENABLE 为"0"时，禁止脉冲输出。

图4-44　CTRL_PWM指令的梯形图

任务实施

一、硬件组态与软件编程

1. 硬件组态

（1）打开博途软件，新建一个项目"4-7 应用 PWM 输出脉冲"。

（2）双击项目树下的"添加新设备"选项，添加 "CPU1212C DC/DC/DC"，选择版本号为 V4.4，生成一个站点"PLC_1"。

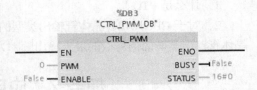

应用 PWM 输出脉冲

（3）在设备视图中选择 PLC，在巡视窗口中选择"属性"→"常规"→"脉冲发生器（PTO/PWM）"→"PTO1/PWM1"→"常规"选项，勾选"启用该脉冲发生器"复选框。

（4）选择"参数分配"选项，单击脉冲信号类型的 ▼ 按钮，在下拉列表中选择"PWM"选项，如图 4-45 所示，时基（时间基准）选择"微秒"，脉宽格式选择"百分之一"，循环时间设置为 100μs，初始脉冲宽度设置为 50%，即脉冲周期为 100μs、脉冲宽度为 50μs（100μs 的 50%）。

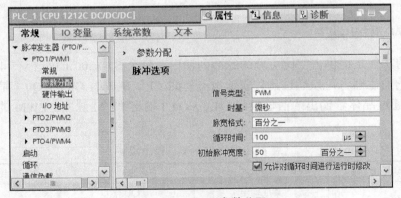

图4-45　PWM参数分配

勾选"允许对循环时间进行运行时修改"复选框，在运行时可以修改周期和脉冲宽度。CPU 将分配 6 字节 QB1008～QB1013 供其使用，使用前 2 字节 QW1008 修改脉冲宽度，使用后 4 字节 QD1010 修改周期。

（5）选择"硬件输出"选项，设置脉冲输出地址为 Q0.0。

（6）选择"I/O 地址"选项，显示 PWM 的起始地址为 1008、结束地址为 1013（即 QB1008～QB1013）。

2. 软件编程

PWM 输出脉冲控制程序如图 4-46 所示。

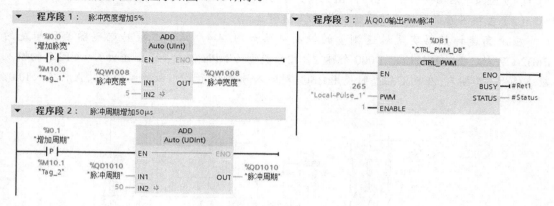

图4-46 PWM输出脉冲控制程序

（1）CTRL_PWM 指令的编写。选择"指令"→"扩展指令"→"脉冲"选项，将 CTRL_PWM 指令拖曳到程序区的程序段 3 中，在弹出的"调用选项"对话框中单击"确定"按钮，生成该指令的背景数据块 DB1。选中默认变量表，在详细视图中将"Local～Pulse_1"拖曳到 PWM 的输入中。

（2）控制程序原理。在程序段 1 中，在 I0.0 的上升沿，脉冲宽度的占空比 QW1008 增加 5‰。

在程序段 2 中，在 I0.1 的上升沿，脉冲周期 QD1010 增加 50μs。

在程序段 3 中，从 Q0.0（PWM1）输出指定周期和占空比的 PWM 脉冲。

二、运行操作步骤

本任务不能仿真，只能实物运行。

（1）按照图 4-43 连接控制电路。

（2）在项目树下选择站点"PLC_1"，再单击工具栏中的"下载到设备"按钮，将该站点下载到 PLC 中。单击工具栏中的"启动 CPU"按钮，使 PLC 处于运行状态。

（3）Q0.0 连接示波器，监视输出脉冲。

（4）按下按钮 SB1，示波器上脉冲宽度增加 5‰。

（5）按下按钮 SB2，示波器上脉冲周期增加 50μs。

练习题

1. 什么是 PWM？

2. 对于 CPU1212C 晶体管输出类型的集成输出端子，其 PWM 输出最小周期为_____，晶体管输出类型的信号板的最小周期为_____。

••• 任务 8 应用高速计数器实现转速测量 •••

任务引入

在与电动机同轴的测量轴安装一个增量型旋转编码器，该编码器每转输出 1 000 个 A/B 相

147

正交脉冲，控制要求如下。

（1）当按下启动按钮时，电动机 M 启动，对电动机转速进行测量，测量转速保存到 MD100 中。

（2）当按下停止按钮或过载时，电动机 M 停止。

应用高速计数器实现转速测量的控制电路如图 4-47 所示。旋转编码器为欧姆龙的 E6B2-CWZ6C 型，每转输出 1 000 个脉冲，输出类型为 NPN 输出（漏型输出），故 PLC 的输入应连接为源型输入。在 PLC 组态时使用 HSC1 对输入脉冲进行计数，故将编码器的 A 相接入 I0.0。

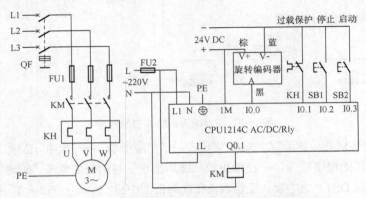

图4-47　应用高速计数器实现转速测量的控制电路

相关知识

一、高速计数器的工作模式与端子

高速计数器共有 4 种基本工作模式，分别为具有内部方向控制的单相高速计数器、具有外部方向控制的单相高速计数器、具有两路时钟输入的双相高速计数器和 A/B 相正交计数器，可以实现计数、频率测量、周期测量和运动控制等功能。

S7-1200 CPU 的高速计数器最多有 6 个，分别为 HSC1～HSC6，都可以用于单相计数、双相计数或 A/B 相正交计数。每个高速计数器工作于某种模式时，其对应的输入点是固定的，并且输入脉冲的频率不能超过最大输入频率。高速计数器的工作模式、对应 CPU 端子及最高频率见表 4-9。

高速计数器使用 CPU 输入端子时，最高频率可达 100kHz（CPU1217 采用双线差动输入，最高频率可达 1MHz）。当需要更高频率时，可以使用信号板进行扩展，信号板的最高频率可达 200kHz。

表 4-9　高速计数器的工作模式、对应 CPU 端子及最高频率

高速计数器的工作模式		数字量输入字节 0（默认 I0.x）								数字量输入字节 1（默认 I1.x）						最高频率/kHz
		0	1	2	3	4	5	6	7	0	1	2	3	4	5	
HSC1	单	C	[D]		[R]											100
	双	CU	CD		[R]											100
	A/B	A	B		[R]											80
HSC2	单		[R]	C	[D]											100
	双		[R]	CU	CD											100
	A/B		[R]	A	B											80

续表

高速计数器的工作模式		数字量输入字节 0（默认 I0.x）								数字量输入字节 1（默认 I1.x）						最高频率/kHz
		0	1	2	3	4	5	6	7	0	1	2	3	4	5	
HSC3	单					C	[D]		[R]							100
	双					CU	CD		[R]							100
	A/B					A	B		[R]							80
HSC4	单						[R]	C	[D]							30
	双						[R]	CU	CD							30
	A/B						[R]	A	B							20
HSC5	单									C	[D]	[R]				30
	双									CU	CD	[R]				30
	A/B									A	B	[R]				20
HSC6	单											C	[D]	[R]		30
	双											CU	CD	[R]		30
	A/B											A	B	[R]		20

注：①单（单相）——C 为时钟输入，[D]为方向输入（可选）；②双（双相）——CU 为加时钟输入，CD 为减时钟输入；③A/B（A/B 相正交）——A 为时钟 A 输入，B 为时钟 B 输入；④[R]为外部复位输入（可选，仅适用于"计数"模式）。

二、高速计数器的功能

1. 计数

HSC 可对输入脉冲根据方向控制的状态进行递增或递减计数。外部 I/O 可在指定事件上重置计数、取消计数、启动当前值捕获等。

2. 测量频率

某些 HSC 模式可以选用 3 种频率测量的周期（1.0s、0.1s 和 0.01s）来测量频率。频率测量周期决定了多长时间计算和报告一次新的频率值。根据测量输入脉冲和持续时间可计算出脉冲的频率，得到的频率是一个有符号的双精度整数，单位为 Hz。

3. 测量周期

使用扩展高速计数器指令 CTRL_HSC_EXT，可以按指定的时间周期（10ms、100ms 或 1000ms），使用硬件中断的方式测量出被测信号的脉冲次数和精确到纳秒的持续时间，从而计算出被测信号的周期。

4. 运动控制

HSC 可用于运动控制计数对象，不适用于 HSC 指令。

三、单相高速计数器

单相高速计数器用于对一相脉冲进行计数，其时序图如图 4-48 所示，开机时装载计数器当前值为 0，参考值为 4，计数方向设置为加计数，启用高速计数器。当时钟脉冲输入时进行加计数，计数到 4 时，产生参考值等于当前值（RV=CV）中断，继续增加到 5；当方向控制为减计数时，下一个脉冲减到 4，产生当前值等于参考值中断和计数方向改变中断时，输入脉冲继续减少。

当前值装载到0，参考值装载到4，计数方向设置为加计数
计数器位设置为启用
RV＝CV产生中断
RV＝CV产生中断且
计数方向改变产生中断

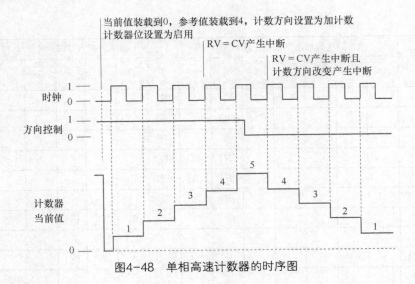

图4-48　单相高速计数器的时序图

任务实施

一、硬件组态与软件编程

应用高速计数器
实现转速测量

1. 硬件组态

（1）打开博途软件，新建一个项目"4-8 应用高速计数器实现转速测量"。

（2）双击项目树下的"添加新设备"选项，添加"CPU1214C AC/DC/Rly"，选择版本号为 V4.2，生成一个站点"PLC_1"。

（3）在巡视窗口中选择"属性"→"常规"→"高速计数器（HSC）"→"HSC1"→"常规"选项，勾选"启用该高速计数器"复选框。

（4）选择"功能"选项，如图 4-49 所示，设置计数类型为"频率"、工作模式为"单相"、计数方向取决于"用户程序（内部方向控制）"、初始计数方向为"加计数"、频率测量周期为1.0sec（即 1s）。

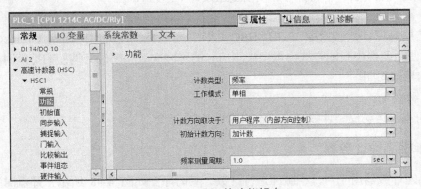

图4-49　HSC1的功能组态

（5）选择"硬件输入"选项，显示时钟发生器输入地址为 I0.0。

（6）选择"DI14/DQ10"→"数字量输入"选项，选择"通道 0"（即 I0.0）选项，选择输入滤波器为"10 microsec"（10μs）。

（7）在巡视窗口中选择"属性"→"常规"→"地址总览"选项，显示 HSC1 的地址为 1000～1003（即 ID1000）。

2. 软件编程

根据控制要求编写的转速测量控制程序 OB1 如图 4-50 所示。

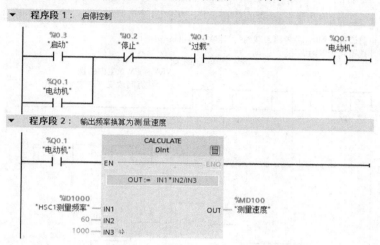

图4-50　转速测量控制程序OB1

（1）I0.1 外接热继电器的常闭触点，上电时，I0.1 有输入，程序段 1 中的 I0.1 常开触点预先接通，为启动做准备。

（2）在程序段 1 中，当按下启动按钮 SB2 时，I0.3 常开触点接通，Q0.1 线圈通电自锁，电动机启动运行。当按下停止按钮 SB1 或发生过载（I0.1 没有输入）时，电动机停止。

（3）在程序段 2 中，当电动机运行时（Q0.1 常开触点接通），将 HSC1 所测的频率（ID1000）先乘以 60，换算为每分钟所测的脉冲数，再除以 1 000（编码器每转输出的脉冲数），换算为测量速度，单位为 r/min。

二、运行操作步骤

本任务不能仿真，只能通过实物运行。

（1）按照图 4-47 连接控制电路。

（2）在项目树下选择站点"PLC_1"，再单击工具栏中的"下载到设备"按钮 ，将该站点下载到 PLC 中。单击工具栏中的"启动 CPU"按钮 ，使 PLC 处于运行状态。

（3）PLC 上输入指示灯 I0.1 应点亮，表示热继电器常闭触点接通。

（4）按下启动按钮 SB2，电动机启动，利用监控表或 OB1 中的"启用/禁用监视"按钮 ，监视 MD100 的转速测量值。

（5）按下停止按钮 SB1 或断开 I0.1（模拟过载），电动机停止。

扩展知识

一、双相高速计数器

双相高速计数器为带有两相计数时钟输入的计数器，其中一相时钟为加计数时钟，另一相为减计数时钟。加计数时钟输入端有 1 个脉冲时，计数器当前值加 1；减时钟输入端有 1 个脉冲时，计数器当前值减 1，其时序图如图 4-51 所示。开机时，装载计数器当前值为 0，装载参考值为 4，计数方向设置为加计数，启用高速计数器。当加计数时钟输入时进行加计数，计数到 4 时，产生参考值等于当前值（RV=CV）中断，继续增加到 5；当减计数时钟输入时进行减计数，下一个脉冲减到 4，产生当前值等于参考值中断和计数方向改变中断时，输入脉冲继续减少。

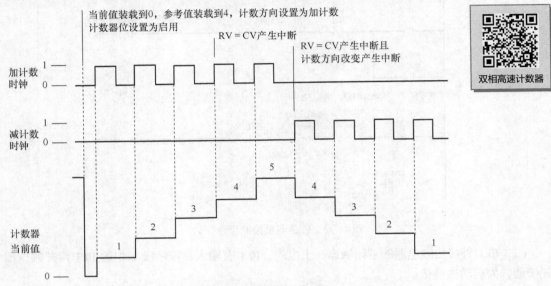

图4-51　双相高速计数器的时序图

1. 双相高速计数器的接线

以 HSC2 为例组态双相高速计数器，采用默认的地址 I0.2 为 HSC2 的加计数输入端，I0.3 为 HSC2 的减计数输入端，I0.1 是复位端，其接线如图 4-52 所示。

2. 双相高速计数器的组态

（1）新建一个项目，添加新设备 CPU1214C。

（2）在设备视图中，在巡视窗口中选择"属性"→"常规"→"高速计数器（HSC）"→"HSC2"→"常规"选项，勾选"启用该高速计数器"复选框。

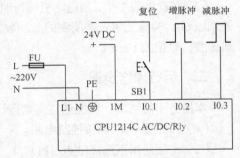

图4-52　双相高速计数器的接线

（3）选择"功能"选项，设置计数类型为"计数"，工作模式为"两相位"、初始计数方向为"加计数"。

（4）选择"同步输入"选项，勾选"使用外部同步输入"复选框，默认的信号电平为"高电平有效"。

（5）选择"硬件输入"选项，显示时钟发生器加计数输入地址为 I0.2，时钟发生器减计数输入地址为 I0.3，同步（复位）输入地址为 I0.1。

（6）选择"DI14/DQ10"→"数字量输入"选项，选择"通道 2"（I0.2）和"通道 3"（I0.3）选项，设置输入滤波器为"10 microsec"（10μs）。

（7）在巡视窗口中选择"属性"→"常规"→"地址总览"选项，显示 HSC2 的地址为 1004～1007（即 ID1004）。

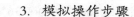
3. 模拟操作步骤

（1）按照图 4-52 连接控制电路。

（2）在项目树下选择站点"PLC_1"，再单击工具栏中的"下载到设备"按钮📥，将该站点下载到 PLC 中。单击工具栏中的"启动 CPU"按钮▶，使 PLC 处于运行状态。

（3）在项目树下选择"监控与强制表"选项，双击"添加新监控表"选项，添加 "监控表_1"。在该监控表中添加双相高速计数器 HSC2 的绝对地址 ID1004，单击监控表工具栏中的"全部监视"按钮，如图 4-53 所示。

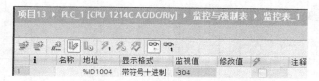

图4-53 双相高速计数器状态监控

（4）当在 I0.2 输入脉冲时，ID1004 中的值在增加，HSC2 进行加计数。

（5）当在 I0.3 输入脉冲时，ID1004 中的值在减少，HSC2 进行减计数。

（6）当按下复位按钮 SB1 即 I0.1 为"1"时，ID1004 中的值变为 0，表明 HSC2 已经复位。

二、A/B 相正交计数器

1. A/B 相高速计数器

A/B 相高速计数器具有两相时钟输入端，分别为 A 相时钟和 B 相时钟，两个时钟的相位角相差 90°（正交）。利用两个输入脉冲相位的比较确定计数的方向，当 A 相时钟的上升沿超前于 B 相时钟的上升沿时为加计数，滞后时则为减计数。其时序图如图 4-54 所示。开机时，装载计数器当前值为 0，装载预设值为 3，计数方向设置为加计数，启用高速计数器。当 A 相时钟超前于 B 相时钟时进行加计数，计数到 3 时，产生预设值等于当前值（RV=CV）中断，继续增加到 4；当 A 相时钟滞后于 B 相时钟时进行减计数，下一个脉冲减到 3，产生当前值等于预设值中断和计数方向改变中断。

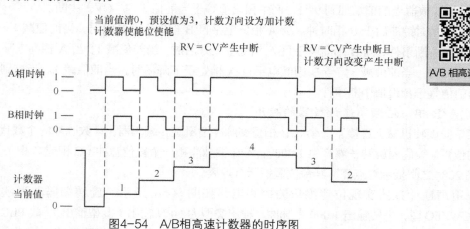

图4-54 A/B相高速计数器的时序图

2. A/B 相四倍频高速计数器

在测量过程中，常使用四倍细分来提高测量精度，将原 A/B 相脉冲一个周期计数为 1 变为一个周期计数为 4。例如，旋转编码器每转输出 1 000 个脉冲，其测量精度为 360°/1 000=0.36°，如果使用四倍细分，则其测量精度为 360°/1 000/4=0.09°。

A/B 相四倍频高速计数器的时序图如图 4-55 所示，开机时，装载计数器当前值为 0，装载预设值为 9，计数方向设置为加计数，启用高速计数器。

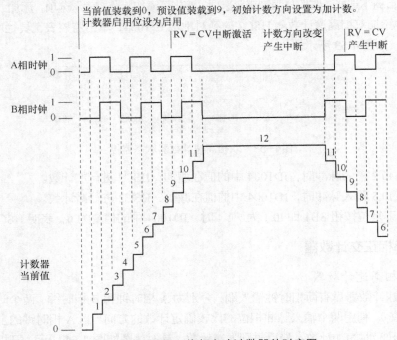

图4-55　A/B相四倍频高速计数器的时序图

（1）A 相时钟超前于 B 相时钟。当 B 相低电平且 A 相处于上升沿时，计数器的当前值加 1；当 A 相高电平且 B 相处于上升沿时，当前值加 1；当 B 相高电平且 A 相处于下降沿时，当前值加 1；当 A 相低电平且 B 相处于下降沿时，当前值加 1。从中可以看到，一个周期计数器当前值加 4。当计数器当前值增加到 9 时，产生预设值等于当前值（RV=CV）中断。

（2）A 相时钟滞后于 B 相时钟。当 A 相低电平且 B 相处于上升沿时，当前值减 1，产生计数方向改变中断事件；当 B 相高电平且 A 相处于上升沿时，当前值减 1；当 A 相高电平且 B 相处于下降沿时，当前值减 1；当 B 相低电平且 A 相处于下降沿时，当前值减 1。当减到 9 时，产生当前值等于预设值中断事件。

3．A/B 相四倍频高速计数器的应用

某单向旋转机械上连接了一个 A/B 相正交脉冲增量旋转编码器，计数脉冲的个数代表了旋转轴的位置。编码器旋转一圈产生 1 000 个 A/B 相脉冲和一个复位脉冲（C 相或 Z 相），要求在 180°到 288°之间指示灯点亮，其余位置指示灯熄灭。

应用高速计数器实现位置测量的控制电路如图 4-56 所示。旋转编码器为欧姆龙的 E6B2-CWZ6C 型，每转输出 1 000 个脉冲，输出类型为 NPN 输出（漏型输出），故 PLC 的输入应连接为源型输入。在 PLC 组态时用 HSC1 对输入脉冲进行计数，故将编码器的 A 相接入到 I0.0，B 相接入到 I0.1，Z 相接入到 I0.3。

（1）高速计数器指令。在程序编辑器中，选择"指令"→"工艺"→"计数"选项，将控制高速计数器（扩展）指令 CTRL_HSC_EXT 拖曳到程序区中，其梯形图如图 4-57 所示，它将 HSC_Count（计数）、HSC_Period（周期）或 HSC_Frequency（频率）数据类型作为输入参数，使用系统定义的数据结构（存储在用户自定义的全局背景数据块中）存储计数器数据。

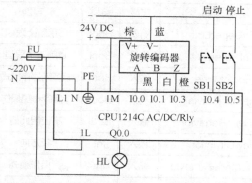

图4-56　应用高速计数器实现位置测量的控制电路

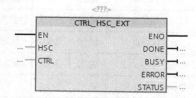

图4-57　控制高速计数器（扩展）指令的梯形图

输入参数 HSC 为标识符，可以选择 Hw_Hsc 数据类型的 Local～HSC_1 到 Local～HSC_6；输入输出参数 CTRL 为系统数据块 SFB，作为输入和返回数据，根据计数要求可以选择 HSC_Count（计数）、HSC_Period（周期）或 HSC_Frequency（频率）数据类型的数据。

使用 CTRL_HSC_EXT 指令时，将该指令拖曳到程序区中，可自动生成一个背景数据块。选中默认变量表，在详细视图中将"Local～HSC_1"拖曳到梯形图的 HSC 中。

创建一个全局数据块"数据块_1"，设置名称为"MyHSC"，在数据类型下添加 HSC_Count、HSC_Period 或 HSC_Frequency 系统数据类型（System Data Type，SDT）之一作为与 HSC 组态的计数类型对应的 SDT。其下拉列表中不包含这些类型，因此应确保准确键入 SDT 的名称。例如，要实现计数功能，将数据类型设置为"HSC_Count"后，生成的结构如图 4-58 所示。

		数据块_1		
		名称	数据类型	起始值
1	▼	Static		
2	▼	MyHSC	HSC_Count	
3		CurrentCount	DInt	0
4		CapturedCount	DInt	0
5		SyncActive	Bool	false
6		DirChange	Bool	false
7		CmpResult_1	Bool	false
8		CmpResult_2	Bool	false
9		OverflowNeg	Bool	false
10		OverflowPos	Bool	false
11		EnHSC	Bool	1
12		EnCapture	Bool	false
13		EnSync	Bool	1
14		EnDir	Bool	1
15		EnCV	Bool	false
16		EnSV	Bool	false
17		EnReference1	Bool	false
18		EnReference2	Bool	false
19		EnUpperLmt	Bool	false
20		EnLowerLmt	Bool	false
21		EnOpMode	Bool	false
22		EnLmtBehavior	Bool	false
23		EnSyncBehavior	Bool	false
24		NewDirection	Int	1
25		NewOpModeBeha...	Int	0
26		NewLimitBehavior	Int	0
27		NewSyncBehavior	Int	0
28		NewCurrentCount	DInt	0
29		NewStartValue	DInt	0
30		NewReference1	DInt	0
31		NewReference2	DInt	0
32		NewUpperLimit	DInt	0
33		New_Lower_Limit	DInt	0

图4-58　生成的结构

HSC_Count 结构中各元素的数据类型及作用见表 4-10。在项目树下选择"数据块_1"选项，在详细视图中将"MyHSC"拖曳到 CTRL_HSC_EXT 指令的"CTRL"输入端中。

表 4-10　HSC_Count 结构中各元素的数据类型及作用

结构元素	声明	类型	作用	结构元素	声明	类型	作用
CurrentCount	输出	DInt	HSC 的当前值	EnUpperLmt	输入	Bool	启用新上限值
CapturedCount	输出	DInt	返回捕获值	EnLowerLmt	输入	Bool	启用新下限值
SyncActive	输出	Bool	同步输入已激活	EnOpMode	输入	Bool	启用新操作模式
DirChange	输出	Bool	计数方向已更改	EnLmtBehavior	输入	Bool	启用新限值操作
CmpResult_1	输出	Bool	比较结果 1	EnSyncBehavior	输入	Bool	不使用此值
CmpResult_2	输出	Bool	比较结果 2	NewDirection	输入	Int	新方向
OverflowNeg	输出	Bool	下限溢出	NewOpModeBehavior	输入	Int	新操作模式
OverflowPos	输出	Bool	上限溢出	NewLimitBehavior	输入	Int	新限值操作
EnHSC	输入	Bool	使能 HSC	NewSyncBehavior	输入	Int	不使用此值
EnCapture	输入	Bool	启用捕获输入	NewCurrentCount	输入	DInt	新当前值
EnSync	输入	Bool	启用同步输入	NewStartValue	输入	DInt	新初始值
EnDir	输入	Bool	启用新方向	NewReference1	输入	DInt	新参考值 1
EnCV	输入	Bool	启用新当前值	NewReference2	输入	DInt	新参考值 2
EnSV	输入	Bool	启用新起始值	NewUpperLimit	输入	DInt	新计数上限值
EnReference1	输入	Bool	启用新参考值 1	NewLowerLimit	输入	DInt	新计数下限值
EnReference2	输入	Bool	启用新参考值 2				

（2）高速计数器的组态。

① 新建一个项目，添加新设备 CPU1214C。

② 在项目树的程序块下，双击"添加新块"选项，添加两个硬件中断组织块 OB40（默认名称为"Hardware interrupt"）和 OB41（默认名称为"Hardware interrupt_1"）。

③ 在设备视图中，在巡视窗口中选择"属性"→"常规"→"高速计数器（HSC）"→"HSC1"→"常规"选项，勾选"启用该高速计数器"复选框。

④ 选择"功能"选项，设置计数类型为"计数"，工作模式为"A/B 计数器四倍频"。

⑤ 选择"初始值"选项，将初始参考值设为 2 000（180°的值）。

⑥ 选择"同步输入"选项，勾选"使用外部同步输入"复选框，默认的信号电平为"高电平有效"。

⑦ 选择"事件组态"选项，勾选"为计数器值等于参考值这一事件生成中断"复选框，自动生成的事件名称为"计数器值等于参考值 0"，硬件中断选择"Hardware interrupt"，即 OB40。

⑧ 选择"硬件输入"选项，显示时钟发生器 A 的输入地址为 I0.0，时钟发生器 B 的输入地址为 I0.1，同步（复位）输入地址为 I0.3。

⑨ 选择"DI14/DQ10"→"数字量输入"选项，选择单击"通道 0"（I0.0）、"通道 1"（I0.1）

和 "通道 3"（I0.3）选项，设置输入滤波器为 "10 microsec"（10μs）。

（3）编写控制程序。

① 添加数据块：双击 "添加新块" 选项，添加 "数据块_1"，创建变量，如图 4-59 所示。创建变量 "MyHSC" 时，其数据类型直接输入 "HSC_Count" 即可。180°对应的值为 180°/360°×1 000×4=2 000，288°对应的值为 288°/360°×1 000×4=3 200，故 "设定值 1" 的起始值设为 2000，"设定值 2" 的起始值设为 3 200。

数据块_1

	名称	数据类型	起始值
1	▼ Static		
2	▶ MyHSC	HSC_Count	
3	设定值1	DInt	2000
4	设定值2	DInt	3200
5	测量值	DInt	0

图4-59　数据块_1

② 编写主程序 OB1：根据控制要求，位置测量主程序 OB1 如图 4-60（a）所示，在程序段 1 中，当按下启动按钮 SB1 时，I0.4 常开触点接通，EnHSC 线圈通电自锁，使能高速计数器；EnSync 线圈通电（使能同步），允许使用复位输入。

程序段 2 用于使用控制高速计数器（扩展）指令来控制 HSC1。

程序段 3 用于监视高速计数器 HSC1 的当前值。

③ 编写硬件中断程序 OB40：高速计数器计数到 2 000（即到 180°）时，产生计数器值等于参考值中断，调用硬件中断程序 OB40，如图 4-60（b）所示，在程序段 1 中，置位 Q0.0，指示灯点亮。

在程序段 2 中，将设定值 2（即 3200）传送到 NewReference1，EnReference1 线圈通电，使用新的参考值 1。

在程序段 3 中，中断 OB40 与事件 "计数器值等于参考值 0" 的连接。

在程序段 4 中，连接 OB41 与事件 "计数器值等于参考值 0" 的连接。

④ 硬件中断程序 OB41：当计数到 3 200（即到 288°）时，产生计数器值等于参考值中断，调用硬件中断程序 OB41，如图 4-60（c）所示，在程序段 1 中，复位 Q0.0，指示灯熄灭。

在程序段 2 中，将设定值 1（即 2 000）传送到 NewReference1，EnReference1 线圈通电，使用新的参考值 1。

在程序段 3 中，中断 OB41 与事件 "计数器值等于参考值 0" 的连接。

在程序段 4 中，连接 OB40 与事件 "计数器值等于参考值 0" 的连接。

当计数到 4 000 时，有一个复位脉冲，使计数器的当前值清零，并进入下一转。

（4）模拟操作步骤。

① 按照图 4-56 连接控制电路。

② 在项目树下选择站点 "PLC_1"，再单击工具栏中的 "下载到设备" 按钮 ，将该站点下载到 PLC 中。单击工具栏中的 "启动 CPU" 按钮 ，使 PLC 处于运行状态。

③ 在项目树下选择 "监控与强制表" 选项，双击 "添加新监控表" 选项，添加 "监控表_1"。在该监控表中选择变量 "数据块_1.测量值" 和 "指示灯"，单击监控表工具栏中的 "全部监视"

按钮，如图 4-61 所示。

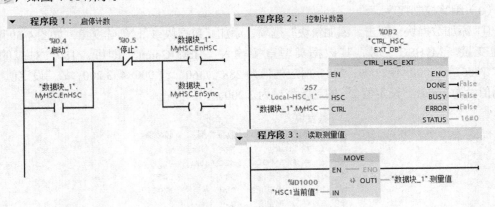

（a）主程序OB1

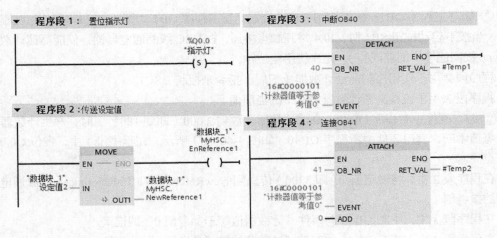

（b）硬件中断程序OB40

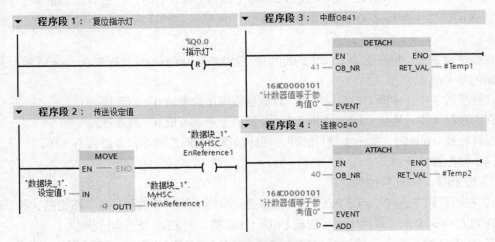

（c）硬件中断程序OB41

图4-60　应用高速计数器实现位置测量的控制程序

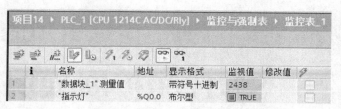

图4-61 应用高速计数器实现位置测量的监控表

④ 当测量值到 2 000 时，Q0.0 为 TRUE，指示灯点亮。

⑤ 当测量值到 3 200 时，Q0.0 为 FALSE，指示灯熄灭。

⑥ 当测量值到 4 000（1 圈）时，测量值清零。

练习题

1．高速计数器有哪 4 种工作模式？具有哪些功能？

2．使用 HSC1 和中断对 I0.0 输入脉冲进行计数，当计数值大于等于 100 时输出端 Q0.1 通电，当 I0.3 有输入时，HSC1 计数值清零，Q0.1 断电，试编写程序。

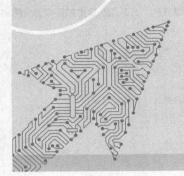

S7-1200扩展模块的应用

课程育人

转产做口罩的中石化在微博发布一条消息："我有喷熔布，谁有口罩机？"，立即得到了很多企业的响应。这充分显示了我国是全世界唯一拥有联合国产业分类中所列全部工业门类的国家这一独特优势，我们为此感到自豪。全自动化的口罩生产线就离不开PLC这个"大脑"的控制与协调。

PLC基本单元上已经集成了一定数目的数字量I/O点，但当用户需要的I/O点数多于PLC基本单元的I/O点数时，就必须对PLC进行数字量I/O点数扩展。

PLC基本单元只配置了2点模拟量输入，输入类型为0～10V模拟量电压。如果需要对温度、电流等模拟量进行检测或对电动调节阀和变频器等进行控制，则必须进行模拟量的功能扩展。

••• 任务1 应用数字量信号模块实现电动机运行控制 •••

任务引入

要求应用数字量信号模块实现三相交流电动机的运行控制。如果发生电动机过载，则停机并且灯光闪烁报警。其控制电路如图5-1所示。

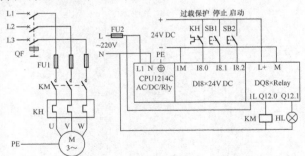

图5-1 电动机运行控制电路

相关知识——数字量信号模块

数字量输入/输出（DI/DQ）模块和模拟量输入/输出（AI/AQ）模块统称为信号模块。S7-1200 PLC的数字量信号模块见表5-1，可以选用8点或16点的数字量输入/输出模块来满足不同的控制需要。表5-1中，DI8×24V DC表示8点输入，输入电压为24V DC；DQ8×24V DC表示8点晶体管输出；DQ8×继电器表示8点继电器输出；DQ8×继电器切换表示用公共端子、一个常开触点和一个常闭触点分别控制两个负载，如用 0L（公共端）、DIa.0（常开触点）、DIa.0X（常闭触点）端子控制两个负载。

表 5-1 S7-1200 PLC 的数字量信号模块参数

型号	输入/输出点数	总线电流消耗（5V DC）/mA	电流消耗（24V DC）/mA
SM1221	DI8×24V DC	105	4/点
	DI16×24V DC	130	4/点
SM1222	DQ8×24V DC	120	50
	DQ8×继电器	120	11/点
	DQ8×继电器切换	140	16.7/点
	DQ16×24V DC	140	100
	DQ16×继电器	135	11/点
SM1223	DI8×24V DC/DQ8×继电器	145	输入 4/点，输出 11/点
	DI16×24V DC/DQ16×继电器	180	输入 4/点，输出 11/点
	DI8×24V DC/DQ8×24V DC	145	150
	DI16×24V DC/ DQ16×24V DC	185	200
	DI8×120/230V AC/DQ8×继电器	120	输出 11/点

任务实施

一、硬件组态与软件编程

1. 硬件组态

（1）打开博途软件，新建一个项目"5-1 应用数字量信号模块实现电动机运行控制"。

应用数字量信号
模块实现电动机
运行控制

（2）双击项目树下的"添加新设备"选项，添加"CPU1214C AC/DC/Rly"，选择版本号为 V4.2，生成一个站点"PLC_1"。

（3）在设备视图中，在巡视窗口中选择"属性"→"常规"→"脉冲发生器（PTO/PWM）"→"系统和时钟存储器"选项，勾选"启用时钟存储器字节"复选框，M0.5 将作为秒脉冲输出。

（4）选择"硬件目录"→"DI"→"DI8×24V DC"，将"6ES7 221-1BF32-0XB0"拖曳到 2 号槽中，在巡视窗口中可以查看该模块的 I/O 地址为 IB8。

（5）选择"硬件目录"→"DQ"→"DQ8×Relay"选项，将"6ES7 222-1HF32-0XB0"拖曳到 3 号槽中，在巡视窗口中可以查看该模块的 I/O 地址为 QB12。

2. 软件编程

打开 OB1，编写电动机运行控制程序，如图 5-2 所示。I8.0 外接热继电器的常闭触点，上电时，程序段 1 中的 I8.0 常开触点闭合，程序段 2 中的常闭触点断开，为启动做准备。

程序段 1 为电动机的启动/停止控制程序，程序段 2 为过载时的闪烁报警程序。

二、仿真运行

（1）在项目树下的项目"5-1 应用数字量信号模块实现电动机运行控制"上单击鼠标右键，选择"属性"→"保护"选项，选择"块编译时支持仿真"选项，选择项目树下的站点"PLC_1"，再单击工具栏中的"编译"按钮 进行编译。编译后，巡视窗口中应显示没有错误。

（2）单击工具栏中的"开始仿真"按钮 ，打开仿真器，单击"新建"按钮 ，新建一个仿真项目"5-1 应用数字量信号模块实现电动机运行控制仿真"。在进入的"下载预览"界面中单击"装载"按钮，将 PLC_1 站点下载到仿真器中。

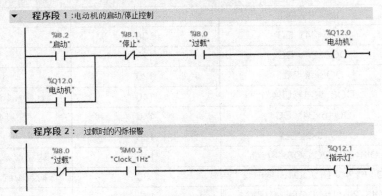

图5-2　电动机运行控制程序

（3）在仿真界面中，双击"SIM 表格"下的"SIM 表格_1"选项，打开"SIM 表格_1"，单击工具栏中的 按钮，将项目中所有的变量都添加到表格中，将不需要的变量删除，只保留如图 5-3 所示的变量。单击仿真器工具栏中的"启动 CPU"按钮 ，使 PLC 运行。

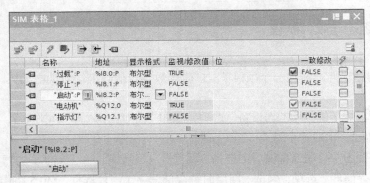

图5-3　电动机运行控制仿真

（4）勾选"过载"复选框，单击"启动"按钮，"电动机"为 TRUE，电动机启动。

（5）单击"停止"按钮，"电动机"为 FALSE，电动机停止。

（6）电动机运行时，取消勾选"过载"复选框，"电动机"为 FALSE，电动机停止，同时指示灯开始闪烁报警。

三、运行操作步骤

（1）按照图 5-1 连接控制电路。

（2）在项目树下选择站点"PLC_1"，再单击工具栏中的"下载到设备"按钮 ，将该站点下载到 PLC 中。单击工具栏中的"启动 CPU"按钮 ，使 PLC 处于运行状态。

（3）PLC 上输入信号模块的指示灯 I8.0 应点亮，表示 I8.0 被热继电器 KH 常闭触点接通。如果指示灯不点亮，则输出信号模块的指示灯 Q12.1 闪烁，说明热继电器 KH 常闭触点断开，热继电器已过载保护。

（4）按下启动按钮 SB2，电动机启动。

（5）按下停止按钮 SB1，电动机停止。

（6）电动机运行时，断开 I8.0（模拟过载），电动机停止，指示灯开始闪烁。

练习题

1．数字量信号模块的型号有_____、_____和_____。

2．信号模块 SM1223 DI16×24V DC/DQ16×继电器表示的输入/输出类型是什么？

任务 2　应用模拟量信号模块实现烘仓温度测量

任务引入

某维纶生产线需要对烘仓温度进行控制，温度检测使用铂电阻 Pt100，控制要求如下。

（1）温度控制范围为 200～250℃。

（2）当按下启动按钮时，开始加热；当温度高于 200℃时，生产线启动。

（3）将测量温度保存到 MW100 中，用于显示。

（4）当温度大于 250℃时，HL1 指示灯点亮，同时停止加热；否则 HL1 指示灯熄灭。

（5）当温度低于 200℃时，HL2 指示灯点亮，同时启动加热；否则 HL2 指示灯熄灭。

（6）当温度超出 300℃或按下停止按钮时，生产线和加热同时停止。

使用热电阻信号模块实现烘仓温度的测量，其控制电路如图 5-4 所示，其中，热电阻 Pt100 为 3 线制连接。

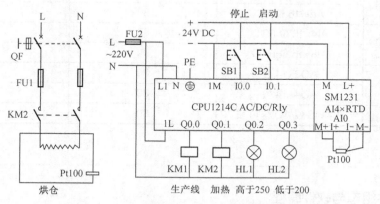

图5-4　实现烘仓温度测量的控制电路

相关知识——模拟量信号模块

在工业控制中，需要对某些模拟量输入（如压力、温度等）进行测量，又需要输出一些模拟量进行控制（如通过变频器对电动机进行调速）。可以通过模拟量输入模块将标准信号（如 4～20mA、0～10V）转换为数字量，即 A/D 转换；也可以将数字量转换为模拟量（如 0～10V）对执行机构进行控制，即 D/A 转换。S7-1200 PLC 的模拟量信号模块参数见表 5-2。

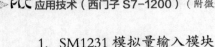

1. SM1231 模拟量输入模块

SM1231 模拟量输入模块具有 4 路、8 路 13 位和 4 路 16 位模拟量输入，输入信号可以是电压或电流，有±10V、±5V、±2.5V、±1.25V、0～20mA、4～20mA 等多种量程可选，双极性的模拟量满量程转换后对应的数据字为−27 648～+27 648，单极性的模拟量满量程转换后对应的数据字为 0～+27 648。

2. SM1231 热电偶和热电阻（Thermal Resistor，RTD）模块

SM1231 热电偶（Thermocouple，TC）和热电阻模块都具有 4 路、8 路 16 位（15+符号位）输入，可选择多种传感器，分辨率为 0.1℃或 0.1℉。

3. SM1232 模拟量输出模块

SM1232 模拟量输出模块具有 2 路、4 路模拟量输出，可以输出−10～+10V 的模拟量电压，对应的满量程为−27 648～+27 648，负载阻抗应大于或等于 1 000Ω；也可以输出 0～20mA 或 4～20mA 的电流，对应的满量程为 0～+27 648，负载阻抗应小于或等于 600Ω。

4. SM1234 模拟量输入/输出模块

SM1234 模拟量输入/输出模块具有 4 路 13 位模拟量输入和 2 路 14 位模拟量输出，其模拟量输入性能指标与 SM1231 相同，模拟量输出性能指标与 SM1232 相同，相当于这两种模块的组合。

表 5-2　S7-1200 PLC 的模拟量信号模块参数

型号	输入/输出点数	总线电流消耗（5V DC）/mA	电流消耗（24V DC）/mA
SM1231	AI4×13 位	80	45
	AI8×13 位	90	45
	AI4×16 位	80	65
SM1231 热电偶	AI4×16 位 TC	80	40
	AI8×16 位 TC	80	40
SM1231 热电阻	AI4×16 位 RTD	80	40
	AI8×16 位 RTD	90	40
SM1232	AQ2×14 位	80	45
	AQ4×14 位	80	45
SM1234	AI4×13 位/AQ2×14 位	80	60

任务实施

一、硬件组态与软件编程

1. 硬件组态

（1）打开博途软件，新建一个项目"5-2 应用模拟量信号模块实现烘仓温度测量"。

（2）双击项目树下的"添加新设备"选项，添加"CPU1214C AC/DC/Rly"，选择版本号为 V4.2，生成一个站点"PLC_1"。

（3）在设备视图中，选择"硬件目录"→"AI"→"AI 4×RTD"选项，将订货号"6ES7

应用模拟量信号
模块实现烘仓
温度测量

231-5PD32-0XB0"拖曳到 2 号槽中。选中该模块，在巡视窗口中将其通道 0 的测量类型组态为
"热敏电阻（3 线制）"，热电阻选择"Pt100 标准型范围"，温标为"摄氏"，通道地址默认为 IW96，
如图 5-5 所示。

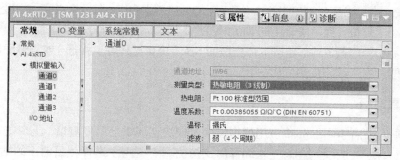

图5-5　模拟量输入模块SM1231的组态

2．软件编程

烘仓温度的控制程序如图 5-6 所示。铂热电阻 Pt100 的测量值为−200～+850℃，对应的模
拟值是−2 000～+8 500，所以所测得的模拟值除以 10 可以换算成所测的温度。

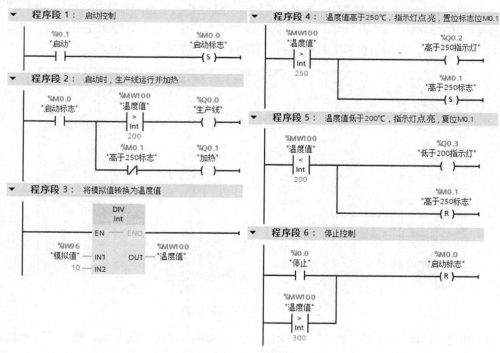

图5-6　烘仓温度的控制程序

（1）启动。在程序段 1 中，当按下启动按钮 SB2 时，I0.1 常开触点接通，启动标志 M0.0
置位。

在程序段 2 中，当 M0.0 为"1"时，Q0.1 线圈通电，开始加热。如果温度高于 200℃，则
Q0.0 线圈通电，生产线启动。

在程序段 3 中，将所测得的模拟值（IW96）除以 10 送入 MW100，即可得测量温度值。

（2）停止加热与重新加热。在程序段 4 中，当测量温度高于 250℃时，Q0.2 线圈通电，指示灯点亮，温度高于 250℃时报警，同时 M0.1 置位。程序段 2 中的 M0.1 常闭触点断开，Q0.1 线圈断电，停止加热。

在程序段 5 中，当测量温度低于 200℃时，Q0.3 线圈通电，指示灯点亮，温度低于 200℃时报警，同时 M0.1 复位。程序段 2 中的 M0.1 常闭触点重新接通，Q0.1 线圈通电，重新开始加热。

（3）停止。在程序段 6 中，当按下停止按钮 SB1（I0.0 常开触点接通）或测量温度高于 300℃时，M0.0 复位，生产线和加热同时停止。

二、仿真运行

（1）在项目树下的项目"5-2 应用模拟量信号模块实现烘仓温度测量"上单击鼠标右键，选择"属性"→"保护"选项，选择"块编译时支持仿真"选项，选择项目树下的站点"PLC_1"，再单击工具栏中的"编译"按钮，进行编译。编译后，巡视窗口中应显示没有错误。

（2）单击工具栏中的"开始仿真"按钮，打开仿真器，单击"新建"按钮，新建一个仿真项目"5-2 应用模拟量信号模块实现烘仓温度测量仿真"。在进入的"下载预览"界面中单击"装载"按钮，将 PLC_1 站点下载到仿真器中。

（3）在仿真界面中，双击"SIM 表格"下的"SIM 表格_1"选项，打开"SIM 表格_1"，单击工具栏中的按钮，将项目中所有的变量都添加到表格中，将不需要的变量删除，只保留如图 5-7 所示的变量。单击仿真器工具栏中的"启动 CPU"按钮，使 PLC 运行。

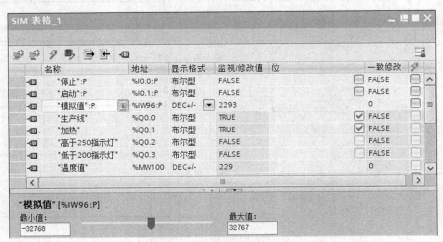

图5-7 烘仓温度控制仿真

（4）单击"启动"按钮，"加热"为 TRUE，开始加热，同时"低于 200 指示灯"为 TRUE，该指示灯点亮。

（5）单击"模拟值"按钮，拖动下面的滑块，改变模拟输入值。当"温度值"高于 200 时，"生产线"为 TRUE，生产线开始启动，同时"低于 200 指示灯"为 FALSE，该指示灯熄灭。

（6）如果"温度值"高于 250，则"加热"为 FALSE，停止加热，同时"高于 250 指示灯"为 TRUE，该指示灯点亮。如果"温度值"下降到低于 200，则重新开始加热。

（7）如果"温度值"高于 300 或单击"停止"按钮，则"加热"和"生产线"都为 FALSE，加热和生产线同时停止。

三、运行操作步骤

（1）按照图 5-4 连接控制电路。

（2）在项目树下选择站点"PLC_1"，再单击工具栏中的"下载到设备"按钮 ⬇，将该站点下载到 PLC 中。单击工具栏中的"启动 CPU"按钮 ▶，使 PLC 处于运行状态。

（3）指示灯 HL2 点亮。按下启动按钮 SB2，开始加热。当温度高于 200℃时，指示灯 HL2 熄灭，生产线开始启动；当温度高于 250℃时，停止加热，同时"高于 250 指示灯"点亮；当温度下降到低于 200℃时，生产线停止同时开始加热；当温度高于 300℃时，生产线和加热同时停止。

（4）按下停止按钮 SB1，生产线和加热同时停止。

练习题

1．模拟量信号模块的型号有_____、_____、_____、_____和_____。

2．模拟量输入±10V 满量程转换后的数据字为_____，输出 0～20mA 对应的满量程的数据字为_____。

3．SM1231 热电阻模块的分辨率是多少？

任务 3 应用数字量信号板实现步进电动机速度控制

任务引入

在生产实际中，常常需要 PLC 输出脉冲对步进电动机或伺服电动机进行控制，控制要求如下。

（1）当按下启动按钮时，步进电动机以 60r/min 的速度运行。

（2）当按下停止按钮时，步进电动机停止。

因为 CPU1214C AC/DC/Rly 为继电器输出，不能输出高频脉冲信号，所以使用晶体管输出的数字量信号板进行扩展。根据控制要求设计的步进电动机速度控制电路如图 5-8 所示，信号板的输出端 Q4.0 发出脉冲信号，高电平为 24V DC，通过 2kΩ 以上限流电阻送入步进驱动器的 PUL+端，脉冲的频率与步进电动机的转速成比例。对于限流电阻，24V DC 常接 2kΩ 以上电阻，12V DC 接 1kΩ 电阻，5V DC 不接电阻。

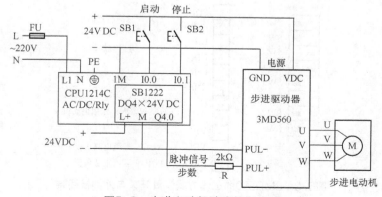

图5-8 步进电动机速度控制电路

相关知识

一、数字量信号板

所有 S7-1200 CPU 的正面都可以安装一块信号板，这不会增加安装空间。添加一块信号板，不仅扩展了 PLC 点数，还可以增加需要的功能，例如，为继电器输出的 CPU 添加一块数字量输出信号板，其就具有了 200kHz 高速脉冲输出的功能。

数字量信号板参数见表 5-3，SB1221 为数字量 4 点输入，最高计数频率为 200kHz；SB1222 为数字量 4 点固态 MOSFET 输出，最高输出频率为 200kHz；SB1223 为数字量 2 点输入和 2 点输出，最高频率均为 200kHz。数字量输入和数字量输出均有额定电压 24V DC 和 5V DC 两种。

表 5-3　数字量信号板参数

型号	输入/输出点数	总线电流消耗（5V DC）/mA	电流消耗（24V DC）/mA
SB1221	DI4×24V DC，200kHz	40	7/点+20
	DI4×5V DC，200kHz	40	15/点+15
SB1222	DQ4×24V DC，200kHz	35	15
	DQ4×5V DC，200kHz	35	15
SB1223	DI2×24V DC/DQ2×24V DC，200kHz	35	7/输入+30
	DI2×5V DC/DQ2×5V DC，200kHz	35	15/输入+15
	DI2×24V DC/DQ2×24V DC	50	4/输入

二、步进驱动器

3MD560 型号的三相步进电动机驱动器的供电电压为直流 18～50V（典型值为 36V）。

1. 3MD560 的外部接线端

3MD560 的工作方式设置开关与外部接线端如图 5-9 所示，其外部接线端的功能说明见表 5-4。

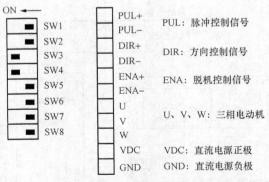

图5-9　3MD560的工作方式设置开关与外部接线端

表 5-4　3MD560 外部接线端的功能说明

接线端	功能说明
PUL+	脉冲信号电流流入/流出端，脉冲的数量、频率与步进电动机的角位移、转速成比例
PUL−	
DIR+	方向电平信号电流流入/流出端，电平的高低决定了电动机的旋转方向
DIR−	
ENA+	脱机信号电流流入/流出端。当这一信号为 ON 时，驱动器断开输入到步进电动机的三相电源，即
ENA−	步进电动机断电
U、V、W	步进电动机三相电源输出端
VDC	驱动器直流电源输入端正极
GND	驱动器直流电源输入端负极

2. 3MD560 的细分设置

3MD560 的细分设置分为 8 挡，见表 5-5。本任务设置 SW6、SW7、SW8 全为 OFF 状态，即选择细分步数为 10 000 步/圈。

表 5-5　3MD560 的细分设置

序号	细分/（步/圈）	SW6	SW7	SW8
1	200	ON	ON	ON
2	400	OFF	ON	ON
3	500	ON	OFF	ON
4	1 000	OFF	OFF	ON
5	2 000	ON	ON	OFF
6	4 000	OFF	ON	OFF
7	5 000	ON	OFF	OFF
8	10 000	OFF	OFF	OFF

3. 3MD560 输出相电流的设置

3MD560 输出相电流设置分为 16 挡，见表 5-6。相电流的设置与拖动负载有关，相电流越大，拖动负载能力越强。本任务设置 SW1、SW2、SW3、SW4 为 OFF、OFF、ON、ON 状态，即输出相电流为 4.9A。

表 5-6　输出相电流设置

序号	相电流/A	SW1	SW2	SW3	SW4
1	1.5	OFF	OFF	OFF	OFF
2	1.8	ON	OFF	OFF	OFF
3	2.1	OFF	ON	OFF	OFF
4	2.3	ON	ON	OFF	OFF
5	2.6	OFF	OFF	ON	OFF
6	2.9	ON	OFF	ON	OFF
7	3.2	OFF	ON	ON	OFF

续表

序号	相电流/A	SW1	SW2	SW3	SW4
8	3.5	ON	ON	ON	OFF
9	3.8	OFF	OFF	OFF	ON
10	4.1	ON	OFF	OFF	ON
11	4.4	OFF	ON	OFF	ON
12	4.6	ON	ON	OFF	ON
13	4.9	OFF	OFF	ON	ON
14	5.2	ON	OFF	ON	ON
15	5.5	OFF	ON	ON	ON
16	6.0	ON	ON	ON	ON

4．3MD560 静态电流的设置

本任务设置 SW5 为 OFF 状态（静态电流半流），当步进电动机上电后，即使静止时也保持自动半流的锁紧状态。

任务实施

一、硬件组态与软件编程

1．硬件组态

（1）打开博途软件，新建一个项目"5-3 应用数字量信号板实现步进电动机速度控制"。

应用数字量信号板
实现步进电动机
速度控制

（2）双击项目树下的"添加新设备"选项，添加"CPU1214C AC/DC/Rly"，选择版本号为 V4.2，生成一个站点"PLC_1"。

（3）在设备视图中，选择"硬件目录"→"信号板"→"DQ"→"DQ 4×24V DC"，将订货号"6ES7 222-1BD30-0XB0"拖曳到 CPU 面板中。在巡视窗口中可以查看地址为 QB4。

（4）选中设备视图中的 PLC，在巡视窗口中选择"属性"→"常规"→"脉冲发生器（PTO/PWM）"→"PTO1/PWM1"→"常规"选项，勾选"启用该脉冲发生器"复选框。

（5）选择"参数分配"选项，单击脉冲信号类型的 ▼ 按钮，在下拉列表中可以选择"PTO（脉冲 A 和方向 B）"选项。

（6）选择"硬件输出"选项，设置脉冲输出为 Q4.0，取消勾选"启用方向输出"复选框。

2．软件编程

步进电动机速度控制程序如图 5-10 所示。

在程序段 1 中，当按下启动按钮时，I0.0 常开触点接通，M10.0 线圈通电自锁。

在程序段 2 中，REQ 的输入为"1"，从组态的端口 Q4.0 输出频率为 10 000Hz 的 PTO 脉冲（步进驱动器设置了 10 000 个脉冲转 1 圈）。

二、运行操作步骤

（1）按图 5-8 连接控制电路，将步进驱动器的 SW1～SW8 分别设置为 OFF、OFF、ON、ON、OFF、OFF、OFF、OFF。

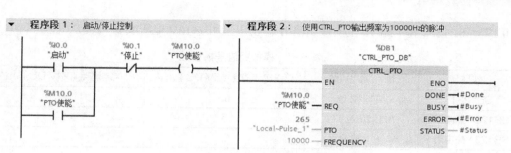

图5-10 步进电动机速度控制程序

（2）在项目树下选择站点"PLC_1"，再单击工具栏中的"下载到设备"按钮 ⬇，将该站点下载到 PLC 中。单击工具栏中的"启动 CPU"按钮 ▶，使 PLC 处于运行状态。

（3）按下启动按钮 SB1，步进电动机以 60r/min 的速度逆时针转动。

（4）按下停止按钮 SB2，步进电动机停止。

练习题

1. 数字量信号板的型号有_____、_____和_____。

2. 数字量信号板的输入/输出频率为_____。

3. PLC 信号板 24V 输出的端子能否直接连接步进驱动器的控制信号？若不能，则应怎样做才能直连接控制信号？

任务 4 应用模拟量信号板实现模拟电流输出

任务引入

在生产过程中，常常遇到将控制数据转换为模拟电压或电流去控制现场设备的情况，例如，通过输出模拟电流到变频器的模拟输入端来对电动机进行调速等。本任务的控制要求如下。

（1）按下增加按钮 SB1，输出电流增加 1mA，最大可增加到 20mA。

（2）按下减少按钮 SB2，输出电流减少 1mA，最小可减少到 0mA。

（3）高于 4mA 时，"大于 4mA"指示灯 HL1 点亮。

（4）等于 20mA 时，"20mA"指示灯 HL2 点亮。

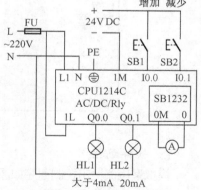

图5-11 模拟电流输出控制电路

根据控制要求设计的模拟电流输出控制电路如图 5-11 所示，因为 CPU1214C AC/DC/Rly 没有模拟量输出，所以添加了一个模拟量输出信号板 SB1232。

相关知识——模拟量信号板

模拟量信号板参数见表 5-7，SB1231 有一路 12 位模拟量输入，可用于测量电压或电流；SB1231 热电偶和热电阻均有 1 路 16 位输入，可选多种热电偶和热电阻传感器，分辨率为 0.1℃

或 0.1℉；SB1232 有 1 路 12 位模拟量输出，可用于输出±10V 电压或 0～20mA 电流。

表 5-7　模拟量信号板参数

型号	输入/输出点数	总线电流消耗（5V DC）/mA	电流消耗（24V DC）/mA
SB1231	AI1×12 位	55	无
SB1231 热电偶	AI1×16 位 TC	5	20
SB1231 热电阻	AI1×16 位 RTD	5	25
SB1232	AQ1×12 位	15	40

任务实施

一、硬件组态与软件编程

1．硬件组态

（1）打开博途软件，新建一个项目"5-4 应用模拟量信号板实现模拟电流输出"。

（2）双击项目树下的"添加新设备"选项，添加"CPU1214C AC/DC/Rly"，选择版本号为 V4.2，生成一个站点"PLC_1"。

（3）在设备视图中，选择"硬件目录"→"信号板"→"AQ"→"AQ 1×12BIT"选项，将订货号"6ES7 232-4HA30-0XB0"拖曳到 CPU 面板中。

（4）选中该信号板，在巡视窗口中选择"属性"→"常规"→"模拟量输出"→"通道 0"选项，进行模拟量输出电流的组态，如图 5-12 所示，设置通道地址为 QW80，模拟量输出的类型为"电流"，则电流范围为"0 到 20mA"。

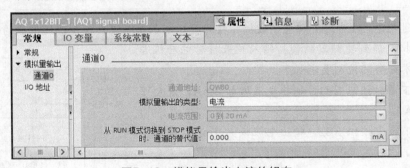

图5-12　模拟量输出电流的组态

2．软件编程

模拟量电流输出控制程序如图 5-13 所示，每按一次增加或减少按钮，输出电流增加或减少 1mA，其对应的数字变化为 27 648.0/20.0=1 382.4。

在程序段 1 中，输出小于上限值 27 648 时，每按一次增加按钮 SB1，在 I0.0 的上升沿，"输出值"增加 1 382.4。

在程序段 2 中，输出大于下限值 0 时，每按一次减少按钮 SB2，在 I0.1 的上升沿，"输出值"减少 1 382.4。

在程序段 3 中，"输出值"四舍五入取整送入 QW80，输出模拟量电流值。

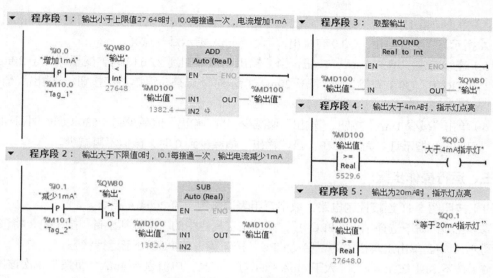

图5-13 模拟量电流输出控制程序

在程序段 4 中，当输出电流高于 4mA 时，Q0.0 线圈通电，大于 4mA 指示灯点亮。

在程序段 5 中，当输出电流等于 20mA 时，Q0.1 线圈通电，等于 20mA 指示灯点亮。

二、仿真运行

（1）在项目树下的项目"5-4 应用模拟量信号板实现模拟电流输出"上单击鼠标右键，选择"属性"→"保护"选项，选择"块编译时支持仿真"选项，选择项目树下的站点"PLC_1"，再单击工具栏中的"编译"按钮🔲进行编译。编译后，巡视窗口中应显示没有错误。

（2）单击工具栏中的"开始仿真"按钮🔳，打开仿真器，单击"新建"按钮🔆，新建一个仿真项目"5-4 应用模拟量信号板实现模拟电流输出仿真"。在进入的"下载预览"界面中单击"装载"按钮，将 PLC_1 站点下载到仿真器中。

（3）在仿真界面中，双击"SIM 表格"下的"SIM 表格_1"选项，打开"SIM 表格_1"，单击工具栏中的🔳按钮，将项目中所有的变量都添加到表格中，将不需要的变量删除，只保留如图 5-14 所示的变量。单击仿真器工具栏中的"启动 CPU"按钮🔳，使 PLC 运行。

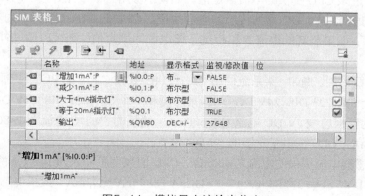

图5-14 模拟量电流输出仿真

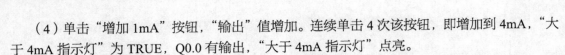

（4）单击"增加 1mA"按钮，"输出"值增加。连续单击 4 次该按钮，即增加到 4mA，"大于 4mA 指示灯"为 TRUE，Q0.0 有输出，"大于 4mA 指示灯"点亮。

（5）连续单击"增加 1mA"按钮，当"输出"值增加到 27 648 时，变量"等于 20mA 指示灯"为 TRUE，Q0.1 有输出，"等于 20mA 指示灯"点亮。再单击该按钮，"输出"值不再增加。

（6）单击"减少 1mA"按钮，"输出"值减少。当"输出"值减少到 5 530 以下（小于 4mA）时，"大于 4mA 指示灯"为 FALSE。当"输出"值减少到 0 时，该值不再减少。

三、运行操作步骤

（1）按照图 5-11 连接控制电路，数字万用表调整到直流 200mA 挡。

（2）在项目树下选择站点"PLC_1"，再单击工具栏中的"下载到设备"按钮，将该站点下载到 PLC 中。单击工具栏中的"启动 CPU"按钮，使 PLC 处于运行状态。

（3）按下 SB1 按钮 4 次，"大于 4mA 指示灯"点亮，电流显示 4mA；每按下 1 次该按钮，电流就增加 1mA，电流增加到 20mA 时不再增加，"等于 20mA 指示灯"点亮。

（4）每按下 1 次 SB2 按钮，电流减少 1mA，电流减少到 0mA 时不再减少；当电流小于 20mA 时，"等于 20mA 指示灯"熄灭；当电流减少到 4mA 以下时，"大于 4mA 指示灯"熄灭。

扩展知识

一、CPU可扩展的模块数量

（1）各种 CPU 的正面都可以添加 1 块信号板或通信板。

（2）在 CPU 的右侧可以扩展信号模块，CPU1211C 不能扩展信号模块，CPU1212C 最多可以扩展两个信号模块，其他 CPU 最多可以扩展 8 个信号模块。

（3）所有的 CPU 左侧最多可以安装 3 个通信模块。

二、电源计算

（1）S7-1200 CPU 通过背板总线提供 5V DC，当有扩展模块时，所有扩展模块消耗的 5V DC 电流之和不能超过该 CPU 提供的电流额定值。如果不够用，则不能外接 5V DC。

（2）CPU 的一个 24V DC 作为传感器电源使用。CPU 的 24V DC 可以为本机输入点和扩展模块提供电源，如果消耗的电流之和超过了该电源的额定值，则可以通过外接一个 24V DC 供电。

（3）电源计算举例。例如，某系统使用 CPU1214C AC/DC/Rly 的 PLC，扩展了 1 个 SM1231 AI4×13 位、3 个 SM1223 DI8×24V DC/DQ8×继电器和 1 个 SM1221 DI8×24V DC。

CPU 提供的背板总线 5V DC 电流为 1 600mA，消耗的 5V DC 电流为 1×80mA+3×145mA+1×105 mA=620mA，CPU 提供了足够的 5V DC 电流。

24V DC 传感器电源提供的电流为 400mA，CPU 的数字量输入为 14 点，消耗的 24V DC 电流为 14×4 mA +1×45 mA +3×8×4 mA +3×8×11 mA +8×4 mA =493mA，大于传感器电源所提供的电流，故需要外接一个 24V DC。

练习题

1．模拟量信号板的型号有＿＿＿＿、＿＿＿＿、＿＿＿＿和＿＿＿＿。

2．CPU1214C 最多可以扩展＿＿＿个信号模块、＿＿＿个信号板、＿＿＿个通信模块。信号模块安装在 CPU 的＿＿＿边，信号板安装在 CPU 的＿＿＿部，通信模块安装在 CPU 的＿＿＿边。

3．使用 SB1232 输出 0～10V 对电动机进行调速，SB1232 组态的模拟量输出地址为 QW80，电动机的额定速度为 1 430r/min，设定速度值地址为 MW100，请用双整数计算编写程序。

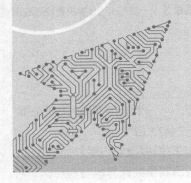

课题6
S7-1200通信的应用

课程育人

通信过程实际上就是数据的交换过程。中华传统文化5000多年的历史创造了很多与数据有关的成语，如"屈指可数"是十进制、"掐指一算"是六进制、"半斤八两"是十六进制，另外还有中国《易经》中的二进制等。从中感受到了我国古人的智慧，为此我们应感到骄傲和自豪。

随着互联网的深入，需要获取设备信息或使设备之间互连互通。西门子PLC提供了功能强大的通信功能，包括开放式用户通信、S7通信、PROFINET通信、PROFIBUS通信、Modbus通信、点到点通信等。

● ● ● 任务1 应用TCP连接实现S7-1200之间的通信 ● ● ●

任务引入

有两台CPU1214C，通过TCP通信实现如下控制要求。

（1）PLC_1控制PLC_2的电动机正反转。

（2）PLC_2控制PLC_1的电动机Y-△降压启动。

根据控制要求设计的控制电路如图6-1所示，为了避免短路情况发生，Y形接触器KM2和△形接触器KM3之间使用了电气联锁，正转接触器KM4和反转接触器KM5之间也使用了电气联锁。

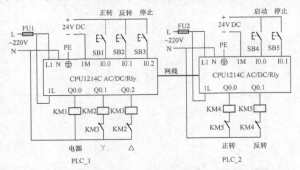

图6-1 应用TCP连接实现S7-1200之间的通信控制电路

相关知识

一、基于以太网的开放式用户通信

S7-1200 CPU至少集成了一个PROFINET接口，它是10Mbit/s/100Mbit/s的RJ45以太网口，

支持电缆交叉自适应，可以使用标准的或交叉的以太网电缆。集成的以太网接口可支持非实时通信和实时通信等通信服务。非实时通信包括 PG 通信、HMI 通信、S7 通信、开放式用户通信（Open User Communication，OUC）和 Modbus TCP 通信等。实时通信可支持 PFOFINER IO 通信。S7-1200 CPU 各种以太网通信服务会使用到 OSI 参考模型的不同层级，如图 6-2 所示。

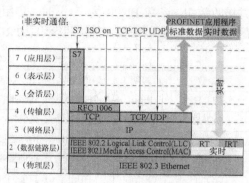

OUC 采用开放式标准，可与第三方设备或个人计算机（Personal Computer，PC）进行通信，也适用于 S7-300/400/1200/1500 CPU 之间的通信。S7-1200 CPU 支持 TCP、ISO-on-TCP 和 UDP 等开放式用户通信。

TCP 是 TCP/IP 传输层的主要协议，主要为设备之间提供全双工、面向连接、可靠安全的连接服务。其在传输数据时需要指定 IP 地址和端口号作为通信端点。

图6-2　各种以太网通信的OSI参考模型

二、TSEND_C指令和TRCV_C指令

1. TSEND_C 指令

在程序编辑器中，选择"指令"→"通信"→"开放式用户通信"选项，将指令 TSEND_C 拖曳到程序中，其梯形图如图 6-3（a）所示。TSEND_C 指令用于建立连接并发送数据。在 REQ 的上升沿，将 DATA 指向的数据通过建立的连接 CONNECT 进行发送。TSEND_C 指令的参数说明见表 6-1。

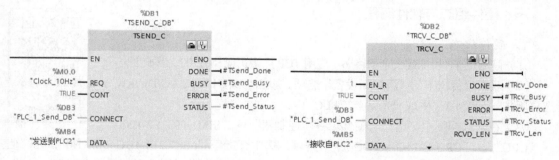

（a）TSEND_C指令的梯形图　　　　　　（b）TRCV_C指令的梯形图

图6-3　TCP通信指令的梯形图

表6-1　TSEND_C 指令的参数说明

参数	声明	数据类型	说明
REQ	Input	Bool	上升沿启动发送
CONT	Input	Bool	其值为 1 时表示建立通信连接并保持；其值为 0 时表示断开通信连接
CONNECT	InOut	Variant	指向连接描述的指针
DATA	InOut	Variant	指向发送区的指针，包含要发送数据的地址和长度
DONE	Output	Bool	其值为 1 时表示任务执行成功；其值为 0 时表示任务未启动或正在执行
BUSY	Output	Bool	其值为 1 时表示任务还没有完成，不能启动新任务；其值为 0 时表示任务完成
ERROR	Output	Bool	其值为 1 时表示执行任务出错；其值为 0 时表示无错误
STATUS	Output	Word	指令的状态

2. TRCV_C 指令

将指令 TRCV_C 拖曳到程序中，其梯形图如图 6-3（b）所示。TRCV_C 指令用于建立连接并接收数据。参数 EN_R 为"1"时，启用接收功能。将通过已经建立的连接 CONNECT 接收的数据保存到 DATA 指向的接收区中。TRCV_C 指令的参数说明见表 6-2。

表 6-2　TRCV_C 指令的参数说明

参数	声明	数据类型	说明
EN_R	Input	Bool	启用接收功能
CONT	Input	Bool	其值为 1 时表示建立通信连接并保持；其值为 0 时表示断开通信连接
CONNECT	InOut	Variant	指向连接描述的指针
DATA	InOut	Variant	指向接收区的指针，发送和接收的结构必须相同
DONE	Output	Bool	其值为 1 时表示任务执行成功；其值为 0 时表示任务未启动或正在执行
BUSY	Output	Bool	其值为 1 时表示任务还没有完成，不能启动新任务；其值为 0 时表示任务完成
ERROR	Output	Bool	其值为 1 时表示执行任务出错；其值为 0 时表示无错误
STATUS	Output	Word	指令的状态
RCVD_LEN	Output	UDInt	实际接收到的数据量（以字节为单位）

任务实施

一、硬件组态与软件编程

1. 硬件组态

（1）打开博途软件，新建一个项目"6-1 应用 TCP 连接实现 S7-1200 之间的通信"。

（2）双击项目树下的"添加新设备"选项，添加"CPU1214C AC/DC/Rly"，选择版本号为 V4.2，生成一个站点"PLC_1"。

（3）在网络视图中，选择"硬件"→"控制器"→"SIMATIC S7-1200"→"CPU"→"CPU 1214C AC/DC/Rly"选项，选中订货号"6ES7 214-1BG40-0XB0"，在"信息"窗口中选择版本号为"4.2"，将该订货号拖曳到网络视图中，生成站点的默认名称为"PLC_2"。

（4）单击"网络"按钮 网络，选中 PLC_1 的以太网接口，将其拖曳到 PLC_2 的以太网接口上，将会生成如图 6-4 所示的组态 TCP 通信界面。单击"显示地址"按钮，显示 PLC_1 的 IP 地址为 192.168.0.1，PLC_2 的 IP 地址为 192.168.0.2。

（5）选中"PLC_1"，在巡视窗口中选择"属性"→"常规"→"脉冲发生器（PTO/PWM）"→"系统和时钟存储器"选项，勾选"启用时钟存储器字节"复选框，将 MB0 作为时钟存储器字节。按照同样的方法，将 PLC_2 的 MB0 也作为时钟存储器字节。

应用 TCP 连接实现 S7-1200 之间的通信

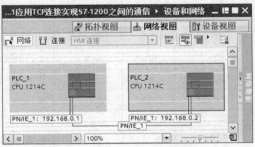

图6-4　组态TCP通信界面

2. 软件编程

（1）PLC_1 程序的编写。编写的 PLC_1 控制程序如图 6-5 所示。

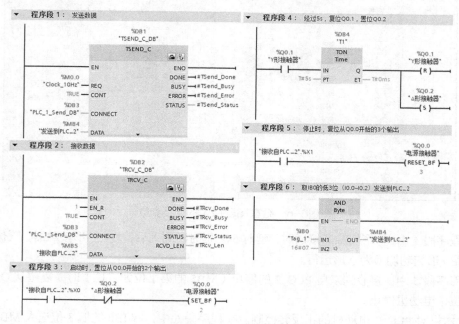

图6-5 PLC_1控制程序

① 在程序编辑器中，选择"指令"→"通信"→"开放式用户通信"选项，将 TSEND_C 指令拖曳到程序段 1 中，弹出调用背景数据块对话框，单击"确定"按钮，生成了一个名称为 "TSEND_C_DB"的背景数据块 DB1。将 TRCV_C 指令拖曳到程序段 2 中，弹出调用背景数据块对话框，单击"确定"按钮，生成了一个名称为"TRCV_C_DB"的背景数据块 DB2。

② 单击 TSEND_C 指令中的"开始组态"按钮 ，组态 TSEND_C 的连接参数，如图 6-6 所示。再单击"伙伴"文本框右侧的 按钮，在下拉列表中选择通信伙伴为 PLC_2，两台 PLC 图标之间出现绿色的连线。单击 PLC_1 下面的"连接数据"文本框右侧的 按钮，在下拉列表中选择"<新建>"选项，自动生成了一个名称为"PLC_1_Send_DB"的连接数据块 DB3，连接 ID 为 1，连接类型为 TCP，PLC_1 为主动建立连接。按照同样的方法，在 PLC_2 下生成连接数据块"PLC_2_Receive_DB"，连接 ID 为 1。

③ 单击 TRCV_C 指令中的"开始组态"按钮 ，在巡视窗口中单击"伙伴"文本框右侧的 按钮，在下拉列表中选择通信伙伴为 PLC_2。单击 PLC_1 下面的"连接数据"文本框右侧的 按钮，在下拉列表中选择已经建立的"PLC_1_Send_DB"。在 PLC_2 下，自动选择已经建立的连接数据"PLC_2_Receive_DB"，两个 PLC 下的连接 ID 都为 1。

④ 将 TSEND_C 指令的 REQ 设置为 M0.0，则每 0.1s 发送一次。参数 DATA 的实参设为发送字节 MB4。

⑤ 将 TRCV_C 指令的 EN_R 设置为"1"，启用接收功能。将参数 DATA 的实参设为接收字节 MB5。

⑥ PLC_2 对本机的丫-△启动控制。在程序段 3 中，未在△形连接运行时，接收到来自 PLC_2 的启动（MB5 的第 0 位为"1"），电源接触器和丫形接触器置位，电动机丫形启动。

179

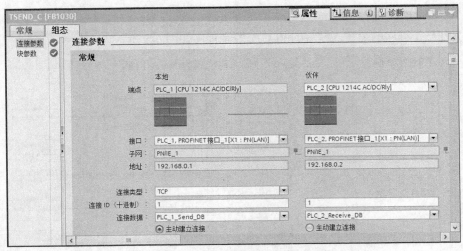

图6-6　组态TSEND_C的连接参数

在程序段 4 中，Y形接触器接通时，延时 5s。延时时间到后，复位Y形接触器，置位△形接触器，由Y形启动切换为△形运行。

在程序段 5 中，接收到来自 PLC_2 的停止（MB5 的第 1 位为"1"）时，复位从 Q0.0 开始的 3 个位，电动机停止。

⑦ 本机对 PLC_2 电动机的正反转控制。在程序段 6 中，取 IB0 的低 3 位送入 MB4，发送到 PLC_2，对 PLC_2 电动机进行控制，即 I0.0（对应 M4.0）作为正转控制，I0.1（对应 M4.1）作为反转控制，I0.2（对应 M4.2）作为停止控制。

（2）PLC_2 程序的编写。编写的 PLC_2 控制程序如图 6-7 所示。

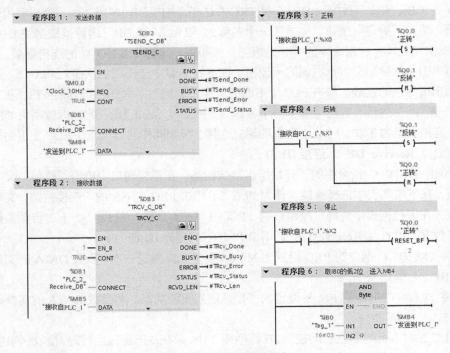

图6-7　PLC_2控制程序

① TSEND_C 指令和 TRCV_C 指令的连接参数组态与 PLC_1 的连接参数组态基本相同，只是连接伙伴应选择 PLC_1，连接数据应在下拉列表中选择已经建立的连接数据块。

② PLC_1 对本机的正反转控制。在程序段 3 中，接收到来自 PLC_1 的正转（MB5 的第 0 位为"1"），置位正转接触器，复位反转接触器，电动机正转。

在程序段 4 中，接收到来自 PLC_1 的反转（MB5 的第 1 位为"1"），置位反转接触器，复位正转接触器，电动机反转。

在程序段 5 中，接收到来自 PLC_1 的停止（MB5 的第 2 位为"1"），复位正转接触器和反转接触器，电动机停止。

③ 本机对 PLC_1 电动机的丫-△启动控制。在程序段 6 中，取 IB0 的低 2 位送入 MB4，发送到 PLC_1，对 PLC_1 电动机进行丫-△启动控制，即 I0.0（对应 M4.0）作为启动控制，I0.1（对应 M4.1）作为停止控制。

二、仿真运行

（1）在项目树下的项目"6-1 应用 TCP 连接实现 S7-1200 之间的通信"上单击鼠标右键，选择"属性"→"保护"选项，选择"块编译时支持仿真"选项，选择项目树下的站点"PLC_1"，再单击工具栏中的"编译"按钮 进行编译。编译后，巡视窗口中应显示没有错误。按照同样的方法编译"PLC_2"。

（2）单击工具栏中的"开始仿真"按钮 ，打开仿真器，单击"新建"按钮 ，新建一个仿真项目"6-1 应用 TCP 连接实现 S7-1200 之间的通信 PLC_1 仿真"。在进入的"下载预览"界面中单击"装载"按钮，将 PLC_1 站点下载到仿真器中。按照同样的方法，将 PLC_2 站点下载到仿真项目"6-1 应用 TCP 连接实现 S7-1200 之间的通信 PLC_2 仿真"中。

（3）在 PLC_1 的仿真界面中，双击"SIM 表格"下的"SIM 表格_1"选项，打开"SIM 表格_1"，通过单击"名称"列的 按钮，在下拉列表中选择需要添加的变量，如图 6-8（a）所示。按照同样的方法，添加 PLC_2 仿真器的变量，如图 6-8（b）所示。单击两个仿真器工具栏中的"启动 CPU"按钮 ，使 PLC_1 和 PLC_2 运行。

（a）PLC_1的仿真

（b）PLC_2的仿真

图6-8 应用TCP连接实现S7-1200之间的通信仿真

（4）在 PLC_1 的仿真器中，连续单击两次 IB0 的最低位（即 I0.0 通断一次），PLC_2 仿真器中"正转"为 TRUE，电动机正转。连续单击两次 I0.1，PLC_2 仿真器中"反转"为 TRUE，电动机反转。连续单击两次 I0.2，PLC_2 仿真器中的"正转"和"反转"均为 FALSE，电动机停止。

（5）在 PLC_2 的仿真器中，连续单击两次 IB0 的最低位（即 I0.0 通断一次），PLC_1 仿真器中"电源接触器"和"丫形接触器"均为 TRUE，电动机丫形启动，同时定时器 T1 的当前值 ET 开始延时 5s。延时时间到后，"丫形接触器"为 FALSE，"△形接触器"为 TRUE，电动机由丫形运行切换为△形运行。连续单击两次 I0.1，PLC_1 仿真器中的 Q0.0～Q0.2 均为 FALSE，电动机停止。

三、运行操作步骤

（1）按照图 6-1 连接控制电路。

（2）在项目树下选择站点"PLC_1"，再单击工具栏中的"下载到设备"按钮，将该站点下载到 PLC_1 中。单击工具栏中的"启动 CPU"按钮，使 PLC_1 处于运行状态。

（3）按照同样的方法，将站点"PLC_2"下载到 PLC_2 中并使其处于运行状态。

（4）在 PLC_1 中，按下正转按钮 SB1，PLC_2 的电动机正转启动；按下反转按钮 SB2，PLC_2 的电动机反转启动；按下停止按钮 SB3，PLC_2 的电动机停止。

（5）在 PLC_2 中，按下启动按钮 SB4，PLC_1 的电动机丫形启动，经过 5s 后，切换为△形运行；按下停止按钮 SB5，PLC_1 的电动机停止。

扩展知识

一、ISO-on-TCP通信

ISO-on-TCP 是在 TCP 中定义了 ISO 传输的属性，ISO 协议是通过数据包进行数据传输的。ISO-on-TCP 是面向消息的协议，数据传输时传送消息长度和消息结束标志。ISO-on-TCP 利用传输服务访问点（Transport Service Access Point，TSAP）将消息路由至接收方特定的通信端点。

将项目"6-1 应用 TCP 连接实现 S7-1200 之间的通信"另存为一个项目，将图 6-6 中的"连接类型"修改为"ISO-on-TCP"，用户的程序和其他组态数据都不变，即可按照图 6-8 进行仿真操作。

二、UDP通信

UDP（User Datagram Protocal，用户数据包协议）是一种非面向连接的协议，发送数据之前无须建立通信连接，传输数据时只需要指定 IP 地址和端口号作为通信端点即可，不具有 TCP 中的安全机制，数据的传输无须伙伴方应答，因而数据传输的安全无法得到保障。

练习题

1．开放式用户通信包括_____、_____和_____。

2．开放式用户通信有什么特点？TSEND_C 指令和 TRCV_C 指令的功能分别是什么？

3．使用开放式用户通信 TSEND_C 指令和 TRCV_C 指令将 PLC_1 站点的数据块 DB1 中的 100 个字节单元发送到 PLC_2 站点的数据块 DB2 的 100 个字节单元中。

任务 2 应用 S7 连接实现 S7-1200 之间通信

任务引入

S7 通信是 S7-1200 CPU 之间最常用、最简单的通信。本任务应用 S7 通信实现如下控制要求。

（1）服务器（Server）向客户端（Client）发送启动、停止信息，对客户端的水泵进行运行控制。

（2）客户端向服务器发送水泵的运行状态和测量压力（压力传感器测量范围为 0～10kPa，输出为 0～10V）。

根据控制要求设计的控制电路如图 6-9 所示。

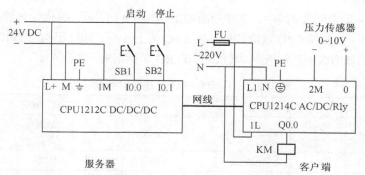

图6-9 应用S7连接实现S7-1200之间的通信控制电路

相关知识

一、基于以太网的S7通信

S7 通信作为 SIMATIC 的内部通信，用于 SIMATIC CPU 之间的相互通信，该通信标准未公开，不能用于与第三方设备通信，相对于 OUC 来说，S7 通信是一种更加安全的通信协议。

S7 协议是面向连接的协议，在进行数据交换之前，必须与通信伙伴建立连接。S7 连接是需要组态的静态连接，静态连接要占用 CPU 的连接资源。基于连接的通信分为单向连接和双向连接，S7-1200 仅支持 S7 单向连接。

单向连接中的客户端是向服务器请求服务的设备，S7-1200 CPU 进行 S7 通信时，需要在客户端调用 GET 指令/PUT 指令读/写服务器的存储区。服务器是通信中的被动方，用户不用编写服务器的 S7 通信程序。因为客户端可以读、写服务器的存储区，单向连接实际上可以双向传输数据。

二、PUT指令和GET指令

1．PUT 指令

在程序编辑器中，选择"指令"→"通信"→"S7 通信"选项，将 PUT 指令拖曳到程序段中，其梯形图如图 6-10（a）所示，其指令参数说明见表 6-3。

PUT 指令用于将数据写入伙伴 CPU 中。在 REQ 的上升沿，通过已组态的 ID 将本地 CPU 的 SD_1 指向的数据区写入 ADDR_1 指向的伙伴 CPU 的待写入数据区中。

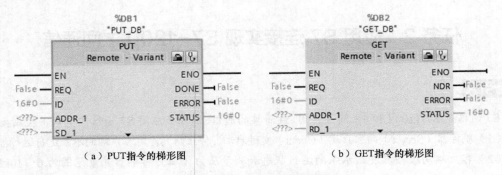

（a）PUT指令的梯形图　　　　　　　　　　（b）GET指令的梯形图

图6-10　S7通信指令的梯形图

2. GET 指令

将 GET 指令拖曳到程序段中，其梯形图如图 6-10（b）所示，其指令参数说明见表 6-3。

GET 指令用于从伙伴 CPU 读取数据。在 REQ 的上升沿，通过已组态的 ID 将 ADDR_1 指向的伙伴 CPU 的读取数据区读取到本地 CPU 的 RD_1 指向的数据区中。

表 6-3　PUT 指令和 GET 指令的参数说明

PUT 指令				GET 指令			
参数	声明	数据类型	说明	参数	声明	数据类型	说明
REQ	Input	Bool	上升沿触发	REQ	Input	Bool	上升沿触发
ID	Input	Word	指定与伙伴 CPU 连接的寻址参数	ID	Input	Word	指定与伙伴 CPU 连接的寻址参数
ADDR_1	InOut	Remote	指向伙伴 CPU 写入区域的指针	ADDR_1	InOut	Remote	指向伙伴 CPU 待读取区域的指针
SD_1	InOut	Variant	指向本地 CPU 要发送数据区域的指针	RD_1	InOut	Variant	指向本地 CPU 要输入已读取数据区域的指针
DONE	Output	Bool	其值为 1 时表示任务执行成功；其值为 0 时表示任务未启动或正在执行	NDR	Output	Bool	其值为 1 时表示任务执行成功；其值为 0 时表示任务未启动或正在执行
ERROR	Output	Bool	其值为 1 时表示任务执行出错；其值为 0 时表示无错误	ERROR	Output	Bool	其值为 1 时表示任务执行出错；其值为 0 时表示无错误
STATUS	Output	Word	指令的状态	STATUS	Output	Word	指令的状态

任务实施

一、硬件组态与软件编程

1. 硬件组态

（1）打开博途软件，新建一个项目"6-2 应用 S7 连接实现 S7-1200 之间通信"。

应用 S7 连接实现
S7-1200 之间
通信

（2）双击项目树下的"添加新设备"选项，添加"CPU1212C DC/DC/DC"，选择版本号为V4.4，将生成的站点名称修改为"Server"。

（3）在网络视图中，选择"硬件"→"控制器"→"SIMATIC S7-1200"→"CPU"→"CPU 1214C AC/DC/Rly"选项，选择订货号"6ES7 214-1BG40-0XB0"，在"信息"窗口中选择版本为"4.2"，将该订货号拖曳到网络视图中，将生成的站点名称修改为"Client"。

（4）单击"连接"按钮 连接，在其右侧的下拉列表中选择"S7 连接"选项。将"Server"的 PN 口（绿色）拖曳到"Client"的 PN 口上，则添加了一个名称为"S7_连接_1"的 S7 连接，如图 6-11 所示。单击网络视图中的 按钮，显示"Client"的 IP 地址为 192.168.0.1，"Server"的 IP 地址为 192.168.0.2。选中"S7_连接_1"，在巡视窗口中选择"本地 ID"选项，显示本地 ID 为W#16#100。

（5）单击"Server"的 CPU，在巡视窗口中选择"防护与安全"→"连接机制"选项，勾选"允许来自远程对象的 PUT/GET 通信访问"复选框。

（6）单击"Client"的 CPU，在巡视窗口中选择"系统与时钟存储器"选项，勾选"启用时钟存储器字节"复选框，使用默认的 MB0。

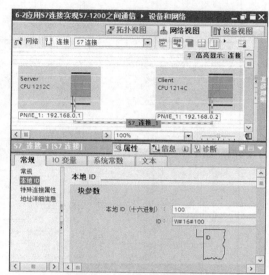

图6-11　组态S7通信

2. 添加全局数据块

（1）添加服务器的数据块。

① 在项目树下选择站点"Server"，双击程序块下的"添加新块"选项，添加一个全局数据块"ServerData"（DB1），如图 6-12（a）所示。结构体"SendToClient"为 Client 待读取的数据区；结构体"RcvFromClient"为 Client 待写入的数据区。

② 在项目树下的数据块 DB1 上单击鼠标右键，选择"属性"选项，取消勾选"优化的块访问"复选框。单击工具栏中的"编译"按钮 对数据块进行编译。

（2）添加客户端的数据块。

① 在项目树下选择站点"Client"，双击程序块下的"添加新块"选项，添加一个全局数据块"ClientData"（DB1），如图 6-12（b）所示。结构体"RcvFromServer"为 GET 指令从 Server 读取到的数据区；结构体"SendToServer"为 PUT 指令发送到 Server 的数据区。

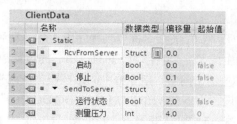

（a）服务器数据块"ServerData"　　　（b）客户端数据块"ClientData"

图6-12　添加全局数据块

② 在项目树下的数据块 DB1 上单击鼠标右键，选择"属性"选项，取消勾选"优化的块访问"复选框。单击工具栏中的"编译"按钮圆对数据块进行编译。

3．软件编程

（1）客户端控制程序的编写。编写的客户端控制程序如图 6-13 所示。

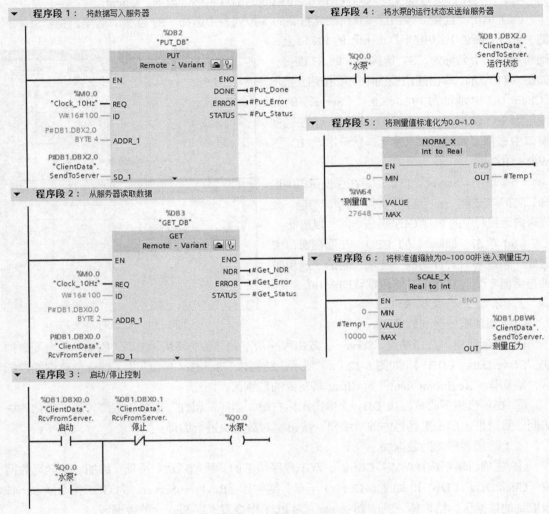

图6-13　客户端控制程序

① 将 PUT 指令拖曳到程序段 1 中，在弹出的"调用选项"对话框中单击"确定"按钮，自动生成了一个名称为"PUT_DB"的背景数据块 DB2。

② 单击 PUT 指令框中的圆按钮，在巡视窗口中选择"组态"→"连接参数"选项，将伙伴方设置为"Server[CPU 1212C DC/DC/DC]"。

③ 选中默认变量表，将变量"Clock_10Hz"拖曳到 REQ 上，每 0.1s 执行一次 PUT 指令；ADDR_1 输入指针为 P#DB1.DBX2.0 BYTE 4，即指向 Server 的 DB1 的变量 RcvFromClient；选中本地数据块 ClientData，在详细视图中将 SendToServer 拖曳到 SD_1 中，将该数据区发送到

Server 中。

④ 将 GET 指令拖曳到程序段 2 中，在弹出的"调用选项"对话框中单击"确定"按钮，自动生成了一个名称为"GET_DB"的背景数据块 DB3。按步骤②选择伙伴为 CPU，按步骤③连接输入参数。

⑤ 在程序段 3 中，控制本地水泵的启动/停止。

⑥ 在程序段 4 中，将水泵的运行状态发送给服务器。

⑦ 在程序段 5 中，将模拟输入的测量值标准化为 0.0～1.0。

⑧ 在程序段 6 中，将标准化值缩放为 0～10 000 并送入测量压力。

（2）服务器控制程序的编写。编写的服务器控制程序如图 6-14 所示，不需要编写通信程序，只需将启动和停止状态写入数据块中，供客户端读取即可。

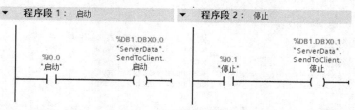

图6-14　服务器控制程序

二、仿真运行

（1）在项目树下的项目"6-2 应用 S7 连接实现 S7-1200 之间通信"上单击鼠标右键，选择"属性"→"保护"选项，选择"块编译时支持仿真"选项，选择项目树下的站点"Client"，再单击工具栏中的"编译"按钮进行编译。编译后，巡视窗口中应显示没有错误。按照同样的方法编译 Server。

（2）单击工具栏中的"开始仿真"按钮，打开仿真器，单击"新建"按钮，新建一个仿真项目"6-2 应用 S7 连接实现 S7-1200 之间通信 Client 仿真"。在进入的"下载预览"界面中单击"装载"按钮，将 Client 站点下载到仿真器中。按照同样的方法，将站点 Server 下载到仿真项目"6-2 应用 S7 连接实现 S7-1200 之间通信 Server 仿真"中。

（3）在 Client 的仿真界面中，双击"SIM 表格"下的"SIM 表格_1"选项，打开"SIM 表格_1"，通过单击"名称"列的按钮，在下拉列表中选择需要添加的变量，如图 6-15（a）所示。按照同样的方法，添加 Server 仿真器的变量，如图 6-15（b）所示。单击两个仿真器工具栏中的"启动 CPU"按钮，使两个 PLC 运行。

（4）在 Server 仿真表格中，单击"启动"按钮，则 Client 仿真表格中的变量"水泵"为 TRUE，水泵运行；Server 表格中的变量"运行状态"也为 TRUE，表示 Client 将水泵的运行状态发送到 Server 中。

（5）在 Client 仿真表格中，单击"测量值"按钮，拖动下面的滑块，则 Client 的测量压力与 Server 的测量压力相同，表示 Client 将测量压力发送到 Server 中。

（6）在 Server 仿真表格中，单击"停止"按钮，则 Client 表格中的"水泵"和 Server 表格中的"运行状态"均为 FALSE，水泵停止。

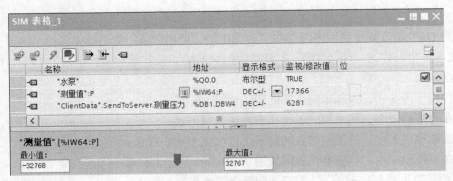

（a）Client的仿真

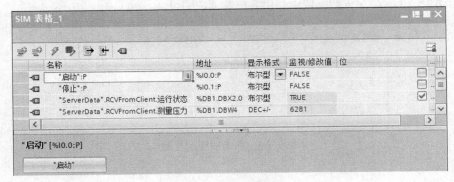

（b）Server的仿真

图6-15　应用S7连接实现S7-1200之间通信仿真

三、运行操作步骤

（1）按照图 6-9 连接控制电路。

（2）在项目树下选择站点"Client"，再单击工具栏中的"下载到设备"按钮，将该站点下载到客户端 PLC 中。单击工具栏中的"启动 CPU"按钮，使客户端的 PLC 处于运行状态。

（3）按照同样的方法，将站点"Server"下载到服务器 PLC 中并使其处于运行状态。

（4）按下服务器的启动按钮 SB1，客户端水泵开始启动；在 Server 站点中，打开数据块"ServerData"，单击工具栏中的"监视"按钮，数据块中的变量"运行状态"的监视值为 TRUE，变量"测量压力"的监视值为测量压力值。

（5）按下服务器的停止按钮 SB2，变量"运行状态"的监视值为 FALSE，水泵停止运行。

练习题

1．当 S7-1200 作为 S7 通信的服务器时，在安全属性方面需要如何设置？

2．客户端和服务器在 S7 通信中各有什么作用？

3．使用 S7 通信将 Client 站点的数据块 DB1 中的 100 个字节单元发送到 Server 站点的数据块 DB1 的 100 个字节单元中。

任务 3　应用 PROFINET IO 连接实现 S7-1200 之间的通信

任务引入

有两台 S7-1200 PLC，一台作为 IO 控制器，另一台作为 IO 设备，控制要求如下。

（1）IO 控制器向 IO 设备发送启动、停止和设定压力，接收 IO 设备的管道测量压力；如果测量压力高于设定压力，则指示灯点亮。

（2）IO 设备接收 IO 控制器的控制信息来控制风机的运行，测量管道压力（压力传感器的测量范围为 0～1kPa，输出为 0～10V）；将风机运行状态和测量压力发送到 IO 控制器。

根据控制要求设计的控制电路如图 6-16 所示，主电路略。

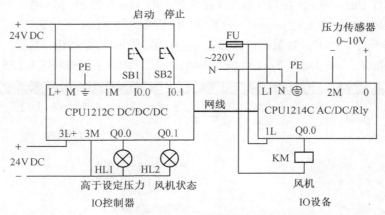

图6-16　应用PROFINET IO连接实现S7-1200之间的通信控制电路

相关知识——PROFINET IO 通信

PROFINET IO 是 Profibus/PROFINET 国际组织基于以太网自动化技术标准定义的一种跨供应商的通信、自动化系统和工程组态的模型，它是基于工业以太网的开放的现场总线，可以将分布式 IO 设备直接连接到工业以太网中，以实现从公司管理层到现场层的直接的、透明的访问。PROFINET IO 主要用于模块化、分布式控制，S7-1200 CPU 可使用 PROFINET IO 通信连接现场分布式站点（如 ET200SP、ET200MP 等）。

在 PROFINET IO 通信系统中，根据组件功能可划分为 IO 控制器和 IO 设备。IO 控制器用于对连接的 IO 设备进行寻址，需要与现场设备交换输入和输出信号。IO 设备是分配给其中一个 IO 控制器的分布式现场设备，ET200、变频器、调节阀等都可以作为 IO 设备。S7-1200 集成的以太网接口作为 PROFINET 接口，可以用作 IO 控制器和 IO 设备。作为 IO 控制器时，其最多可以连接 16 个 IO 设备，最多可以有 256 个子模块。S7-1200 CPU 从固件 V4.0 开始支持 IO 智能设备（I-Device）功能，从固件 V4.1 开始支持共享设备（Shared-Device）功能，可与最多两个 PROFINET IO 控制器连接。

任务实施

一、硬件组态与软件编程

1. 硬件组态

（1）打开博途软件，新建一个项目"6-3 应用 PROFINET IO 连接实现 S7-1200 之间的通信"。

（2）双击项目树下的"添加新设备"选项，添加"CPU1212C DC/DC/DC"，选择版本号为 V4.4，将生成的站点名称修改为"IO_Ctrl"。

（3）在网络视图中，选择"硬件"→"控制器"→"SIMATIC S7-1200"→"CPU"→"CPU 1214C AC/DC/Rly"选项，选择订货号"6ES7 214-1BG40-0XB0"，在"信息"窗口中选择版本为"4.2"，将该订货号拖曳到网络视图中，将生成的站点名称修改为"IO_Dev"。

（4）单击"IO_Dev"的 PN 接口（绿色），在巡视窗口中选择"操作模式"，勾选"IO 设备"复选框。将"IO_Ctrl"的 PN 接口（绿色）拖曳到"IO_Dev"的 PN 接口中，自动生成一个名称为"IO_Ctrl.PROFINET IO-System（100）"的 IO 系统，"IO_Dev"上原来的"未分配"变为了分配给控制器"IO_Ctrl"，如图 6-17 所示。单击网络视图中的 ![按钮] 按钮，显示"IO_Ctrl"的 IP 地址为 192.168.0.1，"IO_Dev"的 IP 地址为 192.168.0.2，默认子网掩码均为 255.255.255.0。

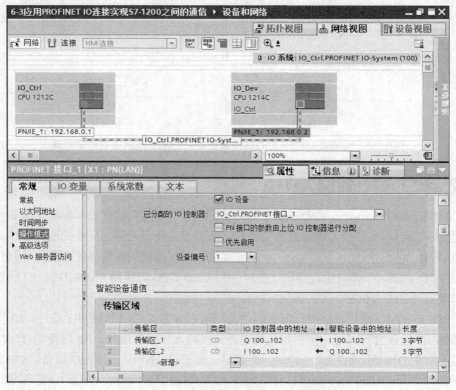

图6-17 组态IO设备的通信连接

（5）在图 6-17 的"IO_Dev"的"传输区域"选项组中，双击"<新增>"选项，添加一个"传输区_1"。将"IO 控制器中的地址"和"智能设备中的地址"列的通信地址区域分别修改为

Q100 和 I100，在"长度"列中输入 3 字节，可自动修改传输区地址长度。IO 控制器"IO_Ctrl"传输数据 QB100～QB102 到智能设备"IO_Dev"的 IB100～IB102 中。

（6）双击"<新增>"选项，添加"传输区_2"，单击传输区域中的 ↔ 列的箭头改变传输方向，按照"传输区_1"的方法修改地址和长度。智能设备"IO_Dev"传输数据 QB100～QB102到 IO 控制器"IO_Ctrl"的 IB100～IB102 中。

2. 软件编程

（1）IO 控制器控制程序的编写。编写的 IO 控制器控制程序如图 6-18 所示，其中变量"发送 IO 设备控制"的地址为 QB100，"来自 IO 设备状态"的地址为 IB100。

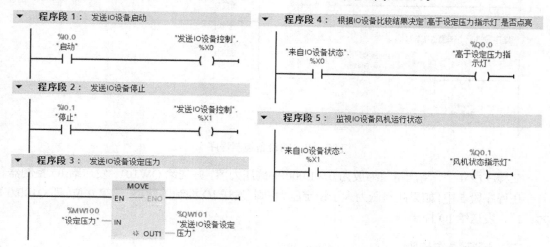

图6-18 IO控制器控制程序

在程序段 1 中，当 I0.0 常开触点接通时，"发送 IO 设备控制"的第 0 位（即 Q100.0）为"1"，对 IO 设备的风机进行启动控制。

在程序段 2 中，当 I0.1 常开触点接通时，"发送 IO 设备控制"的第 1 位（即 Q100.1）为"1"，对 IO 设备的风机进行停止控制。

在程序段 3 中，将设定压力送入 QW101，发送到 IO 设备的 IW101 中。

在程序段 4 中，当"来自 IO 设备状态"的第 0 位（即 I100.0）为"1"时，Q0.0 有输出，"高于设定压力指示灯"点亮。

在程序段 5 中，当"来自 IO 设备状态"的第 1 位（即 I100.1）为"1"时，Q0.1 有输出，"风机状态指示灯"点亮。

（2）IO 设备控制程序的编写。编写的 IO 设备控制程序如图 6-19 所示，其中变量"来自 IO 控制器控制"的地址为 IB100，"发送 IO 控制器状态"的地址为 QB100。

在程序段 1 中，当接收到"来自 IO 控制器控制"的第 0 位（即 I100.0）为"1"时，Q0.0 线圈通电自锁，风机启动；当接收到"来自 IO 控制器控制"的第 1 位（即 I100.1）为"1"时，风机停止。

在程序段 2 中，当风机运行时，"发送 IO 控制器状态"的第 1 位（即 Q100.1）为"1"，发送给 IO 控制器。

在程序段 3 中，将 IW64 的测量值 0～27 648 标准化为 0.0～1.0。

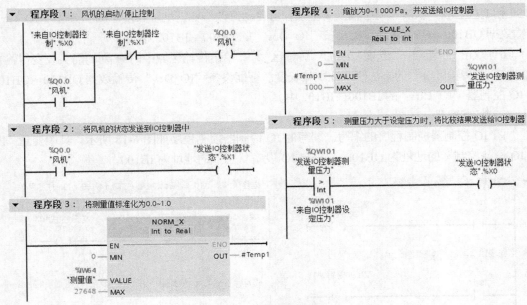

图6-19　IO设备控制程序

在程序段 4 中，将测量值缩放为 0～1 000Pa 的压力值，并送给 QW101，发送给 IO 控制器。

在程序段 5 中，如果测量压力大于设定压力，则"发送 IO 控制器状态"的第 0 位（即 Q100.0）为"1"，发送给 IO 控制器。

二、运行操作步骤

本任务不能仿真，只能实际操作运行。

（1）按照图 6-16 连接控制电路。

（2）在项目树下选择站点"IO_Ctrl"，再单击工具栏中的"下载到设备"按钮![下载],将该站点下载到作为 IO 控制器的 PLC 中。单击工具栏中的"启动 CPU"按钮![启动],使 IO 控制器的 PLC 处于运行状态。

（3）按照同样的方法，将"IO_Dev"下载到作为 IO 设备的 PLC 中并使其处于运行状态。

（4）在站点 IO_Ctrl 下，新建一个监控表，添加变量，如图 6-20 所示。单击工具栏中的"监视"按钮![监视],设置"设定压力"的"修改值"为"500"，单击![按钮]按钮进行修改。

	i	名称	地址	显示格式	监视值	修改值	⚡
1		"来自IO设备测量压力"	%IW101	带符号十进制	723		
2		"设定压力"	%MW100	带符号…	500	500	☑ ❗
3		"高于设定压力指示灯"	%Q0.0	布尔型	TRUE		
4		"风机状态指示灯"	%Q0.1	布尔型	TRUE		

图6-20　IO控制器监控表

（5）按下 IO 控制器的启动按钮 SB1，IO 设备的风机启动；IO 控制器监控表中的"风机状态指示灯"为 TRUE，同时"来自 IO 设备测量压力"的监视值显示测量压力。

（6）当"来自 IO 设备测量压力"的监视值大于"设定压力"的值时，"高于设定压力指示灯"为 TRUE。

（7）按下 IO 控制器的停止按钮 SB2，IO 设备的风机停止。同时，IO 控制器监控表中"风机状态指示灯"为 FALSE。

练习题

1. 在 PROFINET IO 通信系统中，根据组件功能可划分为_____和_____。

2. IO 控制器和 IO 设备的作用是什么？

3. 使用 PROFINET IO 通信将 IO 设备站点的数据块 DB1 中的 100 个字节单元发送到 IO 控制器站点的数据块 DB1 的 100 个字节单元中。

任务4　应用点到点连接实现S7-1200之间的通信

任务引入

使用通信板 CB1241 RS485 通过点到点通信实现如下控制要求。

（1）主站向从站发送 10 个整数，接收来自于从站的 6 个整数。

（2）从站向主站发送 6 个整数，接收来自于主站的 10 个整数。

根据控制要求设计的控制电路如图 6-21 所示。

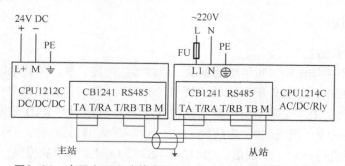

图6-21　应用点到点连接实现S7-1200之间的通信控制电路

相关知识

一、串行通信

串行通信是一种传统的、经济有效的通信方式，适用于不同厂商产品之间节点少、数据量小、通信速率低、实时性要求不高的场合。串行通信的数据是逐位传送的，按照数据流的方向，其可以分成 3 种传输模式，即单工、半双工、全双工；按照传送数据的格式规定，其可以分成两种传输方式，即同步通信、异步通信。

1. 同步通信

同步通信是以帧为数据传输单位的，字符之间没有间隙，也没有起始位和停止位。为保证接收端能正确区分数据流，收发双方必须建立起同步的时钟。

2. 异步通信

异步通信是以字符为数据传输单位的。传送开始时，组成这个字符的各个数据位将被连续

发送，接收端通过检测字符中的起始位和停止位来判断接收
到的字符，其字符信息格式如图 6-22 所示。发送的字符由
1 个起始位、7 个或 8 个数据位、1 个奇偶校验位（可以没
有）、1 个或 2 个停止位组成。其传输时间取决于通信端口
的波特率设置。在串行通信中，传输速率（又称波特率）的
单位为波特，即每秒传送的二进制位数，其单位为 bit/s。

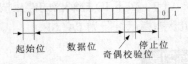

图6-22 异步通信的字符信息格式

3. 单工通信与双工通信

单工通信只能沿单一方向传输数据，双工通信的信息可以沿两个方向传输，双方既可以发
送数据，又可以接收数据。双工通信又分为全双工通信和半双工通信。

全双工通信的数据的发送和接收分别用两组不同的数据线完成，通信的双方都能在同一时
刻接收和发送信息，如图 6-23（a）所示。半双工通信用同一组数据线接收和发送数据，通信的
双方在同一时刻只能发送数据或只能接收数据，如图 6-23（b）所示。

（a）全双工通信　　　　　　　　　　　　　　（b）半双工通信

图6-23 双工通信方式

二、通信模块

1. CM1241 RS232

RS232 采取不平衡传输，使用单端驱动、单端接收电路，是一种共地的传输方式，容易
受到公共地线上的电位差和外部引入的干扰信号的影响，并且接口的信号电平值较高，易损
坏接口电路的芯片。RS232 采用负逻辑，在发送方 TxD 和接收方 RxD 数据传送线上，逻辑
"1" 电压为 $-15 \sim -3$V；逻辑 "0" 电压为 $+3 \sim +15$V；最大通信距离为 15m，最高传输速率
为 20kbit/s，只能进行一对一的通信。CM1241 RS232 串口通信模块提供一个 9 针 D 形公接
头，通信距离较近时，只需要发送线、接收线和信号地线，如图 6-24 所示，便可以实现全
双工通信。

2. CM1241 RS422/RS485

RS422/RS485 数据信号采用差分传输方式，也称平衡传输。其利用两根导线之间的电位差
传输信号，这两根导线称为 A 线和 B 线。当 B 线的电压比 A 线高时，一般认为传输的是逻辑
"1"；反之认为传输的是逻辑 "0"。逻辑 "1" 的电压为 $+2 \sim +6$V，逻辑 "0" 的电压为 $-6 \sim -2$V。
与 RS232 相比，RS422 的通信速率和传输距离有了很大的提高。当传输速率为最大传输速率
10Mbit/s 时，其允许的最大通信距离为 12m。当传输速率为 100kbit/s 时，其最大通信距离为
1 200m。RS422 是全双工，用 4 根导线传送数据，两对平衡差分信号线分别用于发送和接收。

3. CM1241 RS485 或 CB1241 RS485

RS485 为半双工，对外只有一对平衡差分信号线，不能同时发送和接收信号。使用 RS485
通信接口和双绞线可以组成串行通信网络，构成分布式系统。每个 RS485 总线上最多可以有 32
个站，在总线两端必须使用终端电阻。CB1241 提供了用于端接和偏置网络的内部电阻，其网络
拓扑如图 6-25 所示，内部电阻直接被接入电路中。

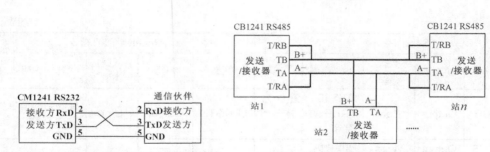

图6-24 CM1241 RS232与通信伙伴接线　　图6-25 CB1241 RS485网络拓扑

三、通信指令

1. Send_P2P 指令

Send_P2P（发送点到点数据）指令用于启动数据传输并向通信模块传输分配的缓冲区中的内容。在程序编辑器中，选择"指令"→"通信"→"通信处理器"→"PtP Communication"选项，将该指令拖曳到程序区中，其梯形图如图 6-26（a）所示。其参数说明见表 6-4。

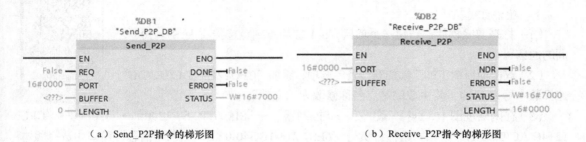

（a）Send_P2P指令的梯形图　　　　（b）Receive_P2P指令的梯形图

图6-26 点到点通信指令的梯形图

表 6-4 Send_P2P 指令和 Receive_P2P 指令的参数说明

Send_P2P 指令				Receive_P2P 指令			
参数	声明	数据类型	说明	参数	声明	数据类型	说明
REQ	Input	Bool	上升沿时开始发送数据	PORT	Input	UInt	通信端口的硬件标识符
PORT	Input	UInt	通信端口的硬件标识符	BUFFER	Input	Variant	指向接收缓冲区的存储区的指针
BUFFER	Input	Variant	指向发送缓冲区的存储区的指针	NDR	Output	Bool	成功接收到一个新的消息，置位为 TRUE 并保持一个周期
LENGTH	Input	UInt	要传输的数据字节长度	ERROR	Output	Bool	接收有错误，置位为 TRUE 并保持一个周期
DONE	Output	Bool	发送完成无错误，置位为 TRUE 并保持一个周期	STATUS	Output	Word	错误代码

续表

Send_P2P 指令				Receive_P2P 指令			
参数	声明	数据类型	说明	参数	声明	数据类型	说明
ERROR	Output	Bool	有错误，置位为 TRUE 并保持一个周期	LENGTH	Output	UInt	接收到的消息中包含的字节数
STATUS	Output	Word	错误代码	—	—	—	—

2. Receive_P2P 指令

Receive_P2P 指令用于接收消息。将 Receive_P2P 指令拖曳到程序区中，其梯形图如图 6-26（b）所示。其参数说明见表 6-4。

任务实施

一、硬件组态与软件编程

1. 硬件组态

（1）打开博途软件，新建一个项目"6-4 应用点到点连接实现 S7-1200 之间的通信"。

（2）双击项目树下的"添加新设备"选项，添加"CPU1212C DC/DC/DC"，选择版本号为 V4.4，将生成的站点名称修改为"主站"。

应用点到点连接实现 S7-1200之间的通信

（3）在网络视图中，选择"硬件"→"控制器"→"SIMATIC S7-1200"→"CPU"→"CPU 1214C AC/DC/Rly"选项，选择订货号"6ES7 214-1BG40-0XB0"，在"信息"窗口中选择版本为"4.2"，将该订货号拖曳到网络视图中，将生成的站点名称修改为"从站"。

（4）双击"主站"CPU，打开设备视图，选择"硬件"→"通信板"→"点到点"→"CB1241（RS485）"选项，将订货号"6ES7 241-1CH30-1XB0"拖曳到 CPU 中。选中该通信板，在巡视窗口中选择"属性"→"常规"→"IO-Link"选项，进行相关设置，如图 6-27 所示。选中该 CPU，在巡视窗口中选择"系统与时钟存储器"，勾选"启用系统存储器字节"复选框，使用默认的 MB1。

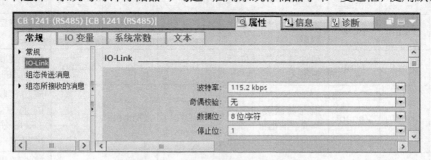

图6-27 组态CB1241 RS485端口

（5）打开"从站"的设备视图，添加与"主站"相同的信号板 CB1241 并设置相同的接口参数。

2. 软件编程

（1）主站控制程序。编写的主站控制程序如图 6-28 所示，主站的发送和接收使用了轮询。

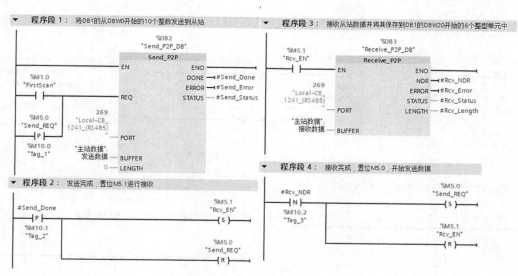

图6-28 主站控制程序

① 添加一个名称为"主站数据"的全局数据块 DB1，先创建一个数据类型为 Array[0..9] of Int 的数组"发送数据"，用于发送数据，再创建一个数据类型为 Array[0..5] of Int 的数组"接收数据"，用于接收。

② 打开 OB1，选择"指令"→"通信"→"通信处理器"→"PtP Communication"选项，将 Send_P2P 指令拖曳到程序段 1 中，在弹出的"调用选项"对话框中，单击"确定"按钮，自动生成了一个名称为"Send_P2P_DB"的背景数据块 DB2。

③ 选中默认变量表，在详细视图中将"Local～CB_1241_(RS485)"拖曳到 PORT 中；选中数据块"主站数据"，在详细视图中将"发送数据"拖曳到 BUFFER 处，则在 REQ 信号出现上升沿，发送数组"发送数据"到从站。

④ 在程序段 2 中，当发送完成时，Send_Done 为"1"，将接收使能位 M5.1 置位，发送请求位 M5.0 复位。

⑤ 将 Receive_P2P 指令拖曳到程序段 3 中，在弹出的"调用选项"对话框中，单击"确定"按钮，自动生成了一个名称为"Receive_P2P_DB"的背景数据块 DB3。当 M5.1 为"1"时，将接收到的数据保存到数据块"主站数据"的数组"接收数据"中，同时 Receive_P2P 指令的输出位 Rcv_NDR 为"1"，表示已接收到新数据。

⑥ 在程序段 4 中，在 Rcv_NDR（见程序段 1）的下降沿将发送请求位 M5.0 置位，在程序段 1 中重新启动发送过程，同时将接收使能位 M5.1 复位。

（2）从站控制程序。从站控制程序如图 6-29 所示，从站控制程序也采取了轮询。

① 添加一个名称为"从站数据"的全局数据块 DB1，先创建一个数据类型为 Array[0..9] of Int 的数组"接收数据"，再创建一个数据类型为 Array[0..5] of Int 的数组"发送数据"。

② 从站控制程序的编写过程与主站相似，从站控制过程如下。

在程序段 1 中，使能信号 EN 为"1"，将接收到的数据保存到数据块"从站数据"的数组"接收数据"中，同时 Rcv_NDR 变为"1"。

在程序段 2 中，在 Rcv_NDR 的下降沿将 M5.0 置位，使程序段 1 中的 M5.0 常闭触点断开，停止接收；同时程序段 3 中的 M5.0 常开触点接通，开始发送数据。

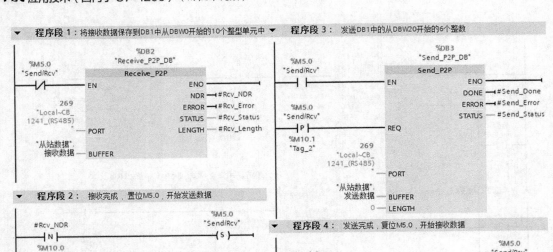

图6-29　从站控制程序

在程序段 3 中，M5.0 为"1"，将数据块"从站数据"中的数组"发送数据"发送给主站。

在程序段 4 中，数据发送完成后，Send_P2P 的输出位 Send_Done 变为"1"，将 M5.0 复位，停止发送数据；同时程序段 1 中的 M5.0 常闭触点接通，Receive_P2P 的 EN 输入变为"1"，又开始接收主站发送的数据。

二、运行操作步骤

本任务不能仿真，只能实际操作运行。

（1）按照图 6-21 连接控制电路。

（2）按照图 6-30 设置"主站数据"和"从站数据"数据块中的数组"发送数据"的起始值。

主站数据

		名称		数据类型	起始值	监视值
1		▼ Static				
2	■	▼ 发送数据		Array[0..9] of Int		
3	■		发送数据[0]	Int	11	11
4	■		发送数据[1]	Int	12	12
5	■		发送数据[2]	Int	13	13
6	■		发送数据[3]	Int	14	14
7	■		发送数据[4]	Int	15	15
8	■		发送数据[5]	Int	16	16
9	■		发送数据[6]	Int	17	17
10	■		发送数据[7]	Int	18	18
11	■		发送数据[8]	Int	19	19
12	■		发送数据[9]	Int	20	20
13	■	▼ 接收数据		Array[0..5] of Int		
14	■		接收数据[0]	Int	0	21
15	■		接收数据[1]	Int	0	22
16	■		接收数据[2]	Int	0	23
17	■		接收数据[3]	Int	0	24
18	■		接收数据[4]	Int	0	25
19	■		接收数据[5]	Int	0	26

（a）主站的数据监视

从站数据

		名称		数据类型	起始值	监视值
1		▼ Static				
2	■	▼ 接收数据		Array[0..9] of Int		
3	■		接收数据[0]	Int	0	11
4	■		接收数据[1]	Int	0	12
5	■		接收数据[2]	Int	0	13
6	■		接收数据[3]	Int	0	14
7	■		接收数据[4]	Int	0	15
8	■		接收数据[5]	Int	0	16
9	■		接收数据[6]	Int	0	17
10	■		接收数据[7]	Int	0	18
11	■		接收数据[8]	Int	0	19
12	■		接收数据[9]	Int	0	20
13	■	▼ 发送数据		Array[0..5] of Int		
14	■		发送数据[0]	Int	21	21
15	■		发送数据[1]	Int	22	22
16	■		发送数据[2]	Int	23	23
17	■		发送数据[3]	Int	24	24
18	■		发送数据[4]	Int	25	25
19	■		发送数据[5]	Int	26	26

（b）从站的数据监视

图6-30　主站和从站的数据监视

（3）在项目树下选择站点"主站"，再单击工具栏中的"下载到设备"按钮，将该站点下载到作为主站的 PLC 中。单击工具栏中的"启动 CPU"按钮，使主站 PLC 处于运行状态。

（4）按照同样的方法，将站点"从站"下载到作为从站的 PLC 中并使其处于运行状态。

（5）单击"主站数据"数据块和"从站数据"数据块工具栏中的"监视"按钮，从监视值可以看到，主站发送的 10 个整数由从站接收成功，从站发送的 6 个整数由主站接收成功。

练习题

1．什么是半双工通信？

2．每个 RS485 总线上最多可以有多少个站点？总线两端应如何处理？

3．Send_P2P 指令和 Receive_P2P 指令的功能分别是什么？

4．使用点到点通信将从站的数据块 DB1 中的 100 个字节单元发送到主站的数据块 DB1 的 100 个字节单元中。

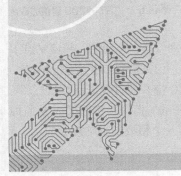

课程育人

作为中国航天科技集团的一名焊工，大国工匠高凤林将本职工作做到了极致，可以将焊接宽度 0.16mm、焊接厚度 0.33mm 的焊接时间误差控制在 0.1s，堪称技工之王。从中我们悟出，在 PLC 控制电路安装和接线中要发扬注重细节、一丝不苟、精益求精的工匠精神。

三相交流异步电动机具有结构简单、使用方便、工作可靠、价格低廉的优点，其不足之处是调速比较困难。近年来，大功率电力器件和计算机控制技术的发展，极大地促进了交流变频调速技术的进步，目前，各行业生产设备中广泛使用的变频器已具有无级变频调速功能，各类变频器种类齐全，使用方便，自动化程度高，充分满足了生产工艺的调速要求，其应用前景十分广阔。

●●● 任务 1　认识变频器 ●●●

任务引入

通过本任务的学习，读者可了解通用变频器的用途和基本结构，熟悉变频器端子连接方法及各端子的功能。

相关知识

一、变频器的用途

1. 无级调速

如图 7-1 所示，变频器把频率固定的交流电（频率 50Hz）转换成频率和电压连续可调的交流电，因为三相异步电动机的转速与电源频率成线性正比关系，所以受变频器驱动的电动机可以平滑地改变转速，实现无级调速。

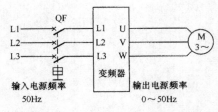

图7-1　变频器变频输出

2. 节能

对于受变频器控制的风机和泵类负载，当需要大流量时可提高电动机的转速，当需要小流量时可降低电动机的转速，这样不但能保持流量平稳，减少启动和停机次数，而且节能效果显著，经济效益可观。

3. 缓速启动

许多生产设备需要电动机缓速启动，例如，载人电梯为了保证舒适性必须以较低的速度平稳启动。传统的降压启动方式不但成本高，而且控制线路复杂。而使用变频器只需要设置启动频率和启动加速时间等参数即可做到缓速平稳启动。

4. 直流制动

变频器具有直流制动功能，可以准确地定位停车。

5. 提高自动化控制水平

变频器有较多的外部信号（开关信号或模拟信号）控制接口和通信接口，不但功能强大，而且可以组网控制。使用变频器的电动机大大降低了启动电流，启动和停机过程平稳，减少了对设备的冲击力，延长了电动机及生产设备的使用寿命。

二、变频器的基本结构

变频器由主电路和控制电路构成，其基本结构如图 7-2 所示。

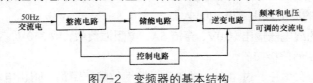

图7-2　变频器的基本结构

1. 变频器的主电路

变频器的主电路包括整流电路、储能电路和逆变电路，是变频器的功率电路。变频器主电路的结构如图 7-3 所示。

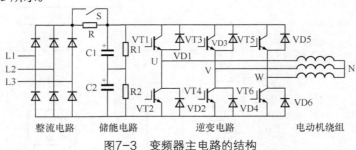

图7-3　变频器主电路的结构

（1）整流电路：由二极管构成三相桥式整流电路，将交流电全波整流为直流电。

（2）储能电路：由电容 C1、C2 构成（R1、R2 为均压电阻），具有储能和平稳直流电压的作用。为了防止刚接通电源时对电容器充电电流过大，串入了限流电阻 R，当充电电压上升到正常值后，与 R 并联的开关 S 闭合，将 R 短接。

（3）逆变电路：由 6 只绝缘栅双极晶体管（IGBT）VT1～VT6 和 6 只续流二极管 VD1～VD6 构成三相逆变桥式电路。晶体管工作于开关状态，按一定规律轮流导通，将直流电逆变成三相交流电，驱动电动机工作。

2. 变频器的控制电路

变频器的控制电路主要以单片微处理器为核心，具有设定和显示运行参数、信号检测、系统保护、计算与控制、驱动逆变管等功能。

三、MM420变频器

西门子 MM4 系列变频器有 MICROMASTER420（MM420）、MM430 和 MM440，MM420

为通用变频器，MM430 主要应用于风机、泵类电动机的控制，MM440 为高端的矢量变频器。

1. 变频器的技术参数

MM420 系列有多种型号，参数范围从单相 220V/0.12kW 到三相 380V/11kW，其主要技术参数如下。

（1）交流电源电压：单相 200～240V 或三相 380～480V。

（2）输入频率：47～63Hz。

（3）输出频率：0～650Hz。

（4）额定输出功率：单相 0.12～3kW 或三相 0.37～11kW。

（5）7 个可编程的固定频率。

（6）3 个可编程的数字量输入。

（7）1 个模拟量输入（0～10V）或用作第 4 个数字量输入。

（8）1 个可编程的模拟输出（0～20mA）。

（9）1 个可编程的继电器输出（30V、直流 5A、电阻性负载，或 250V、交流 2A、感性负载）。

（10）1 个 RS485 通信接口。

（11）保护功能有欠电压、过电压、过负载、接地故障、短路、防止电动机失速、闭锁电动机、电动机过温、变频器过温、参数 PIN 编号保护等。

2. 变频器的结构

MM420 变频器由主电路和控制电路构成，其结构框图与外部接线端如图 7-4 所示。

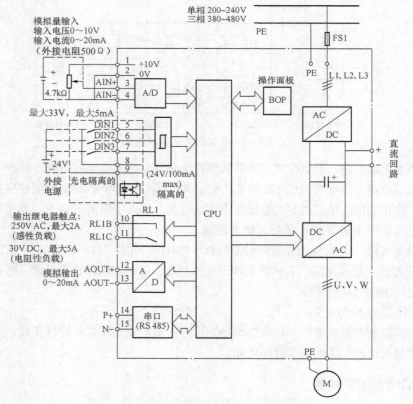

图7-4　MM420结构框图与外部接线端

3. 变频器的端子功能

MM420 变频器主电路端子功能见表 7-1。

表 7-1　MM420 变频器主电路端子功能

端子	端子功能
L1、L2、L3	三相电源接入端，连接 380V、50Hz 交流电源
U、V、W	三相交流电压输出端，连接三相交流电动机首端。此端如误接三相电源端，则变频器通电时将烧毁
DC+、DC−	直流回路电压端，供维修测试用。即使电源切断，电容器上仍然带有危险电压，在切断电源 5min 后才允许打开本设备
PE	通过接地导体的保护性接地

MM420 变频器控制端子的功能见表 7-2。控制端子使用了快速插接器，用小螺钉旋具轻轻撬压快速插接器的簧片，即可将导线插入夹紧。

表 7-2　MM420 变频器控制端子的功能

端子编号	端子功能	电源/相关参数代号/出厂设置值
1	模拟量频率设定电源（+10V）	模拟量传感器也可使用外部高精度电源，直流电压范围为 0~10V
2	模拟量频率设定电源（0V）	
3	模拟量输入端 AIN+	P1000=2，频率选择模拟量设定值
4	模拟量输入端 AIN−	
5	数字量输入端 DIN1	P0701=1，正转/停止
6	数字量输入端 DIN2	P0702=12，反转
7	数字量输入端 DIN3	P0703=9，故障复位
8	数字量电源（+24V）	也可使用外部电源，最大为直流 33V
9	数字量电源（0V）	
10	继电器输出 RL1B	P0731=52.3，变频器出现故障时继电器动作，常开触点闭合，用于故障识别
11	继电器输出 RL1C	
12	模拟量输出 AOUT+	P0771~P0781
13	模拟量输出 AOUT−	
14	RS485 串行链路 P+	P2000~P2051
15	RS485 串行链路 N−	

四、MM420变频器的参数设置

1. MM420 操作面板

MM420 变频器有状态显示板（Status Display Panel，SDP）、基本操作面板（Basic Operation Panel，BOP）和高级操作面板（Advanced Operation Panel，AOP）。MM420 变频器的 BOP 如图 7-5 所示，BOP 具有七段显示的 5 位数字，可以显示参数的序号和数值、报警和故障信息，以及设定值和实际值。BOP 操作说明见表 7-3。

图7-5　MM420变频器的 BOP

表 7-3　BOP 操作说明

显示/按键	功能	功能说明
r0000	状态显示	液晶显示器（Liquid Crystal Display，LCD）显示变频器当前的参数值。r××××表示只读参数，P××××表示可以设置的参数，P 表示变频器忙碌，正在处理优先级更高的任务
	启动变频器	按此键启动变频器。默认运行时此键是被封锁的。为了使此键起作用，应设定 P0700=1
	停止变频器	OFF1：按此键，变频器将按选定的斜坡下降速率减速停车。默认运行时此键被封锁；为了允许此键操作，应设定 P0700=1 OFF2：按此键两次（或一次，但时间较长），电动机将在惯性作用下自由停机。此功能总是"使能"的
	改变电动机的转动方向	按此键可以改变电动机的转动方向。电动机的反向用负号（−）表示。默认运行时此键是被封锁的，为了使此键的操作有效，应设定 P0700=1
	电动机点动	在变频器无输出的情况下按此键，将使电动机点动，并按预设的点动频率（出厂值为 5Hz）运行。释放此键时，变频器停止。如果变频器/电动机正在运行，则按此键将不起作用
	功能	此键用于浏览辅助信息。 变频器运行过程中，在显示任何一个参数时按下此键并保持不动 2s，将显示以下参数值（在变频器运行中从任何一个参数开始）： ①直流回路电压（用 d 表示，单位为 V）； ②输出电流（A）； ③输出频率（Hz）； ④输出电压（V）； ⑤由 P0005 选定的数值。 连续多次按下此键，将轮流显示以上参数跳转功能。在显示任何一个参数(r××××或 P××××）时短时间按下此键，将立即跳转到 r0000。如果需要，可以接着修改其他参数。跳转到 r0000 后，按此键将返回原来的显示点
	访问参数	按此键即可访问参数
	增加数值	按此键即可增加面板上显示的参数数值，长时间按可快速增加
	减少数值	按此键即可减少面板上显示的参数数值，长时间按可快速减少

2. MM420 参数设置方法

MM420 变频器的每一个参数对应一个编号，用 0000～9999 中的 4 位数字表示。在编号的前面冠以一个小写字母"r"时，表示该参数是"只读"参数。其他编号的前面都冠以一个大写字母"P"，P 参数的设置值可以在最小值和最大值内进行修改。

（1）长按 Fn（功能键）2s，显示"r0000"。

（2）按 ▼/▲，找到需要修改的参数。

（3）按 P，进行该参数值的修改。

（4）再按 Fn，最右边的一个数字闪烁。

（5）按 ▼/▲，修改这一位数字的数值。

（6）再按 🔘，相邻的下一位数字闪烁。

（7）执行步骤（4）～步骤（6），直到显示出所要求的数值。

（8）按 🔘，退出参数数值的访问级。

3. MM420 恢复出厂设定值的方法

出厂设定值一般可以满足大多数常规控制要求，利用出厂设定值，可以快速设置变频器运行参数。要想把变频器的全部参数复位为出厂设定值，应按以下参数值进行设置。

（1）P0010 = 30。

（2）P0970 = 1。

复位时，LCD 显示"P----"，完成复位过程大约需要 10s。

任务实施

（1）查询 MM420 用户手册，了解 MM420 变频器的用途。

（2）识别 MM420 硬件的型号及其接线端子。

（3）识别 MM420 的 BOP 的按键功能。

（4）使用 BOP 的按键设置参数 P0010 为 30，修改参数 P0970 为 1，使变频器的参数恢复为出厂设置。

练习题

1. 变频器的用途是什么？

2. 变频器的主电路由哪几部分组成？各部分的功能是什么？

3. 三相交流电源连接变频器的什么端子？三相异步电动机连接变频器的什么端子？

任务2 应用 S7-1200 与变频器实现连续运转控制

任务引入

由 S7-1200 通过西门子变频器 MM420 驱动电动机，实现电动机的正转连续控制，控制要求如下。

（1）当按下启动按钮时，通过变频器的数字量输入端来控制电动机启动，以 40Hz 固定频率运转。

（2）当按下停止按钮时，电动机断电停止。

由 S7-1200 通过变频器驱动电动机实现的连续运转控制电路如图 7-6 所示，使用变频器的数字量输入端 DIN1 控制电动机的启动/停止。

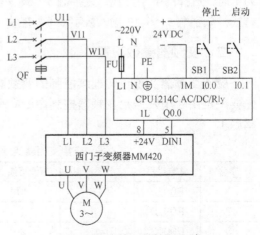

图7-6 连续运转控制电路

相关知识

一、数字量输入功能

MM420 有 3 个数字量输入端 DIN1～DIN3。每个输入端都有一个对应的参数，用来设定该端子的功能，见表 7-4。

表 7-4　MM420 的数字输入量的功能

端子编号	数字编号	参数编号	出厂值	功能说明
5	DIN1	P0701	1	0：禁止数字输入 1：接通正转/断开停车 2：接通反转/断开停车 3：断开按惯性自由停车 4：断开按斜坡曲线快速停车 9：故障复位
6	DIN2	P0702	12	10：正向点动 11：反向点动 12：反转（与正转命令配合使用） 13：MOP 升速（用端子接通时间控制升速） 14：MOP 降速（用端子接通时间控制降速） 15：固定频率直接选择
7	DIN3	P0703	9	16：固定频率直接选择+ON 命令 17：固定频率二进制编码选择+ON 命令 21：机旁/远程控制 25：直流制动 29：由外部信号触发跳闸 33：禁止附加频率设定值 99：使能 BICO 参数化

数字量有效输入电平方式有高电平和低电平两种，由参数 P0725 决定，默认值为 1。当 P0725 为 1 时，选择高电平方式，数字端 5、6、7 输入+24V DC 有效。当 P0725 为 0 时，选择低电平方式，数字端 5、6、7 输入数字地 0V 有效。

二、变频器参数设置

应用变频器实现正转连续控制的变频器参数设置见表 7-5。通过变频器驱动电动机，首先要决定由哪里发送给变频器控制命令（即命令源）和变频器输出的频率由哪里设定（即频率源）。

表 7-5　应用变频器实现正转连续控制的变频器参数设置

序号	参数代号	出厂值	设置值	说明
1	P0010	0	30	调出出厂设置参数
2	P0970	0	1	恢复出厂值（恢复时间大约需要 60s）
3	P0003	1	2	参数访问级：扩展级
4	P0010	0	1	启动快速调试

续表

序号	参数代号	出厂值	设置值	说明
5	P0304	400	按电动机 铭牌设置	电动机额定电压（V）
6	P0305	1.90		电动机额定电流（A）
7	P0307	0.75		电动机额定功率（kW）
8	P0311	1395		电动机额定速度（r/min）
9	P0700	2	2	外部数字输入端子控制
10	P1000	2	1	BOP 设定的频率值
11	P1120	10.00	1.00	加速时间（s）
12	P1121	10.00	1.00	减速时间（s）
13	P3900	0	1	结束快速调试
14	P0004	0	7	过滤参数：命令
15	P0701	1	1	DIN1 启动/停止控制
16	P0004	0	10	参数过滤：设定值通道
17	P1040	5.00	40.00	输出频率（Hz）

（1）控制命令用来控制驱动装置的启动、停止、正/反转等功能。序号 9 中的参数 P0700 用来选择运行控制的命令源，设定值为 2，表示使用外部数字输入端子作为命令源。序号 15 中的参数 P0701 设置为 1，表示 DIN1 作为启动/停止控制。

（2）序号 10 中的参数 P1000 用来选择运行控制的频率源，设定值为 1，表示运行频率由 BOP 来设定。序号 17 中的参数 P1040 是 BOP 设定的频率。

（3）序号 1 和序号 2 用来恢复变频器参数为出厂设置，如果变频器为第一次使用，则可以略过。

（4）MM420 的参数分为几个访问级别，不同级别可以访问的参数不同。在设置参数 P0701 和 P1040 时，需要"扩展级"参数访问级别，即将序号 3 中的参数 P0003 设置为 2。

（5）序号 5～序号 8 为与电动机有关的参数，应根据电动机铭牌上的参数进行设置。

（6）序号 11 和序号 12 为电动机的加减速时间。

（7）序号 14 和序号 16 的参数 P0004 用于参数过滤，P0004 设为 7 时，显示与命令有关的参数 P07××；P0004 设为 10 时，显示与频率有关的参数 P10××。

任务实施

一、硬件组态与软件编程

1. 硬件组态

（1）打开博途软件，新建一个项目"7-2 应用 S7-1200 与变频器实现连续运转控制"。

（2）双击项目树下的"添加新设备"选项，添加"CPU1214C AC/DC/Rly"，选择版本号为 V4.2，生成一个站点"PLC_1"。

应用 S7-1200 与
变频器实现连续
运转控制

2. 软件编程

根据控制电路编写的控制程序如图 7-7 所示，当按下启动按钮 SB2 时，I0.1 常开触点接通，Q0.0 通电自锁，变频器 DIN1 有输入，选择参数 P1040 设定的频率运行；当按下停止按钮 SB1

时，I0.0 常闭触点断开，电动机停止。

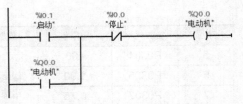

图7-7 连续运转控制程序

二、仿真运行

（1）在项目树下的项目"7-2 应用 S7-1200 与变频器实现连续运转控制"上单击鼠标右键，选择"属性"→"保护"选项，选择"块编译时支持仿真"选项，选择项目树下的站点"PLC_1"，再单击工具栏中的"编译"按钮 进行编译。编译后，巡视窗口中应显示没有错误。

（2）单击工具栏中的"开始仿真"按钮 ，打开仿真器，单击"新建"按钮 ，新建一个仿真项目"7-2 应用 S7-1200 与变频器实现连续运转控制仿真"。在进入的"下载预览"界面中单击"装载"按钮，将 PLC_1 站点下载到仿真器中。

（3）在仿真界面中，双击"SIM 表格"下的"SIM 表格_1"选项，打开"SIM 表格_1"，单击工具栏中的 按钮，将项目中所有的变量都添加到表格中，如图 7-8 所示。单击仿真器工具栏中的"启动 CPU"按钮 ，使 PLC 运行。

图7-8 连续运转控制仿真

（4）选中变量"启动"，再单击界面下方出现的"启动"按钮，变量"电动机"为 TRUE，电动机以设定频率 40Hz 启动运行。

（5）选中变量"停止"，再单击界面下方出现的"停止"按钮，变量"电动机"为 FALSE，电动机停止。

三、运行操作步骤

（1）按照图 7-6 连接控制电路。

（2）在项目树下选择站点"PLC_1"，再单击工具栏中的"下载到设备"按钮 ，将该站点下载到 PLC 中。单击工具栏中的"启动 CPU"按钮 ，使 PLC 处于运行状态。

（3）按表 7-5 设置变频器参数。

（4）按下启动按钮 SB2，电动机启动并以 40Hz 的频率运行。

（5）按下停止按钮 SB1，电动机停止。

练习题

1. 使用变频器端子 DIN1 作为启动控制、DIN2 作为反转控制、DIN3 作为直流制动控制，变频器参数该如何设置？

2. 能否由 DIN1 连接正转/反转控制按钮，DIN2 连接启动/停止控制按钮？如何设置参数？

任务3　应用S7-1200与变频器实现自动往返控制

任务引入

使用 PLC 和变频器组成自动往返控制电路，实现如下控制要求。

（1）当按下启动按钮时，电动机正转启动，加速时间为 1s，运行频率为 25Hz，机械装置前进。

（2）当机械装置的撞块触碰换向行程开关 SQ1 时，电动机先减速停止，后开始反向启动，加减速时间均为 1s，反转运行频率为 40Hz，机械装置后退。

（3）当机械装置的撞块触碰原点行程开关 SQ2 时，电动机停止，完成一个周期的运动。

根据控制要求设计的控制电路如图 7-9 所示。

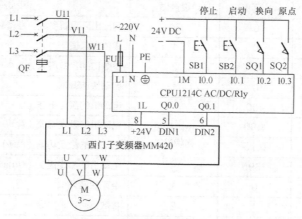

图7-9　自动往返控制电路

相关知识

一、固定频率选择

在频率源选择参数 P1000=3 的条件下，可以用 3 个数字量输入端子 5、6、7 选择固定频率，实现电动机多段速频率运行，最多可达 7 段速。固定频率设置参数 P1001～P1007 的数值为 −650～+650Hz，电动机的转速方向由频率值的正负所决定。

（1）固定频率直接选择（P0701～P0703=15）。在这种操作方式下，一个数字量输入通过频率设置参数选择一个固定频率，见表 7-6。

（2）固定频率直接选择+ON 命令（P0701～P0703=16）。在这种操作方式下，数字量输入既选择固定频率，又具备启动运行变频器命令的功能。

（3）固定频率二进制编码选择+ON 命令（P0701～P0703=17）。

表 7-6　固定频率直接选择操作方式

端子编号	数字编号	固定频率设置参数	功能说明
5	DIN1	P1001	（1）如果有几个固定频率输入同时被激活，则选定的频率
6	DIN2	P1002	是它们的总和，如 FF1+FF2+FF3
7	DIN3	P1003	（2）运行变频器还需要启动命令

二、变频器参数设置

自动往返控制的参数设置见表 7-7，相关参数设置主要包括以下两个方面。

1. 频率源的选择

P1000 设置为 3 时，选择固定频率作为输出频率，固定频率由 P1001 和 P1002 决定。

2. 命令源的选择

P0700 设置为 2 时，选择外部数字端子作为控制输入。P0701 设置为 16，当 DIN1 端子有输入时，直接选择 P1001 设置的频率启动运行；P0702 设置为 16，当 DIN2 端子有输入时，直接选择 P1002 设置的频率启动运行。

表 7-7　自动往返控制的参数设置

序号	参数代号	出厂值	设置值	说明
1	P0010	0	30	调出出厂设置参数，准备复位
2	P0970	0	1	复位出厂值
3	P0003	1	2	参数访问：扩展级
4	P0010	0	1	启动快速调试
5	P0304	400	按电动机铭牌设置	电动机的额定电压（V）
6	P0305	1.90		电动机的额定电流（A）
7	P0307	0.75		电动机的额定功率（kW）
8	P0311	1395		电动机的额定速度（r/min）
9	P3900	0	1	结束快速调试
10	P0003	1	2	参数访问：扩展级
11	P0004	0	7	参数过滤：命令通道 7
12	P0700	2	2	默认外部数字端子控制
13	P0701	1	16	DIN1 选择固定频率直接选择+ON 命令
14	P0702	12	16	DIN2 选择固定频率直接选择+ON 命令
15	P0004	0	10	参数过滤：设定值通道 10
16	P1000	2	3	固定频率
17	P1001	0.00	25.00	固定频率 1 = 25Hz
18	P1002	5.00	−40.00	固定频率 2 = −40Hz
19	P1120	10.00	1.00	加速时间（s）
20	P1121	10.00	1.00	减速时间（s）

任务实施

一、硬件组态与软件编程

1. 硬件组态

（1）打开博途软件，新建一个项目"7-3 应用 S7-1200 与变频器实现自动往返控制"。

应用 S7-1200 与
变频器实现自动
往返控制

（2）双击项目树下的"添加新设备"选项，添加"CPU1214C AC/DC/Rly"，选择版本号为 V4.2，生成一个站点"PLC_1"。

2．软件编程

自动往返控制程序如图 7-10 所示，程序工作原理如下。

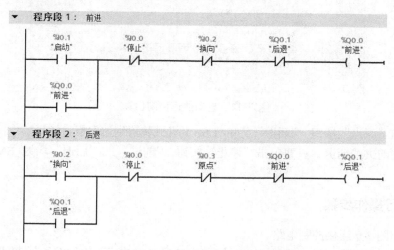

图7-10 自动往返控制程序

（1）前进。当按下启动按钮 SB2（I0.1 常开触点闭合）时，程序段 1 中的 Q0.0 线圈通电自锁，变频器数字端 DIN1 输入有效，变频器输出频率为 25Hz，电动机正转，机械装置前进。

（2）后退。当撞击换向行程开关 SQ1 时，程序段 1 中的 I0.2 常闭触点断开，Q0.0 线圈断电；同时，程序段 2 中的 I0.2 常开触点接通，Q0.1 通电自锁，变频器数字端 DIN2 输入有效，变频器输出频率为-40Hz，电动机反转，机械装置后退。

（3）停止。当后退返回到原点时，触动原点行程开关 SQ2 动作，程序段 2 中的 I0.3 常闭触点断开，Q0.1 线圈断电，电动机停止。在运行过程中，当按下停止按钮（I0.0）时，Q0.0 和 Q0.1 线圈都断电，电动机停止。

二、仿真运行

（1）在项目树下的项目"7-3 应用 S7-1200 与变频器实现自动往返控制"上单击鼠标右键，选择"属性"→"保护"选项，选择"块编译时支持仿真"选项，选择项目树下的站点"PLC_1"，再单击工具栏中的"编译"按钮 ⬚ 进行编译。编译后，巡视窗口中应显示没有错误。

（2）单击工具栏中的"开始仿真"按钮 ⬚，打开仿真器，单击"新建"按钮 ⬚，新建一个仿真项目"7-3 应用 S7-1200 与变频器实现自动往返控制仿真"。在进入的"下载预览"界面中单击"装载"按钮，将 PLC_1 站点下载到仿真器中。

（3）在仿真界面中，双击"SIM 表格"下的"SIM 表格_1"选项，打开"SIM 表格_1"，单击工具栏中的 ⬚ 按钮，将项目中所有的变量都添加到表格中，如图 7-11 所示。单击仿真器工具栏中的"启动 CPU"按钮 ⬚，使 PLC 运行。

（4）单击"启动"按钮，"前进"为 TRUE，机械装置前进。

（5）单击"换向"按钮，"前进"为 FALSE，"后退"为 TRUE，机械装置后退。

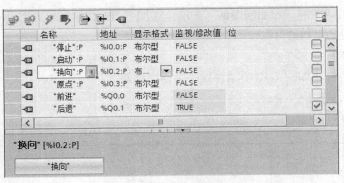

图7-11　自动往返控制仿真

（6）单击"原点"按钮，"后退"为 FALSE，机械装置到达原点。

（7）无论前进或后退，只要单击"停止"按钮，"前进"或"后退"均为 FALSE，机械装置立即停止。

三、运行操作步骤

（1）按照图 7-9 连接控制电路。

（2）在项目树下选择站点"PLC_1"，再单击工具栏中的"下载到设备"按钮 ，将该站点下载到 PLC 中。单击工具栏中的"启动 CPU"按钮 ，使 PLC 处于运行状态。

（3）按表 7-7 设置变频器参数。

（4）按下启动按钮 SB2，变频器显示频率为 25Hz，机械装置前进；当撞击换向行程开关 SQ1 时，变频器显示频率为-40Hz，机械装置后退；当后退撞击到原点行程开关 SQ2 时，机械装置停止。

（5）无论前进或后退，只要按下停止按钮 SB1，机械装置立即停止。

练习题

1．变频器数字端的功能"固定频率直接选择"和"固定频率直接选择+ON 命令"有什么异同？

2．设数字端 DIN1 的频率为 20Hz，DIN2 的频率为 15Hz，DIN3 的频率为 10Hz，当 DIN1、DIN2 和 DIN3 同时输入有效时，变频器输出频率是多少？

3．有一台电动机受变频器控制，控制要求为低速缓慢启动，高速运行。按下启动按钮 SB1 后，延时 10s 上升到 10Hz 低速运行；按下运转按钮 SB2 后，延时 10s 上升到 50Hz 高速运行；按下停止按钮 SB3，20s 电动机后停止。试绘出控制电路图，并设置变频器参数。

••• 任务 4　应用 S7-1200 与变频器实现多段速控制 •••

任务引入

由 S7-1200 通过西门子变频器 MM420 实现对电动机的七段速控制，七段速运行曲线如图 7-12 所示，实现如下控制要求。

（1）当按下启动按钮时，电动机通电并从速度 1 到速度 7 间隔 10s 运行。

（2）速度 7 运行结束后，返回到速度 1 运行，进入下一个周期。

（3）当按下停止按钮时，电动机断电停止。

应用变频器实现七段速控制的电路如图 7-13 所示。

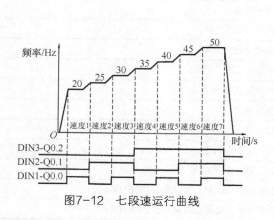

图7-12 七段速运行曲线

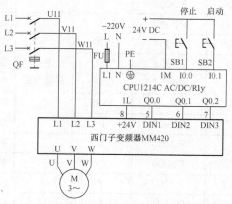

图7-13 应用变频器实现七段速控制的电路

相关知识

一、变频器固定频率的选择

选择固定频率二进制编码选择+ON 命令（P0701～P0703=17），根据 DIN1～DIN3 的数字输入的二进制编码选择变频器的输出频率，并直接输出该频率使电动机运行，不需要启动命令。因为有 3 位数字量，所以最多可以选择 7 个固定频率。二进制编码对应的固定频率见表 7-8。当 DIN3～DIN1 为 2#001～2#111 时，直接选择 P1001～P1007 设定的频率运行。

表 7-8 二进制编码对应的固定频率

参数	DIN3	DIN2	DIN1	设定频率/Hz
P1001	0	0	1	20（速度 1）
P1002	0	1	0	25（速度 2）
P1003	0	1	1	30（速度 3）
P1004	1	0	0	35（速度 4）
P1005	1	0	1	40（速度 5）
P1006	1	1	0	45（速度 6）
P1007	1	1	1	50（速度 7）

二、变频器参数设置

七段速控制变频器参数的设置见表 7-9。序号 12 中的参数 P0700 设定为 2，表示使用外部数字输入端子作为命令源；序号 17 中的参数 P1000 设定为 3，表示使用固定频率作为变频器的输出频率。

表 7-9 七段速控制变频器参数的设置

序号	参数代号	出厂值	设置值	说明
1	P0010	0	30	调出出厂设置参数
2	P0970	0	1	恢复出厂值（恢复时间大约为 60s）
3	P0003	1	2	参数访问：扩展级
4	P0010	0	1	启动快速调试
5	P0304	400	按电动机铭牌设置	电动机额定电压（V）
6	P0305	1.90		电动机额定电流（A）
7	P0307	0.75		电动机额定功率（kW）
8	P0311	1395		电动机额定速度（r/min）
9	P3900	0	1	结束快速调试
10	P0003	1	2	扩展级
11	P0004	0	7	参数过滤：命令通道
12	P0700	2	2	外部数字输入端子控制
13	P0701	1	17	DIN1 选择固定频率二进制编码选择+ON
14	P0702	12	17	DIN2 选择固定频率二进制编码选择+ON
15	P0703	9	17	DIN3 选择固定频率二进制编码选择+ON
16	P0004	0	10	参数过滤：设定值通道
17	P1000	2	3	固定频率
18	P1001	0.00	20.00	固定频率 1=20Hz
19	P1002	5.00	25.00	固定频率 2=25Hz
20	P1003	10.00	30.00	固定频率 3=30Hz
21	P1004	15.00	35.00	固定频率 4=35Hz
22	P1005	20.00	40.00	固定频率 5=40Hz
23	P1006	25.00	45.00	固定频率 6=45Hz
24	P1007	30.00	50.00	固定频率 7=50Hz
25	P1120	10.00	1.00	加速时间（s）
26	P1121	10.00	1.00	减速时间（s）

任务实施

一、硬件组态与软件编程

1. 硬件组态

（1）打开博途软件，新建一个项目"7-4 应用 S7-1200 与变频器实现多段速控制"。

（2）双击项目树下的"添加新设备"选项，添加"CPU1214C AC/DC/Rly"，选择版本号为 V4.2，生成一个站点"PLC_1"。

2. 软件编程

根据控制电路编写的应用变频器实现七段速控制程序如图 7-14 所示，程序工作原理如下。

应用 S7-1200 与
变频器实现多段
速控制

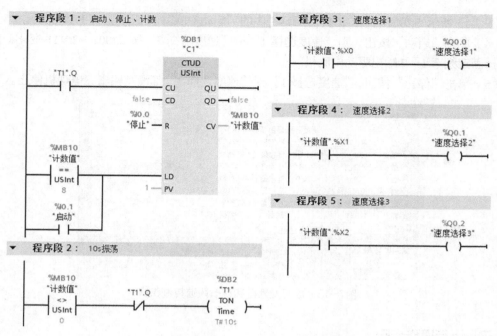

图7-14 应用变频器实现七段速控制程序

（1）启动。在程序段 1 中，当按下启动按钮时，将预置值 1 装载到计数器 C1 的当前值中，"计数值"MB10 为 1。在程序段 3 中，"计数值"的第 0 位为"1"，Q0.0 线圈通电，使电动机以速度 1（20Hz）运行。

（2）七段速切换。在程序段 2 中，当 MB10≠0 时，由定时器 T1 产生 10s 的振荡周期。当 T1 延时 10s 时，程序段 1 中的"'T1'.Q"常开触点接通一次，C1 的当前值加 1，"计数值"的第 1 位为"1"，程序段 4 中的 Q0.1 线圈通电，使电动机以速度 2（25Hz）运行，以此类推，直到执行速度 7（50Hz）。

当 C1 的当前值 MB10=7 时，T1 延时到，C1 的当前值再加 1，则 MB10=8。在程序段 1 中，当 MB10=8 时，重新将预置值 1 装载到 C1 的当前值中，使 MB10 等于 1，电动机由速度 7 转为速度 1 运行，如此反复。

（3）停止。在程序段 1 中，当按下停止按钮时，I0.0 为"1"，计数器 C1 复位，MB10=0，电动机停止运行，定时器 T1 不再延时。

二、仿真运行

（1）在项目树下的项目"7-4 应用 S7-1200 与变频器实现多段速控制"上单击鼠标右键，选择"属性"→"保护"选项，选择"块编译时支持仿真"选项，选择项目树下的站点"PLC_1"，再单击工具栏中的"编译"按钮 进行编译。编译后，巡视窗口中应显示没有错误。

（2）单击工具栏中的"开始仿真"按钮 ，打开仿真器，单击"新建"按钮 ，新建一个仿真项目"7-4 应用 S7-1200 与变频器实现多段速控制仿真"。在进入的"下载预览"界面中单击"装载"按钮，将 PLC_1 站点下载到仿真器中。

（3）在仿真界面中，双击"SIM 表格"下的"SIM 表格_1"选项，打开"SIM 表格_1"，添加如图 7-15 所示的变量。单击仿真器工具栏中的"启动 CPU"按钮 ，使 PLC 运行。

（4）单击"启动"按钮，则"速度选择 1"～"速度选择 3"按 2#001～2#111 变化，变频器选择固定频率 1～7 输出驱动电动机。

（5）单击"停止"按钮，"速度选择 1"～"速度选择 3"都没有输出，电动机停止。

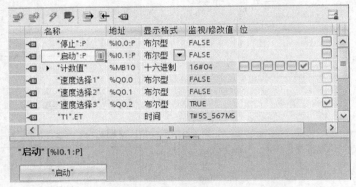

图7-15　应用变频器实现七段速控制仿真

三、运行操作步骤

（1）按照图 7-13 连接控制电路。

（2）在项目树下选择站点"PLC_1"，再单击工具栏中的"下载到设备"按钮 ，将该站点下载到 PLC 中。单击工具栏中的"启动 CPU"按钮 ，使 PLC 处于运行状态。

（3）按表 7-9 设置变频器参数。

（4）按下启动按钮 SB2，电动机依次按图 7-12 所示的七段速运行。

（5）按下停止按钮 SB1，电动机停止。

练习题

1．某电动机一个工作周期内的调速运行曲线如图 7-16 所示（斜坡时间为 5s）。

（1）试绘出由 PLC 和变频器组成的电动机调速控制电路（有必要的控制和保护环节）。

（2）根据现场电动机列出变频器设置参数表（修改斜坡时间需要快速调试）。

（3）绘出 PLC 控制程序梯形图。

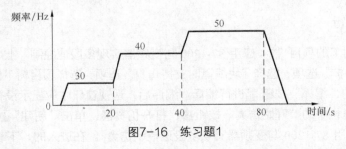

图7-16　练习题1

2．在七段速运行中，如果 DIN3～DIN1 的输入为 2#101，则选择变频器哪个参数指定的频率运行？

任务 5　应用 S7-1200 与变频器实现变频调速控制

任务引入

应用变频器对电动机实现变频调速控制是变频器的默认设置，本任务要求由 S7-1200 通过西门子变频器 MM420 实现对电动机的正反转变频调速控制，控制要求如下。

（1）当按下正转按钮时，电动机通电以"设定速度"所设定的速度值正转启动。

（2）当按下反转按钮时，电动机通电以"设定速度"所设定的速度值反转启动。

（3）当按下停止按钮时，电动机断电停止。

（4）当变频器出现故障时，指示灯点亮。

变频调速控制电路如图 7-17 所示。要特别注意的是，要将变频器的 AIN− 与端子 2 的 0V 短接。

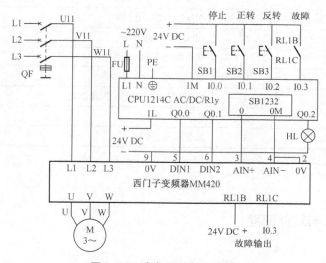

图 7-17　变频调速控制电路

相关知识——变频器参数设置

变频调速控制的变频器参数的设置见表 7-10。

（1）序号 12 中的参数 P0700 用来选择运行控制的命令源，设为默认值 2（外部数字输入端子作为命令源）。序号 13 中的参数 P0701 设为默认值 1，DIN1 作为"启动/停止"控制输入。序号 14 中的参数 P0702 设为默认值 12，DIN2 作为反转控制输入。要特别注意的是，只有在 DIN1 有输入（启动）且 DIN2 有输入（反转）时，电动机才会反转启动。

（2）序号 15 中的参数 P0756 设为默认值 0，选择模拟量输入为 0～10V 的单极性电压输入。

（3）序号 17 中的参数 P1000 用来设定变频器输出的频率源，设为默认值 2，运行频率由外部模拟量给定。

表 7-10　变频调速控制的变频器参数的设置

序号	参数代号	出厂值	设置值	说明
1	P0010	0	30	调出出厂设置参数
2	P0970	0	1	恢复出厂值（恢复时间大约为 60s）
3	P0003	1	2	参数访问：扩展级
4	P0010	0	1	启动快速调试
5	P0304	400		电动机额定电压（V）
6	P0305	1.90	按电动机	电动机额定电流（A）
7	P0307	0.75	铭牌设置	电动机额定功率（kW）
8	P0311	1395		电动机额定速度（r/min）
9	P3900	0	1	结束快速调试
10	P0003	1	2	参数访问：扩展级
11	P0004	0	7	参数过滤：命令通道
12	P0700	2	2	外部数字端子控制
13	P0701	1	1	DIN1 启动/停止控制
14	P0702	12	12	DIN2 反转控制
15	P0756	0	0	单极性电压输入（0～10V）
16	P0004	0	10	参数过滤：设定值通道
17	P1000	2	2	频率设定通过外部模拟量给定
18	P1120	10.00	1.00	加速时间（s）
19	P1121	10.00	1.00	减速时间（s）

任务实施

一、硬件组态与软件编程

1. 硬件组态

（1）打开博途软件，新建一个项目"7-5 应用 S7-1200 与变频器实现变频调速控制"。

应用 S7-1200 与变频器实现变频调速控制

（2）双击项目树下的"添加新设备"选项，添加"CPU1214C AC/DC/Rly"，选择版本号为 V4.2，生成一个站点"PLC_1"。

（3）在设备视图中，选择"硬件"→"信号板"→"AQ"→"AQ 1×12BIT"选项，将订货号"6ES7 232-4HA30-0XB0"拖曳到 CPU 中。在巡视窗口中选择"I/O 地址"选项，则输出地址为 QW80。

2. 软件编程

根据控制电路编写的变频调速控制程序如图 7-18 所示，程序工作原理如下。

（1）设置速度。在"设定速度"MW100 中设置电动机的运行速度；根据电动机的铭牌，在"额定速度"MW102 中设置电动机的额定转速。在程序段 4 中，限制"设定速度"在 0～"额定速度"之间；在程序段 5 中，先将"设定速度"标准化为 0.0～1.0，再将其缩放为 0～27 648

中的值存放到 QW80 中，输出模拟量进行调速。

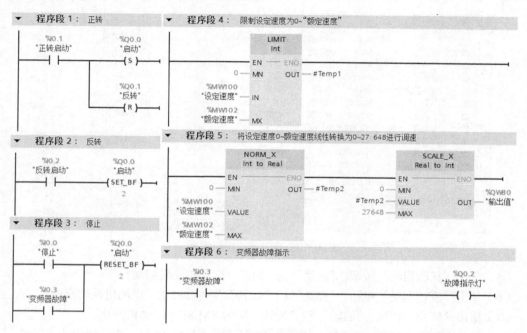

图7-18 变频调速控制程序

（2）正转启动。在程序段 1 中，当按下正转启动按钮 SB2 时，I0.1 常开触点闭合，Q0.0 置"1"（变频器的 DIN1 有输入），Q0.1 复位为"0"，电动机以"设定速度"启动运行。

（3）反转启动。在程序段 2 中，当按下反转启动按钮 SB3 时，I0.2 常开触点闭合，Q0.0 和 Q0.1 都置"1"。变频器的 DIN1 有输入（启动）且 DIN2 有输入（反转），电动机以"设定速度"反转启动运行。

（4）停止。在程序段 3 中，当按下停止按钮 SB1 或变频器出现故障时，I0.0 或 I0.3 常开触点闭合，Q0.0 和 Q0.1 都复位为"0"，DIN1 和 DIN2 都没有输入，电动机停止。

二、仿真运行

（1）在项目树下的项目"7-5 应用 S7-1200 与变频器实现变频调速控制"上单击鼠标右键，选择"属性"→"保护"选项，选择"块编译时支持仿真"选项，选择项目树下的站点"PLC_1"，再单击工具栏中的"编译"按钮 �🔧 进行编译。编译后，巡视窗口中应显示没有错误。

（2）单击工具栏中的"开始仿真"按钮 �🖳，打开仿真器，单击"新建"按钮 ✳，新建一个仿真项目"7-5 应用 S7-1200 与变频器实现变频调速控制仿真"。在进入的"下载预览"界面中单击"装载"按钮，将 PLC_1 站点下载到仿真器中。

（3）在仿真界面中，双击"SIM 表格"下的"SIM 表格_1"选项，打开"SIM 表格_1"，单击工具栏中的 ◀🗐 按钮，将项目中所有的变量都添加到表格中，如图 7-19 所示。单击仿真器工具栏中的"启动 CPU"按钮 ▶️，使 PLC 运行。

（4）单击仿真表格工具栏中的"启用/禁用非输入修改"按钮 ✏，将"设定速度"的"监视/修改值"修改为 1 000，"额定速度"的"监视/修改值"修改为 1 430，则"输出值"的"监视/

修改值"显示 19 334，此即为模拟量输出的模拟值。

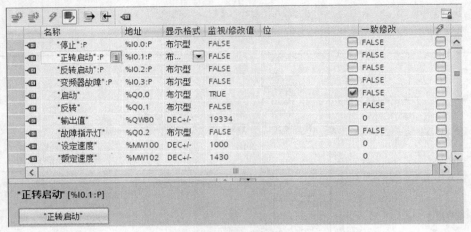

图7-19　变频调速控制仿真

（5）单击"正转启动"按钮，"启动"为 TRUE，电动机正转启动。

（6）单击"反转启动"按钮，"启动"和"反转"均为 TRUE，电动机反转启动。

（7）单击"停止"按钮，"启动"和"反转"均为 FALSE，电动机停止。

（8）勾选"变频器故障"复选框，"启动"和"反转"均为 FALSE，电动机停止。同时，"故障指示灯"为 TRUE，故障指示灯点亮。

三、运行操作步骤

（1）按照图 7-17 连接控制电路。

（2）在项目树下选择站点"PLC_1"，再单击工具栏中的"下载到设备"按钮，将该站点下载到 PLC 中。单击工具栏中的"启动 CPU"按钮，使 PLC 处于运行状态。

（3）按表 7-10 设置变频器参数。

（4）添加一个监控表，在监控表中选择变量"设定速度"和"额定速度"，单击工具栏中的"监视"按钮。将"设定速度"的修改值设为 1 000，将"额定速度"的修改值设为 1 430，再单击监控表工具栏中的"立即修改"按钮。

（5）按下正转按钮 SB2，电动机以设定速度正转启动。

（6）按下反转按钮 SB3，电动机以设定速度反转启动。

（7）按下停止按钮 SB1，电动机停止。

（8）无论正转运行还是反转运行，接通 I0.3（模拟变频器出现故障）时，电动机都会停止，故障指示灯 HL 点亮。

练习题

当输入变频器的模拟电压信号为直流 0～10V 时，变频器的输出频率范围是多少？当模拟电压信号分别为直流 1V、5V 和 8V 时，对应变频器的输出频率分别是多少？

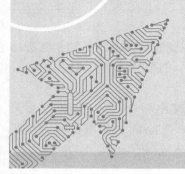

S7-1200与触摸屏的应用

课程育人

在工业现场可操作控制面板控制设备，去医院看病挂号可以使用自助挂号机，到银行办理业务可以使用自动取款机、自动柜员机等银行自助服务设备，在车站或者电影院里买票可以通过自动售票机，等等，这些都离不开触摸屏。科技的发展让我们身边的屏幕越来越多，无"触"不在的时代使我们的生活更加美好。

触摸屏是"人"与"机"相互交流信息的窗口，使用者可以通过触摸屏实现对机器的操作和显示控制信息，目前广泛应用于各类工业控制设备中。

••• 任务 1 认识触摸屏 •••

任务引入

通过本任务的学习，读者应了解人机界面与触摸屏的原理和西门子人机界面的硬件，熟悉触摸屏的组态与运行过程。

相关知识

一、人机界面与触摸屏

1. 人机界面

从广义上说，人机界面（Human Machine Interface，HMI）泛指计算机（包括 PLC）与操作人员交换信息的设备。在控制领域，人机界面一般特指用于操作人员与控制系统之间进行对话和相互作用的专用设备。人机界面可以在恶劣的工业环境中长时间连续运行，是 PLC 的最佳搭档。

人机界面可以用字符、图形和动画动态地显示现场数据和状态，操作人员可以通过人机界面来控制现场的被控对象。人机界面还有报警、用户管理、数据记录、趋势图、配方管理、显示和打印报表等功能。

2. 触摸屏

触摸屏是人机界面的发展方向，用户可以在触摸屏的屏幕上生成满足自己要求的触摸式按键。触摸屏使用直观方便，易于操作。界面中的按钮和指示灯可以取代相应的硬件元件，减少PLC 需要的 I/O 点数，降低系统的成本，提高设备的性能和附加价值。

超扭曲向列型（Super Twisted Nematic，STN）液晶显示器支持的彩色数有限（如 8 色或 16 色），被称为"伪彩"显示器。STN 液晶显示器的图像质量较差，可视角度较小，但是功耗小、价格低，适用于要求较低的场合。

薄膜场效应晶体管（Thin Film Transistor，TFT）液晶显示器又称为"真彩"显示器，每一个液晶像素点都用集成在其后的薄膜晶体管来驱动，其色彩逼真、亮度高、对比度和层次感强、反应时间短、可视角度大，但是耗电较多，成本较高，适用于要求较高的场合。

3. 西门子的人机界面

西门子的人机界面（SIMATIC HMI）已升级换代，过去的 177、277、377 系列已被精简面板、精智面板、移动面板等系列取代。SIMATIC HMI 的品种非常丰富，下面是各类 HMI 产品的主要特点。

（1）SIMATIC 精简面板具有基本的功能，经济实用，有很高的性能价格比。其显示器尺寸有 3"、4"、6"、7"、9"、10"、12"和 15"（1"=1 英寸=25.4mm）等几种规格。

（2）SIMATIC 精智面板属于紧凑型的系列面板，显示器尺寸有 4"、7"、9"、12"、15"、19"和 22"。

（3）SIMATIC 移动面板可以在不同的地点灵活应用，有 170s 系列、270s 系列，显示器尺寸有 4"、7"、9"等。

（4）SIMATIC 带钥匙面板有 KP8F PN、KP32F PN 和 KP8 PN。

（5）SIMATIC 按键面板有 PP17 系列和 PP7 系列。

（6）SIMATIC HMI SIPLUS 面板有抗腐蚀保护性涂层，具有较强的抗腐蚀性能。

以上面板中，有的具有 MPI/Profibus DP 接口，有的具有 PROFINET 接口，具体使用哪种通信方式，应根据实际需要进行选择。

二、触摸屏的组态与运行

触摸屏的基本功能是显示现场设备（通常是 PLC）中位变量的状态和寄存器中数字变量的值，用监控界面中的按钮向 PLC 发出各种命令，以及修改 PLC 存储区的参数。其组态与运行如图 8-1 所示。

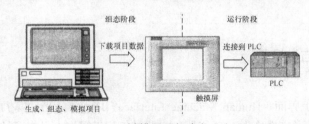

图8-1　触摸屏的组态与运行

1. 对监控画面进行组态

首先使用组态软件对触摸屏进行组态。使用组态软件，可以很容易地生成满足用户要求的画面，使用文字或图形动态地显示 PLC 中位变量的状态和数字量的数值。使用各种输入方式将操作人员的位变量命令和数字设定值传送到 PLC 中。界面的生成是可视化的，一般不需要用户编程，组态软件的使用简单方便，很容易掌握。

2. 编译和下载项目文件

编译项目文件是指将建立的画面及设置的信息转换成触摸屏可以执行的文件。编译成功后，需要将可执行文件下载到触摸屏的存储器中。

3. 运行阶段

在控制系统运行时，触摸屏和 PLC 之间通过通信来交换信息，从而实现触摸屏的各种功能。只需要对通信参数进行简单的组态，就可以实现触摸屏与 PLC 的通信。将画面中的图形对象与 PLC 的存储器地址联系起来，就可以实现控制系统运行时 PLC 与触摸屏之间的自动数据交换。

三、触摸屏TP700 Comfort

触摸屏 TP700 的接口如图 8-2 所示。图 8-2 中各编号对应的内容分别如下。

编号①为触摸屏电源接口，需要提供 24V DC。

编号②为接地端。

编号③为 MPI/Profibus 接口，符合 RS422/RS485 电气标准。

编号④为 USB A 型接口，不适用于调试和维护，只可用来连接外围设备（如鼠标、键盘、U 盘、打印机、扫描仪等）。

编号⑤为 PROFINET（LAN），10Mbit/s 或 100Mbit/s 网络接口。

编号⑥为音频输出接口。

编号⑦为 USB 迷你 B 型接口，用于调试和维护。

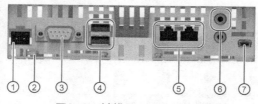

图8-2　触摸屏TP700的接口

四、触摸屏参数的设置与下载

TIA 博途可以把用户的组态信息下载到触摸屏中。用户可以通过各种通道进行下载，如 MPI、Profibus、以太网等。

1. 触摸屏桌面

启动触摸屏设备后，会显示触摸屏桌面，如图 8-3 所示。图 8-3 中各编号对应的内容分别如下。

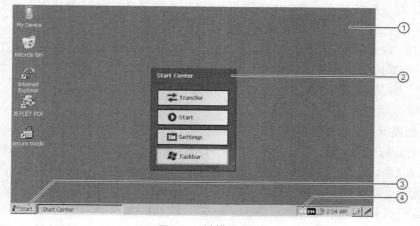

图8-3　触摸屏桌面

编号①为触摸屏桌面。

编号②为启动中心（Start Center），"Transfer"按钮用于将 HMI 设备切换为传送模式，"Start"按钮用于启动 HMI 设备中的项目，"Settings"按钮是用来启动"控制面板"的，"Taskbar"按钮用来打开任务栏和"Start"菜单。

编号③为"Start"（开始）菜单。

编号④为屏幕键盘的图标。

2. 触摸屏的控制面板

单击启动中心（Start Center）中的"Settings"按钮或通过开始菜单中的"Settings"→"Control Panel"可以打开控制面板（Control Panel），打开的控制面板如图 8-4 所示，控制面板的操作如下。

（1）双击任一图标，将弹出相应的对话框。

（2）选择某个选项卡。

（3）进行所需设置。导航到输入字段时，屏幕键盘将打开。

（4）单击 ok 按钮将应用设置。如要取消输入，则应单击 × 按钮，对话框随即关闭。

（5）如要关闭控制面板，可使用 × 按钮。

图8-4 控制面板

3. 触摸屏传输设置

（1）双击"Transfer"图标，弹出"Transfer Settings"对话框，如图 8-5 所示。

（2）选择"General"选项卡中的"PN/IE"选项，再单击"Properties…"按钮，弹出网络连接对话框。双击网络连接对话框中的"PN_X1"（以太网接口）图标，弹出以太网设置对话框，如图 8-6 所示。

（3）选择"IP Address"选项卡，选中"Specify an IP address"单选按钮，设置 IP 地址与计算机在同一个网段中，如将触摸屏 IP 地址设置为 192.168.0.2，将计算机 IP 地址设置为 192.168.0.10，将子网掩码设置为 255.255.255.0，单击"OK"按钮退出。

4. 触摸屏站点下载

设置好触摸屏的通信参数之后，为了实现触摸屏与计算机的通信，还要对计算机进行设置。

（1）打开计算机的控制面板，双击"设置 PG/PC 接口"图标，弹出"设置 PG/PC 接口"对话框，如图 8-7 所示。在"为使用的接口分配参数"下拉列表中选择自己的计算机网卡和协议，设置"应用程序访问点"为"S7ONLINE（STEP 7）→Realtek PCIe GBE Family Controller.TCPIP.1"（编者的计算机网卡协议为 TCP/IP），单击"确定"按钮确认操作。

（2）用以太网电缆连接好计算机与触摸屏的 RJ45 通信接口后，接通触摸屏电源，单击启动中心中的"Transfer"按钮，弹出"Transfer"对话框，如图 8-8 所示，触摸屏处于等待接收上位计算机（Host）信息的状态。

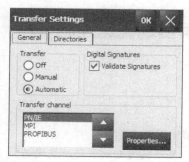

图8-5 "Transfer Settings"对话框

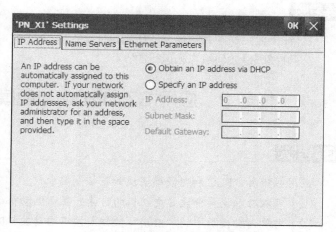

图8-6 以太网设置对话框

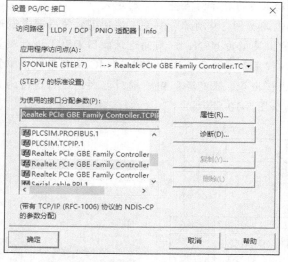

图8-7 "设置PG/PC接口"对话框

图8-8 "Transfer"对话框

（3）在项目树中选择触摸屏站点，单击工具栏中的"下载到设备"按钮，将已组态完成的 HMI 站点下载到触摸屏中。

任务实施

（1）查询 SIMATIC HMI 精智面板操作说明，了解西门子触摸屏的类型及其用途。

（2）识别触摸屏 TP700 Comfort 的电源端子及通信端口。

（3）设置计算机网卡的 IP 地址为 192.168.0.10、子网掩码为 255.255.255.0。

（4）使用网线连接计算机和触摸屏 TP700 Comfort。

（5）为触摸屏接上 24V DC 电源。

（6）设置触摸屏的 IP 地址为 192.168.0.2、子网掩码为 255.255.255.0，单击启动中心中的

"Transfer" 按钮，等待计算机传输。

练习题

1. 在工业生产中，触摸屏的作用是什么?
2. 触摸屏是如何组态和运行的?

●●● **任务 2 应用 S7-1200 与触摸屏实现调速控制** ●●●

任务引入

应用触摸屏、PLC 和变频器实现如下控制要求。

（1）可以在触摸屏中设置电动机的转速并显示电动机的当前转速。

（2）当单击触摸屏中的"启动"按钮或按下启动按钮时，电动机通电以设定速度运转。

（3）当单击触摸屏中的"停止"按钮或按下停止按钮时，电动机断电停止。

（4）当电动机运行时，触摸屏中的电动机运行指示灯点亮，否则熄灭。

根据控制要求设计的电动机调速控制电路如图 8-9 所示，测量速度使用的传感器是欧姆龙的 E6B2-CWZ6C 增量型旋转编码器，其输出类型为 NPN，应用高速计数器 HSC1 进行测量，故将其 A 相连接到 I0.0，并且 PLC 的输入使用源型接法。因为 CPU1214C 没有集成模拟量输出点，所以添加了一个信号板 SB1232 输出模拟量。触摸屏和 PLC 通过以太网进行通信的变频器参数设置见表 7-10，组态的触摸屏界面如图 8-10 所示。

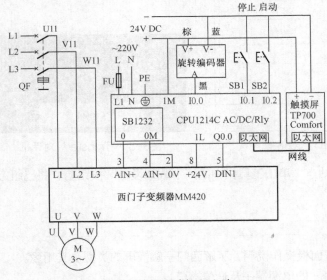

图8-9 电动机调速控制电路

图8-10 组态的触摸屏界面

相关知识——旋转编码器

1. 旋转编码器的技术规格

欧姆龙旋转编码器 E6B2-CWZ6C 的技术规格见表 8-1。旋转编码器可以使用的电压为

5～24V DC，输出类型为 NPN，A、B 相均每转输出 1 000 个脉冲并且相位相差 90°，Z 相每转输出一个脉冲用于计数清零。

表 8-1　欧姆龙旋转编码器 E6B2-CWZ6C 的技术规格

项目	参数	项目	参数
电源电压	5～24V DC	启动扭矩	小于 1mN·m
消耗电流	小于 80mA	惯性力矩	小于 10^{-5}N·m
输出状态	开路集电极输出	允许最高转速	6 000r/min
最高响应频率	100kHz	允许力	轴向 30N，径向 20N
输出相位差	A、B 相位差 90°±45°	环境温度	−10～+70℃
输出脉冲	A、B 相为 1 000 脉冲/r，Z 相为 1 脉冲/r	环境湿度	35%～85%RH

2. 旋转编码器的接线

电动机的转速可由旋转编码器测量，旋转编码器与电动机同轴安装，其电缆接线如图 8-11（a）所示，黑色线为输出脉冲信号 A 相，白色线为输出脉冲信号 B 相，橙色线为零脉冲信号 Z 相，棕色线为电源（接+24V），蓝色线为 0V（接 24V 的地）。当电动机主轴旋转时，每旋转一圈，编码器输出 1 000 个 A/B 相正交脉冲信号（A 与 B 的相位相差 90°）。因为电动机的主轴转速高达每分钟上千转，可以使用高速计数器对 A/B 相正交信号进行计数。当 A 相超前于 B 相时，电动机正转；当 A 相滞后于 B 相时，电动机反转，所以可以通过 A 相和 B 相脉冲的超前与滞后判断电动机的旋转方向。

A 相、B 相和 Z 相的输出为 NPN 输出，其输出回路如图 8-11（b）所示。当主回路有输出时，NPN 晶体管饱和导通，输出为低电平。由于有效输出为低电平，PLC 的输入应使用源型连接。

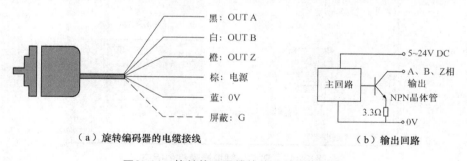

（a）旋转编码器的电缆接线　　　　（b）输出回路

图8-11　旋转编码器缆接线及其输出回路

任务实施

一、PLC 与触摸屏的硬件组态

1. PLC 的组态

（1）打开博途软件，新建一个项目"8-2 应用 S7-1200 与触摸屏实现调速控制"。

（2）双击项目树下的"添加新设备"选项，添加"CPU1214C AC/DC/Rly"，选择版本号为 V4.2，生成一个站点"PLC_1"。

应用 S7-1200 与触摸屏实现调速控制

（3）在设备视图中，选择"硬件"→"信号板"→"AQ"→"AQ 1×12BIT"选项，将订货号"6ES7 232-4HA30-0XB0"拖曳到 CPU 中。在巡视窗口中选择"属性"→"常规"→"模拟量输出"选项，将通道 0 的模拟量输出类型设为"电压"，显示电压范围为"+/−10V"、通道地址为 QW80。

（4）选中 CPU，在巡视窗口中选择"属性"→"常规"→"高速计数器（HSC）"→"HSC1"→"常规"选项，勾选"启用该高速计数器"复选框。

（5）选择"功能"选项，选择计数类型为"频率"、工作模式为"单相"、计数方向取决于"用户程序（内部方向控制）"、初始计数方向为"加计数"、频率测量周期为 1.0sec（即 1s）。

（6）选择"硬件输入"选项，显示时钟发生器输入地址为 I0.0。选择"I/O 地址"选项，显示 HSC1 的地址为 ID1000。

（7）选择"DI14/DQ10"→"数字量输入"选项，选择"通道 0"（即 I0.0）选项，选择输入滤波器为"10 microsec"（10μs）。

2. PLC 与触摸屏通信的组态

（1）在网络视图中，选择"硬件"→"HMI"→"SIMATIC 精智面板"→"7″显示屏"→"TP700 Comfort"选项，将 6AV2 124-0GC01-0AX0 拖曳到网络视图中，生成一个名称为"HMI_1"的 HMI 站点。

（2）单击 连接按钮，选择连接类型为"HMI 连接"。拖动 PLC_1 的以太网接口■（绿色）到 HMI_1 的以太网接口■（绿色）上，自动建立了一个"HMI_连接_1"的连接。在网络视图中单击"显示地址"按钮，如图 8-12 所示。

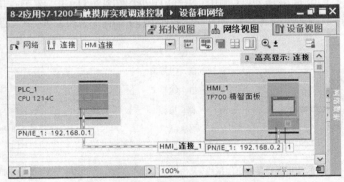

图8-12　PLC与触摸屏通信的组态

二、编写程序

1. 添加变量和数据块

在项目树下，选择"PLC_1"→"程序块"选项，双击"添加新块"选项，添加一个全局数据块"Motor"（DB1）。添加变量"触摸屏启动"（Bool 类型）、"触摸屏停止"（Bool 类型）、"设定速度"（Int 类型）和"测量速度"（Int 类型）。

2. 编写控制程序

根据控制要求和控制电路编写的电动机调速控制程序如图 8-13 所示。

（1）启动/停止控制。在程序段 1 中，当按下启动按钮（I0.2 常开触点接通）或单击触摸屏

中的"启动"按钮（"Motor.触摸屏启动"的常开触点接通）时，Q0.0 线圈通电自锁，变频器的
DIN1 有输入，电动机启动。

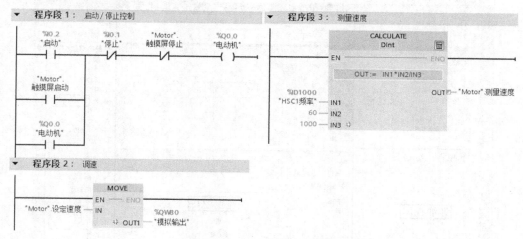

图8-13　电动机调速控制程序

　　当按下停止按钮（I0.1 常闭触点断开）或单击触摸屏中的"停止"按钮（"Motor".触摸屏
停止的常闭触点断开）时，Q0.0 线圈断电，自锁解除，变频器的 DIN1 没有输入，电动机停止。

　　（2）调速。在触摸屏中已经将设定速度的设定值转换为 0～27648，故在程序段 2 中直接将
其送入 QW80 即可，输出模拟量电压为 0～10V，输入到变频器的 AIN 端对电动机进行调速。

　　（3）测量速度。在程序段 3 中，先将高速计数器 HSC1 的测量频率（保存在 ID1000 中）乘
以 60，换算为每分钟的脉冲数，再除以 1 000（旋转编码器每转输出的脉冲数），换算为测量速
度，单位为 r/min，将其输出到"Motor".测量速度，可以通过触摸屏显示。

三、触摸屏画面对象的组态

　　选择"HMI_1"→"画面"选项，双击"添加新画面"选项，添加"画面_1"，如图 8-14
所示。可以通过单击触摸屏视图下面的"100%"右边的▼按钮弹出显示比例（25%～400%）下
拉列表，来改变画面的显示比例。也可以用该按钮右边的滑块快速调制画面的显示比例。其与
PLC 的硬件组态、程序编辑器类似，这里不再详述。

　　1. 组态文本域

　　选择右侧工具箱中的 A 文本域选项，将其拖曳到组态界面中，默认的文本为"Text"，在触
摸屏用户界面中更改其为"起始画面"，也可以在巡视窗口中进行修改。可以通过触摸屏视图中
的工具栏更改文本域中文本的字体、大小及样式。

　　2. 组态指示灯

　　触摸屏用户界面中的指示灯用于监视设备的运行状态。

　　（1）选择右侧工具箱中的"圆"选项，在组态界面中画出合适的圆。

　　（2）选择"属性"→"动画"→"显示"选项，在"外观"右侧单击"添加新动画"按钮 ，
进行外观动画组态，如图 8-15 所示。

　　（3）选中 PLC 的项目变量表，将详细视图中的变量"电动机"拖曳到巡视窗口中外观变量
的名称后面，设置范围"0"的背景色为红色，"1"的背景色为绿色。

图8-14　触摸屏用户界面

图8-15　外观动画组态

3. 组态按钮

界面中的按钮与接在 PLC 输入端的物理按钮的功能相同，用来将操作命令发送给 PLC，通过 PLC 的用户程序来控制生产过程。

（1）展开右侧工具箱中的"元素"组，选择 ▭ 按钮选项，在触摸屏用户界面中画出合适大小的按钮，修改标签为"启动"。

（2）在巡视窗口中，选择"事件"→"按下"选项，如图 8-16（a）所示。单击视图右侧最上面一行，再单击其右侧出现的 ▾ 按钮（在单击之前它是隐藏的），选择"系统函数"→"编辑位"→"置位位"选项。

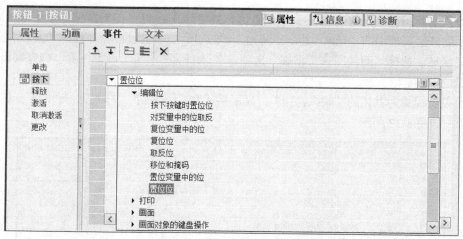

（a）组态按钮按下时执行的函数

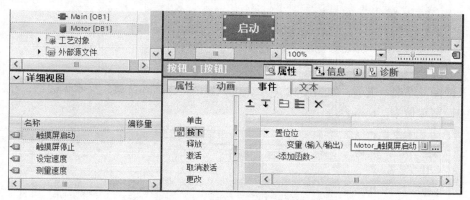

（b）组态按钮按下时操作的变量

图8-16　按钮按下事件组态

（3）选中 PLC 的数据块"Motor"，将详细视图中的变量"触摸屏启动"拖曳到巡视窗口中"变量（输入/输出）"的后面，变量自动变为"Motor_触摸屏启动"，如图 8-16（b）所示。当按下该按钮时，将变量"触摸屏启动"置位为"1"。

（4）选择"事件"→"释放"选项，选择"系统函数"→"编辑位"→"复位位"选项，将详细视图中的变量"触摸屏启动"拖曳到巡视窗口中"变量（输入/输出）"的后面。当松开启动按钮时，将变量"触摸屏启动"复位为"0"。当按下启动按钮时，变量"触摸屏启动"被置位，释放启动按钮时，其被复位。

（5）单击界面中已组态的启动按钮，按住 Ctrl 键并拖动鼠标，生成一个相同的按钮，将按钮上的标签修改为"停止"。选择"事件"选项卡，组态"按下"和"释放"按钮的置位和复位事件，在详细视图中分别用拖动的方法将它们的变量修改为"触摸屏停止"。

4．I/O 域的组态

I/O 域的作用是通过输入数据修改 PLC 的运行参数，或者将 PLC 中的测量结果通过 I/O 域进行输出显示。有 3 种模式的 I/O 域：输出域用于显示 PLC 中变量的数值；输入域用于键入数字或字母，并用指定的 PLC 的变量保存它们的值；输入/输出域同时具有输入域和输出域的功能，操作人员可用它来修改 PLC 中变量的数值，并将修改后 PLC 中的数值显示出来。

（1）展开工具箱中的"元素"组，选择 I/O 域选项，在触摸屏用户界面中的设定速度后面画出合适区域。选择"属性"→"常规"选项，在详细视图中将"设定速度"拖曳到该对象的过程变量的框中。

（2）设置模式为默认的"输入/输出"，显示格式为"十进制"，样式为"s9999"，即带符号 4 位显示，如图 8-17 所示。

图8-17　I/O域常规属性的组态

（3）选择"外观"选项，如图 8-18 所示，可以修改 I/O 域的背景、文本和边框，在"文本"选项组中设置单位为"r/min"。

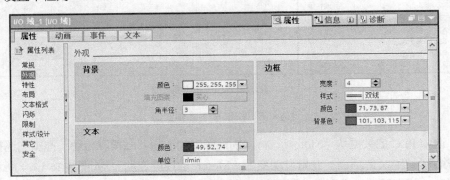

图8-18　I/O域外观属性的组态

（4）也可以通过拖曳变量的方法直接生成 I/O 域。将详细视图中的"测量速度"拖曳到触摸屏用户界面中，将直接生成一个 I/O 域，并且已经与变量"测量速度"连接。将类型模式修改为"输出"，显示格式为"s9999"，即带符号 4 位显示。在"外观"属性的"文本"选项组中设置单位为"r/min"。

5. 触摸屏变量的线性转换

在项目树下选择"HMI 变量"选项，双击"默认变量表"选项，打开默认变量表，显示通过拖曳方式自动生成的变量，如图 8-19 所示。触摸屏中的变量分为内部变量和外部变量，内部变量只用于触摸屏内部，与 PLC 无关；外部变量为触摸屏和 PLC 共用。以上所建立的变量都是通过从 PLC 拖曳生成的，从图 8-19 中可以看到这些变量的连接类型都是"HMI_连接_1"，故这些变量都是外部变量。

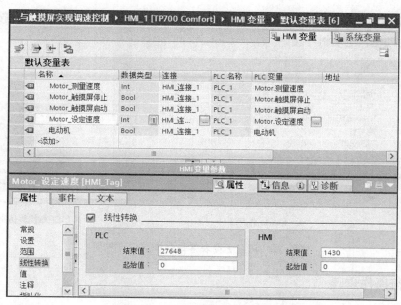

图8-19　触摸屏变量的线性转换

选中变量"Motor_设定速度"，在巡视窗口中选择"属性"→"线性转换"选项，勾选"线性转换"复选框，将 PLC 侧的起始值和结束值分别设为 0 和 27 648，将 HMI 侧的起始值和结束值分别设为 0 和 1 430。通过线性转换，可以将触摸屏中的设定速度（0～1 430r/min）转换为0～27 648 中的值，减少 PLC 中的编程计算量。

四、仿真运行

（1）在项目树下的项目"8-2 应用 S7-1200 与触摸屏实现调速控制"上单击鼠标右键，选择"属性"→"保护"选项，选择"块编译时支持仿真"选项，选择项目树下的站点"PLC_1"，再单击工具栏中的"编译"按钮🗐进行编译。编译后，巡视窗口中应显示没有错误。

（2）单击工具栏中的"开始仿真"按钮🖳，打开仿真器，单击"新建"按钮🌟，新建一个仿真项目"8-2 应用 S7-1200 与触摸屏实现调速控制仿真"。在进入的"下载预览"界面中单击"装载"按钮，将 PLC_1 站点下载到仿真器中。

（3）在仿真界面中，双击"SIM 表格"下的"SIM 表格_1"选项，打开"SIM 表格_1"，添加如图 8-20（a）所示的变量到表格中。单击仿真器工具栏中的"启动 CPU"按钮🕨，使 PLC 运行。

（4）在项目树下选择站点"HMI_1"，再单击工具栏中的"开始仿真"按钮🖳，进入触摸屏仿真界面，如图 8-20（b）所示。

（5）单击触摸屏仿真界面中的"启动"按钮或单击 PLC 仿真器中的"启动"按钮，触摸屏的指示灯变为绿色，电动机启动。

（6）在触摸屏仿真界面中将设定速度设为 1 200r/min，则 PLC 仿真器中的变量"模拟输出"值为 23 201，此即为模拟量输出的模拟值，输出模拟量并进行调速。

（7）单击 PLC 仿真表格工具栏中的"启用/禁用非输入修改"按钮🗪，在变量"HSC1 频率"的"监视/修改值"列中输入 20 000（即转速为 1 200r/min 时编码器的输出频率），触摸屏仿真界面中的测量速度显示为 1 200r/min。

（8）单击触摸屏仿真界面中的"停止"按钮或单击 PLC 仿真器中的"停止"按钮，触摸屏的指示灯变为红色，电动机停止。

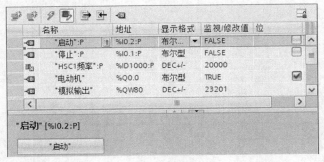

（a）PLC仿真表格　　　　　　　　　　　　（b）触摸屏仿真界面

图8-20　PLC仿真表格与触摸屏仿真界面

五、运行操作步骤

（1）按照图 8-9 连接控制电路。

（2）在项目树下选择站点"PLC_1"，单击工具栏中的"下载到设备"按钮，将该站点下载到 PLC 中。单击工具栏中的"启动 CPU"按钮，使 PLC 处于运行状态。

（3）在项目树下选择站点"HMI_1"，单击工具栏中的"下载到设备"按钮，将该站点下载到触摸屏中。

（4）按表 7-10 设置变频器参数。

（5）在触摸屏用户界面中设定速度为 1 200r/min，单击触摸屏中的"启动"按钮或按下启动按钮 SB2，电动机以设定速度启动运行，触摸屏中的指示灯变为绿色，同时测量速度显示电动机的当前运行速度。

（6）单击触摸屏中的"停止"按钮或按下停止按钮 SB1，电动机停止。

练习题

1．怎样在画面中组态指示灯？

2．怎样在画面中组态按钮？

3．如何将已组态的画面下载到触摸屏中？

4．触摸屏使用什么样的电源？

●●● 任务 3　应用 S7-1200 与触摸屏实现故障报警 ●●●

任务引入

某风机对管道输送气流，管道有 4 个压力测量点，使用的压力传感器的测量值为 0～10kPa，输出模拟量电压 0～10V，控制要求如下。

（1）在触摸屏的设定画面中，可以通过"设定速度"来调节风机的转速，也可以设定压力的上、下限。

（2）当单击触摸屏中的"启动"按钮或按下启动按钮时，风机通电启动。当测量压力高于压力下限时，设备自动启动。

（3）在触摸屏中显示测量点的"测量压力"，当出现主电路跳闸、变频器故障、门限保护、紧急停车等时，应能显示对应的离散量报警信息，风机和设备立即停止。

（4）当管道压力低于压力下限或高于压力上限时，应能显示对应的模拟量报警信息，设备停止。

（5）当单击触摸屏中的"停止"按钮或按下停止按钮时，风机和设备断电停止。

根据控制要求设计的故障报警电路如图 8-21 所示，变频器参数设置见表 7-10。

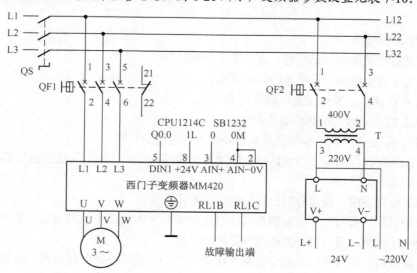

（a）主电路

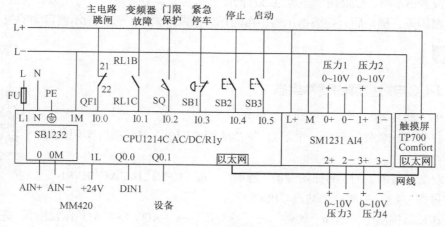

（b）控制电路

图8-21　故障报警电路

相关知识——报警的概念

报警用来指示控制系统中出现的事件或操作状态，可以用报警信息对系统进行诊断。报警事件可以在 HMI 设备上显示或输出到打印机中，也可以将报警事件保存在记录中。

1. 报警的分类

报警可以分为自定义报警和系统报警。

自定义报警是用户组态的报警，用来在 HMI 上显示设备的运行状态或报告设备的过程数据。自定义报警又分为离散量报警和模拟量报警。离散量（又称开关量）对应二进制的 1 个位，用二进制 1 个位的"0"和"1"表示相反的两种状态，例如，断路器的接通与断开、故障信号的出现与消失等。模拟量报警是当模拟量的值超出上限或下限时，触发模拟量报警。

系统报警用来显示 HMI 设备或 PLC 中特定的系统状态，系统报警是在设备中预定义的，不需要用户组态。

2. 报警的状态和确认

对于离散量报警和模拟量报警，存在下列报警状态。

（1）到达：满足触发报警的条件时的状态。

（2）到达/已确认：操作员确认报警后的状态。

（3）到达/离去：触发报警的条件消失。

（4）到达/离去/已确认：操作员确认已经离去的报警的状态。

报警可以通过操作面板中的确认键或触摸屏报警画面中的"确认"按钮进行确认。

3. 报警显示

可以通过报警视图、报警窗口、报警指示器显示报警。

（1）报警视图。报警视图在报警画面中显示报警。其优点是可以同时显示多个报警，缺点是需要占用一个画面，只有打开该画面才能看到报警。

（2）报警窗口。报警窗口是在全局画面中进行组态，也可以同时显示多个报警。当出现报警时，报警窗口自动打开；当报警消失时，报警窗口自动隐藏。

（3）报警指示器。报警指示器是组态好的图形符号，其中会显示报警个数。当出现报警时，报警指示器闪烁；确认后，报警指示器不再闪烁；报警消失后，报警指示器自动消失。

任务实施

一、PLC与触摸屏的硬件组态

1. PLC 的组态

（1）打开博途软件，新建一个项目"8-3 应用 S7-1200 与触摸屏实现故障报警"。

（2）双击项目树下的"添加新设备"选项，添加"CPU1214C AC/DC/Rly"，选择版本号为 V4.2，生成一个站点"PLC_1"。

应用 S7-1200 与触摸屏实现故障报警

（3）在设备视图中，选择"硬件"→"信号板"→"AQ"→"AQ 1×12BIT"选项，将订货号"6ES7 232-4HA30-0XB0"拖曳到 CPU 中。在巡视窗口中选择"属性"→"常规"→"模拟量输出"选项，将通道 0 的模拟量输出类型设为"电压"，显示电压范围为"+/-10V"、通道地址为 QW80。

（4）选择"硬件"→"AI"→"AI 4×13BIT"选项，将订货号"6ES7 231-4HD32-0XB0"拖曳到 CPU 的 2 号槽中。在巡视窗口中选择"属性"→"常规"→"AI4"→"模拟量输入"选项，将通道 0～通道 3 的测量类型设为"电压"、电压范围为"+/-10V",显示通道地址为 IW96～IW102。

2. PLC 与触摸屏通信的组态

（1）在网络视图中选择"硬件"→"HMI"→"SIMATIC 精智面板"→"7″显示屏"→"TP700 Comfort"选项,将 6AV2 124-0GC01-0AX0 拖曳到网络视图中,生成一个名称为"HMI_1"的 HMI 站点。

（2）单击 连接按钮,选择连接类型为"HMI 连接"。拖动 PLC_1 的以太网接口■（绿色）到 HMI_1 的以太网接口■（绿色）上,自动建立了一个"HMI_连接_1"的连接。

二、编写程序

1. 添加数据块

在站点 PLC_1 下,双击"添加新块"选项,添加一个名称为"压力"的全局数据块 DB1。创建 Bool 类型的变量"触摸屏启动"和"触摸屏停止",Array[0..3] of Int 类型的数组"压力测量",Int 类型的"压力上限""压力下限"和"设定速度"。

2. 编写控制程序

编写的主程序 OB1 如图 8-22 所示。

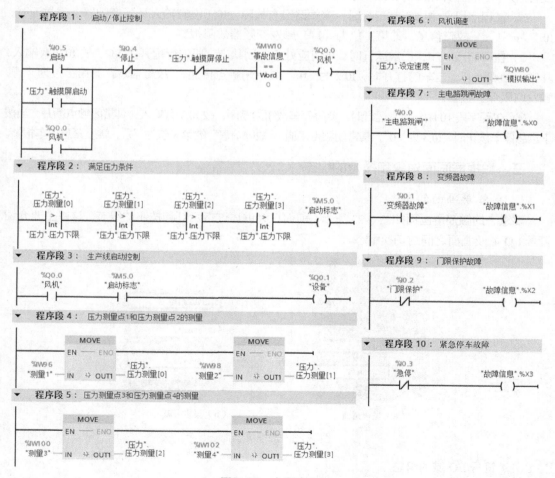

图8-22 主程序OB1

237

（1）启动/停止控制。

① 在程序段 1 中，开机时，"事故信息" MW10 为 0。当按下启动按钮（I0.5 常开触点接通）或单击触摸屏中的"启动"按钮（M0.1 常开触点接通）时，Q0.0 线圈通电，风机启动。

② 当出现故障时，MW10 不为 0，Q0.0 线圈断电，风机停止。

③ 当按下停止按钮（I0.4 常闭触点断开）或单击触摸屏中的"停止"按钮（M0.0 常闭触点断开）时，Q0.0 线圈断电，风机停止。

④ 在程序段 2 中，当 4 个压力测量点的压力测量值都高于压力下限时，启动标志 M5.0 为"1"。在程序段 3 中，当风机运行（Q0.0 为"1"）且 M5.0 为"1"时，Q0.1 线圈通电，设备启动。

（2）压力测量。在程序段 4 中，将压力测量点 1 和测量点 2 的值分别送入变量"压力测量[0]"和"压力测量[1]"。在程序段 5 中，将压力测量点 3 和测量点 4 的值分别送入变量"压力测量[2]"和"压力测量[3]"。

（3）风机调速。在程序段 6 中，将"设定速度"送入 QW80，对风机进行调速。

（4）故障报警。

① 在程序段 7 中，正常运行时，主电路的空气开关 QF1 应合上，QF1 的常闭触点断开，故 I0.0 没有输入；当主电路跳闸时，I0.0 为"1"，"故障信息"的第 0 位为"1"，触发主电路跳闸报警。

② 在程序段 8 中，正常运行时，变频器没有故障，I0.1 没有输入；当变频器发生故障时，I0.1 为"1"，"故障信息"的第 1 位为"1"，触发变频器故障报警。

③ 在程序段 9 中，正常运行时，车门应处于关闭状态，压住行程开关 SQ，故 I0.2 有输入，其常闭触点断开；当车门打开时，I0.2 为"0"，其常闭触点接通，"故障信息"的第 2 位为"1"，触发门限保护报警。

④ 在程序段 10 中，正常运行时，紧急停车按钮为常闭，故 I0.3 有输入，其常闭触点断开；当按下紧急停车按钮时，I0.3 为"0"，其常闭触点接通，"故障信息"的第 3 位为"1"，触发紧急停车报警。

三、触摸屏画面对象和报警的组态

1. 触摸屏画面的组态

要组态的触摸屏画面如图 8-23 所示，前面已经讲述过指示灯和按钮的组态，这里主要介绍符号 I/O 域及画面之间的切换组态。

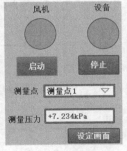
（a）监视画面

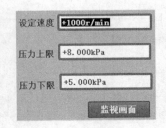
（b）设定画面

图8-23　触摸屏画面

（1）符号 I/O 域的组态

① 创建文本列表。在项目树下，双击 HMI_1 的"文本和图形列表"选项，组态文本列表，

如图 8-24 所示。在"文本列表"中输入"压力文本列表",在"文本列表条目"中输入"测量点 1"～"测量点 4",分别对应值 0～3。

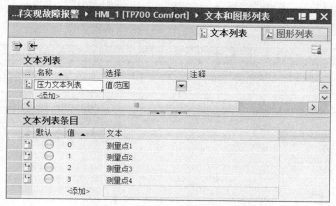

图8-24 组态文本列表

② 变量的指针化。在项目树下选择"HMI_1"→"HMI 变量"选项,双击"默认变量表"选项,添加 Int 类型的触摸屏内部变量"压力"和"指针",如图 8-25 所示。选中变量"压力",在巡视窗口中选择"指针化"选项,勾选"指针化"复选框,选中 HMI 的默认变量表,在详细视图中将"指针"拖曳到"索引变量"后面。在项目树中选择 PLC_1 下的数据块"压力",在详细视图中将"压力测量[0]"～"压力测量[3]"分别拖曳到右边的"变量"列下,自动生成索引 0～3,即当指针指向 0～3 时,将变量"压力测量[0]"～"压力测量[3]"的值分别送入变量"压力"。

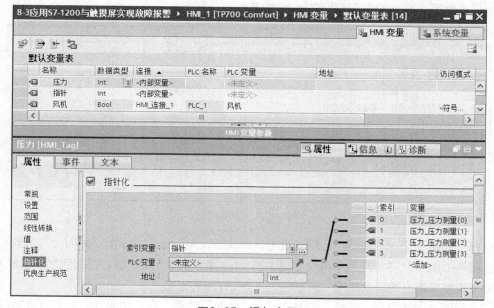

图8-25 添加变量

③ 符号 I/O 域的组态。选择"HMI_1"→"画面"选项,双击"添加新画面"选项,添加"画面_1"画面。在工具箱中展开"元素"组,将 符号 I/O 域拖曳到图 8-23(a)中"测量点"的右边,在巡视窗口中选择"属性"→"常规"选项,组态符号 I/O 域,如图 8-26 所示。设置

变量为"指针"，模式为"输入/输出"，文本列表为"压力文本列表"，可见条目为 4，单击该符号 I/O 域时，其下拉列表中会显示 4 个条目。例如，当选择"测量点 1"时，将文本列表中"测量点 1"对应的值 0 送入"指针"，指针指向变量"压力测量[0]"，将变量"压力测量[0]"的值送入变量"压力"。

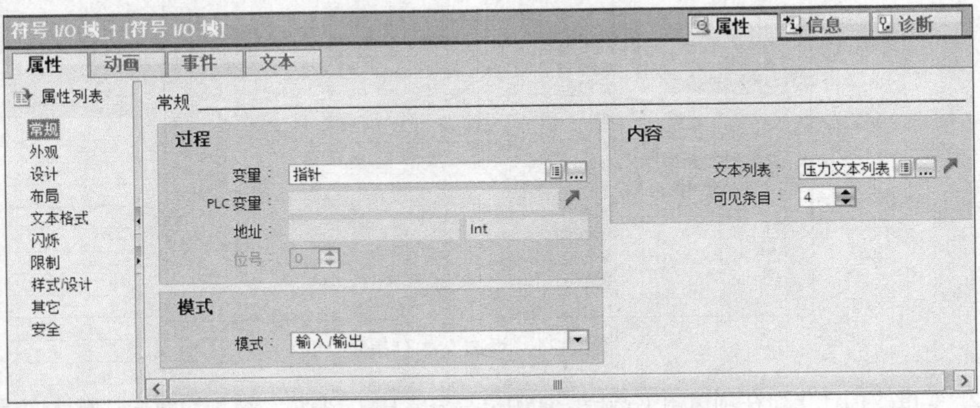

图8-26　组态符号I/O域

（2）I/O 域的组态。选中 HMI_1 的默认变量表，将变量"压力"拖曳到触摸屏界面中"测量压力"的右边。选择"属性"→"常规"选项，设置类型模式为"输出"，显示格式为默认的"十进制"，移动小数点为 3，样式格式为"s999999"，如图 8-27 所示，即带符号 6 位显示，小数点也占用一位，实际显示格式为+00.000。选择"外观"选项，在"文本"选项组中设置单位为"kPa"，画面上的 I/O 域显示格式为+00.000kPa。

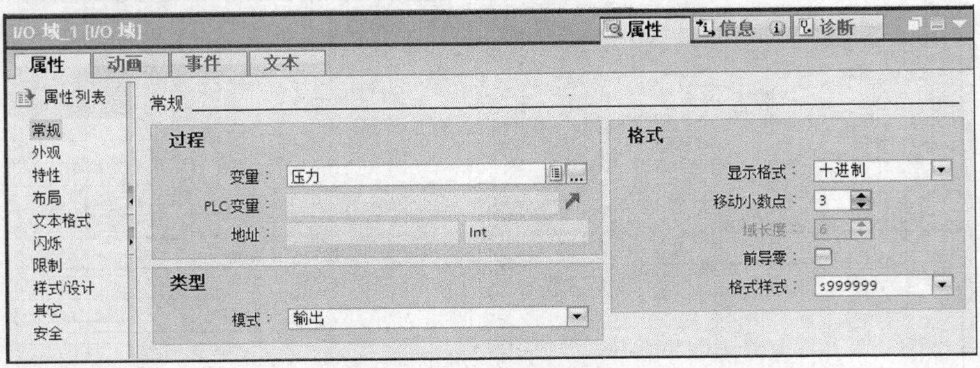

图8-27　组态I/O域

选择"HMI_1"→"画面"选项，双击"添加新画面"选项，添加"画面_2"，选中 PLC 下的数据块 DB1，从详细视图中拖曳如图 8-23（b）所示的 3 个 I/O 域。将它们都作为输入域，单位的设置和小数点的移动参考"测量压力"的 I/O 域的组态。

（3）画面的切换组态。选择"HMI_1"→"画面"选项，在"画面_1"上单击鼠标右键，选择"重命名"选项，将其重命名为"监视画面"，也可以从"画面_1"的巡视窗口中修改画面的名称。按照同样的方法，将"画面_2"重命名为"设定画面"。

在"监视画面"中，从项目树下将"设定画面"拖曳到该画面中，自动生成一个标签为"设定画面"的按钮。在"设定画面"中，从项目树下将"监视画面"拖曳到该画面中，自动生成一个标签为"监视画面"的按钮。

2.触摸屏报警的组态

（1）报警类别的组态。对于离散量报警和模拟量报警，HMI 报警有如下类别。

"Errors"（错误）：用于显示过程中的紧急、危险状态或者超越极限情况。用户必须确认来自此报警类别的报警。

"Warnings"（警告）：用于显示过程中的非常规的操作状态、过程状态和过程顺序。用户不需要确认来自此报警类别的报警。

"System"（系统）：用于显示关于 HMI 设备和 PLC 的状态的报警。该报警组不能用于自定义报警。

"Diagnosis events"（诊断事件）：用于显示 SIMATIC S7 控制器中的状态和报警的报警。用户不需要确认来自此报警类别的报警。

报警类别的组态步骤如下。

① 双击 HMI 站点下的"HMI 报警"选项，进入报警组态画面。

② 选择"报警类别"选项卡，将错误类型报警的显示名称由"！"修改为"错误"；系统报警由"$"修改为"系统"；警告类型的报警修改为"警告"，如图 8-28 所示。

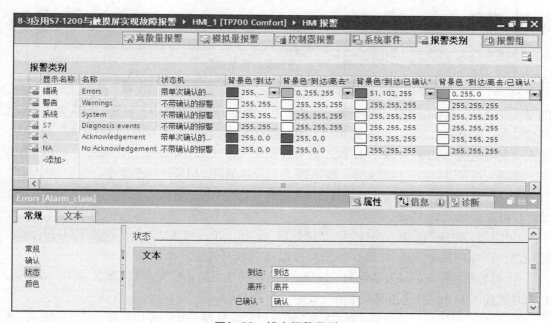

图8-28 　组态报警类别

③ 选择错误类型的报警，选择"属性"→"常规"选项卡，选择"状态"选项，将报警的状态分别由"I""O""A"修改为"到达""离开""确认"。

④ 单击"错误"表单后的背景色，将"到达"设为红色，"到达/离开"设为天蓝色，"到达/已确认"设为蓝色，"到达/离开/已确认"设为绿色。

⑤ 双击 HMI 站点下的"运行系统设置"选项，在进入的界面中单击"报警"按钮，勾选"报警类别颜色"复选框。

（2）离散量报警的组态。PLC 默认变量表中创建了"事故信息"变量，数据类型为 Word，地址为 MW10；一个字有 16 个位，可最多组态 16 个离散量报警。例如，在本例中，有主电路跳闸、变频器故障、门限保护、紧急停车这 4 个故障，占 MW10 的第 0～3 位。选择"离散量报警"选项卡，离散量报警的组态如图 8-29 所示。

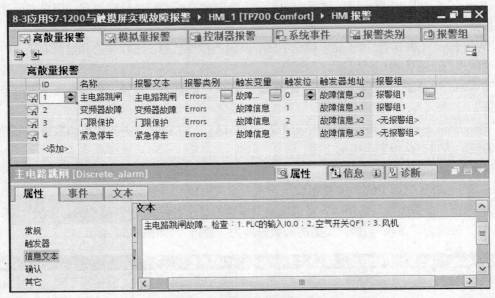

图8-29　离散量报警的组态

① 在"名称"和"报警文本"列下输入"主电路跳闸"，报警类别选择"Errors"，选中 PLC 的默认变量表，从详细视图中将变量"事故信息"拖曳到触发变量中，触发位默认为 0，触发器地址为"故障信息.x0"。当该位为"1"时，触发主电路跳闸故障。在"信息文本"选项中，输入"主电路跳闸故障，检查：1. PLC 的输入 I0.0；2. 空气开关 QF1；3. 风机"。当出现报警时，维修人员可以单击"信息文本"按钮 查看故障信息，以便于快速维修。

② 组态变频器故障的触发条件为"故障信息"的第 1 位，信息文本为"变频器故障，请检查：1. PLC 的输入 I0.1；2. 变频器"。

③ 组态门限保护的触发条件为"故障信息"的第 2 位，信息文本为"设备车门打开故障，请检查：1. 车门是否打开；2.PLC 的输入 I0.2；3.行程开关 SQ"。

④ 组态紧急停车的触发条件为"故障信息"的第 3 位，信息文本为"紧急停车，请检查：1. PLC 的输入 I0.3；2. 是否有紧急情况发生"。

⑤ 选择"报警组"选项卡，将 ID 为 1 的报警组命名为"报警组 1"，在"主电路跳闸"和"变频器故障"后选择"报警组 1"选项，即可确认其中一个报警，两个报警一起得到确认。

（3）模拟量报警的组态。选择"模拟量报警"选项卡，模拟量报警的组态如图 8-30 所示。

① 在"报警文本"列下输入"压力测量点 1 高于上限"，报警类别选择"Errors"，选中 PLC 下的数据块"压力"，从详细视图中将变量"压力测量[0]"拖曳到"触发变量"下，将"压力上限"拖曳到"限制"下，限制模式为"大于"。当压力测量点 1 的测量压力高于压力上限时，会触发报警。按照同样的方法，组态"压力测量点 2 高于上限"～"压力测量点 4 高于上限"的报警。

② 在"报警文本"列下输入"压力测量点 1 低于下限"，报警类别选择"Errors"，选中 PLC

下的数据块"压力",从详细视图中将变量"压力测量[0]"拖曳到"触发变量"下,将"压力下限"拖曳到"限制"下,限制模式为"小于"。当压力测量点 1 的测量压力低于压力下限时,会触发报警。按照同样的方法,组态"压力测量点 2 低于上限"~"压力测量点 4 低于下限"的报警。

图8-30 模拟量报警的组态

（4）报警窗口的组态。

① 双击"HMI_1"→"画面管理"选项,进入全局画面。

② 将工具箱中的"报警窗口"拖曳到画面中,调整控件大小,注意不要超出编辑区域。

③ 选择"属性"→"常规"选项,勾选"未决报警"和"未确认的报警"复选框,将报警类别的"Errors"选择启用,当出现错误类报警时就会显示该报警,如图 8-31 所示。

图8-31 报警窗口的组态

④ 选择"布局"选项,设置每个报警的行数为 1 行,显示类型为"高级"。

⑤ 选择"窗口"选项,在"设置"选项组中,勾选"自动显示"和"可调整大小"复选框;在"标题项"选项组中,勾选"启用"复选框,标题设置为"报警窗口"。勾选"关闭"复选框,当出现报警时会自动显示,画面右上角有可关闭的☒按钮。

⑥ 选择"工具栏"选项,勾选"信息文本"和"确认"复选框,自动在报警窗口中添加"信息文本"按钮▤和"确认"按钮▤。

⑦ 选择"列"选项,勾选"时间""报警状态""报警文本""日期""报警类别"和"报警组"复选框;报警的排序选择"降序",最新的报警显示在第 1 行中。

3. 触摸屏变量的线性转换

通过拖曳操作自动生成 HMI 默认变量表，由于在 PLC 程序中直接读取测量值或直接写入到输出，因此需要对 PLC 和 HMI 中的变量进行线性转换，如图 8-32 所示。

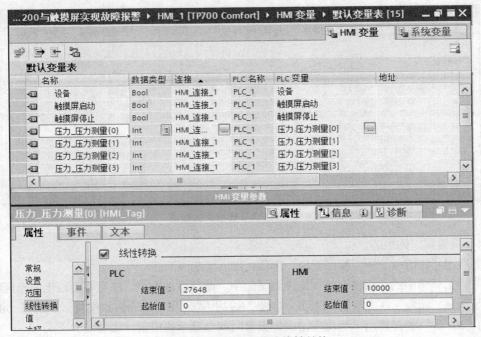

图8-32　触摸屏变量的线性转换

（1）选中变量"压力_压力测量{0}"，在巡视窗口中选择"属性"→"线性转换"选项，勾选"线性转换"复选框，将 PLC 侧的起始值和结束值设置为 0 和 27 648，将 HMI 侧的起始值和结束值设置为 0 和 10 000，即可以将 PLC 测得的测量值 0～27 648 线性转换为 0～10 000Pa 进行显示。

（2）按照同样的方法设置"压力_压力测量{1}"～"压力_压力测量{3}""压力_压力上限"和"压力_压力下限"的 PLC 侧为 0～27 648，HMI 侧为 0～10 000；设置"压力_设定速度"的 PLC 侧为 0～27 648，HMI 侧为 0～1 430。

四、仿真运行

（1）在项目树下的项目"8-3 应用 S7-1200 与触摸屏实现故障报警"上单击鼠标右键，选择"属性"→"保护"选项，选择"块编译时支持仿真"选项，选择项目树下的站点"PLC_1"，再单击工具栏中的"编译"按钮 进行编译。编译后，巡视窗口中显示没有错误。

（2）单击工具栏中的"开始仿真"按钮 ，打开仿真器，单击"新建"按钮 ，新建一个仿真项目"8-3 应用 S7-1200 与触摸屏实现故障报警仿真"。在进入的"下载预览"界面中单击"装载"按钮，将 PLC_1 站点下载到仿真器中。

（3）在仿真界面中，双击"SIM 表格"下的"SIM 表格_1"选项，打开"SIM 表格_1"，添加如图 8-33（a）所示的变量到 PLC 仿真器表格中。单击仿真器工具栏中的"启动 CPU"按钮 ，使 PLC 运行。

（4）在项目树下选择站点"HMI_1"，再单击工具栏中的"开始仿真"按钮 ，进入的触摸屏仿真界面如图 8-23（a）所示。单击"设定画面"按钮，进入设定画面，设置相关值，如图 8-23（b）所示。

（5）单击 PLC 仿真表格工具栏中的 ▆▆ 按钮，将变量"测量 1"～"测量 4"的"监视/修改值"列修改为如图 8-33（a）所示的值，并勾选变量"门限保护"和"紧急停车"复选框。

（6）单击触摸屏仿真界面或 PLC 仿真器中的"启动"按钮，触摸屏界面中的风机和设备的指示灯变为绿色，二者同时启动。

（7）通过触摸屏界面中的测量点下拉列表选择测量点，测量压力将显示对应测量点的值。

（8）单击触摸屏仿真界面或 PLC 仿真器中的"停止"按钮，触摸屏界面中的风机和设备的指示灯变为红色，二者同时停止。

（9）在风机和设备运行时，修改 PLC 仿真器中"测量 3"的值小于 13 824（5kPa 对应的值），勾选"主电路跳闸"和"变频器故障"复选框，取消勾选"门限保护"和"紧急停车"复选框，打开的报警窗口中的报警背景均显示红色，同时风机和设备指示灯显示红色。

（10）选中一个报警，再单击 ▆▆ 按钮进行确认，背景色变为蓝色。在确认时，对属于同一个报警组的"主电路跳闸"和"变频器故障"的其中一个进行确认，则两个报警同时得到确认。

（11）重新勾选"门限保护"复选框，该报警的背景色变为天蓝色，报警窗口如图 8-33（b）上部所示。

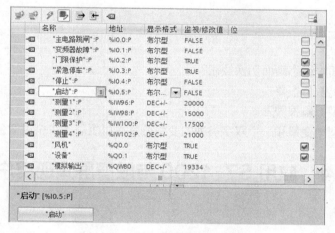

（a）PLC仿真器表格

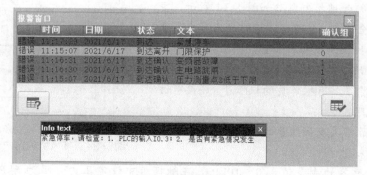

（b）触摸屏报警窗口

图8-33　PLC仿真器表格与触摸屏报警窗口

（12）选中"紧急停车"报警，再单击■按钮，则显示紧急停车的具体信息，如图 8-33（b）下部所示。

五、运行操作步骤

（1）按照图 8-21 连接控制电路。

（2）在项目树下选择站点"PLC_1"，再单击工具栏中的"下载到设备"按钮■，将该站点下载到 PLC 中。单击工具栏中的"启动 CPU"按钮■，使 PLC 处于运行状态。

（3）在项目树下选择站点"HMI_1"，再单击工具栏中的"下载到设备"按钮■，将该站点下载到触摸屏中。

（4）按表 7-10 设置变频器参数。

（5）在触摸屏的设定画面中设置如图 8-23（b）所示的值，单击监视画面中的"启动"按钮或按下启动按钮 SB3，风机以设定速度启动运行，触摸屏中的风机指示灯变为绿色，同时显示所选测量点的压力值。

（6）当所有测量点的测量压力都大于压力下限时，设备自动启动。

（7）单击触摸屏中的"停止"按钮或按下停止按钮 SB2，风机和设备同时停止。

（8）在运行过程中，如果出现报警，则风机和设备同时停止，报警窗口中显示对应的报警信息。

练习题

1. 怎样在画面中组态画面切换按钮？
2. 如何组态离散量报警？
3. 如何组态模拟量报警？
4. 一个字类型的变量和一个双字类型的变量分别可以组态多少个离散量报警？

••• 任务 4　应用 S7-1200 与触摸屏实现用户管理　•••

任务引入

某风机的用户管理控制电路如图 8-34 所示，主电路略。为了安全保护，只有经过授权的人员才能通过触摸屏操作，授权管理要求如下。

（1）操作员只能对风机进行启动/停止控制。

（2）班组长除了具有操作员的权限外，还具有访问设定画面的权限。

（3）工程师除了具有班组长的权限外，还具有设定压力上下限的权限。

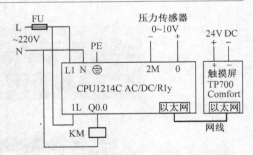

图8-34　某风机的用户管理控制电路

（4）压力传感器的测量值为 0～10kPa，在触摸屏中设定压力上限为 8kPa，压力下限为 5kPa。如果压力高于 8kPa，则触发高于上限报警；如果压力低于 5kPa，则触发低于下限报警。

相关知识——用户管理

在系统运行过程中，可能需要修改某些重要参数，如修改温度或时间的设定值、产品工艺参数的设定等，这些参数的设定只能允许经授权的专业人员来完成。因此，需要以不同的授权方式允许不同的人员进行相应的操作。

在西门子触摸屏的用户管理中，先将权限分配给用户组，再将用户分配给用户组，用户就有了这个用户组的权限。同一个用户组中的用户拥有相同的权限。

任务实施

一、PLC与触摸屏的硬件组态

1. PLC 的组态

（1）打开博途软件，新建一个项目"8-4 应用 S7-1200 与触摸屏实现用户管理"。

应用 S7-1200 与触摸屏实现用户管理

（2）双击项目树下的"添加新设备"选项，添加"CPU1214C AC/DC/Rly"，选择版本号为 V4.2，生成一个站点"PLC_1"。

2. PLC 与触摸屏通信的组态

（1）在网络视图中，选择"硬件"→"HMI"→"SIMATIC 精智面板"→"7″显示屏"→"TP700 Comfort"选项，将 6AV2 124-0GC01-0AX0 拖曳到网络视图中，生成一个名称为"HMI_1"的 HMI 站点。

（2）单击 连接按钮，选择连接类型为"HMI 连接"。拖动 PLC_1 的以太网接口 （绿色）到 HMI_1 的以太网接口 （绿色）上，自动建立了一个"HMI_连接_1"的连接。

二、编写程序

1. 添加数据块

在站点 PLC_1 下，双击"添加新块"选项，添加一个名称为"压力"的全局数据块 DB1。创建 Bool 类型的变量"触摸屏启动"和"触摸屏停止"，创建 Int 类型的变量"压力测量值""压力上限"和"压力下限"。

2. 编写控制程序

编写的风机的用户管理控制程序如图 8-35 所示，程序段 1 为风机的启动/停止控制程序，程序段 2 将测量值 IW64 送入压力测量值。

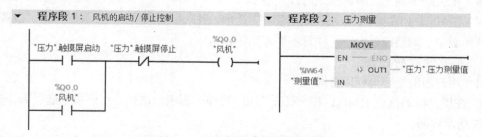

图8-35 风机的用户管理控制程序

三、触摸屏画面对象和用户管理的组态

1. 画面对象的组态

用户管理的触摸屏画面如图 8-36 所示，指示灯、启动和停止按钮、测量压力和压力上下限的 I/O 域、监视画面与设定画面的切换、报警的组态参考本课题的任务 3。

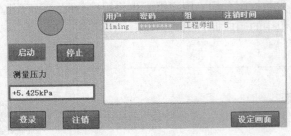
（a）监视画面

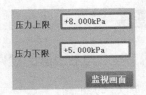
（b）设定画面

图8-36 用户管理的触摸屏画面

（1）登录和注销按钮的组态。拖曳一个按钮，将其标签修改为"登录"。在巡视窗口的"事件"选项卡中，单击"单击"按钮，添加函数为"用户管理"下的"显示登录对话框"。

再拖曳一个按钮，修改标签为"注销"。在巡视窗口的"事件"选项卡中，单击"单击"按钮，添加函数为"用户管理"下的"注销"。

（2）用户视图的组态。在工具箱中展开"控件"组，将"用户视图"拖曳到画面中，并调整其大小和字体。

（3）双击站点 HMI_1 下的默认变量表，选中变量"压力_压力测量值"，在巡视窗口中选择"属性"→"线性转换"选项，勾选"线性转换"复选框，将 PLC 侧的起始值和结束值设置为 0 和 27 648，将 HMI 侧的起始值和结束值设置为 0 和 10 000。按照同样的方法组态变量"压力_压力上限"和"压力_压力下限"。

2. 报警的组态

（1）按照本课题的任务 3 组态报警类别。

（2）选择"模拟量报警"选项卡，添加报警"高于压力上限"，选中 PLC_1 下的数据块"压力"，从详细视图中将"压力测量值"拖曳到触发变量下，将"压力上限"拖曳到限制下，限制模式选择"大于"。

（3）添加报警"低于压力下限"，从详细视图中将"压力测量值"拖曳到触发变量下，将"压力下限"拖曳到限制下，限制模式选择"小于"。

（4）在 HMI_1 站点下，双击"画面管理"选项，进入全局画面。将工具箱中的"报警窗口"拖曳到画面中，调整控件大小，注意不要超出编辑区域。

3. 用户管理的组态

（1）用户组的组态与权限分配。

① 在项目树的站点 HMI_1 下，双击"用户管理"选项，选择"用户组"选项卡，进入如图 8-37 所示界面。

② 在"权限"中添加"访问设定画面"和"设定压力上下限"的权限；在"组"中添加"操

作员组"、"班组长组"和"工程师组"。

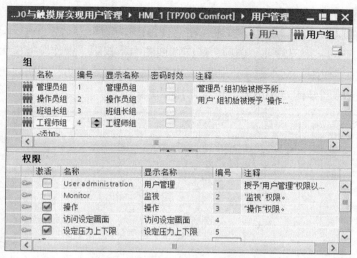

图8-37 用户组的组态与权限分配

③ 选中"管理员组",激活其所有权限;选中"操作员组",只激活"操作"的权限;选中"班组长组",激活"操作"和"访问设定画面"权限;选中"工程师组",激活"操作""访问设定画面"和"设定压力上下限"权限。

（2）用户的组态。

① 选择"用户"选项卡,进入如图 8-38 所示界面。

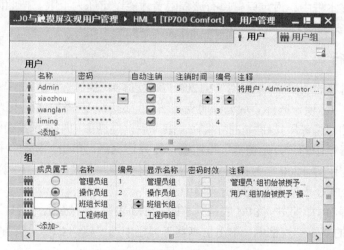

图8-38 用户的组态

② 将管理员名称修改为"Admin",密码设为"1000";在"用户"中,添加用户"xiaozhou",密码设为"2000";添加用户"wanglan",密码设为"3000";添加用户"liming",密码设为"4000"。注意,用户的名称只能使用字符或数字,不能使用中文。

③ xiaozhou 是操作员,选中"xiaozhou",在"组"中选中"操作员组"单选按钮,将其分配给操作员这一组;wanglan 是班组长,选中"wanglan",选中"班组长组"单选按钮,将其分配给班组长这一组;liming 是工程师,选中"liming",选中"工程师组"单选按钮,将其分配

给工程师这一组。

　4. 画面对象的安全组态

（1）单击监视画面中的"启动"按钮，在巡视窗口中选择"属性"→"安全"选项，选择项目树中 HMI_1 下的"用户管理"选项，从详细视图中将权限"操作"拖曳到右边"运行系统安全性"选项组中"权限"文本框中，如图 8-39 所示。设定"启动"按钮只有具有"操作"的权限才能操作。按照同样的方法设置"停止"按钮的安全性。

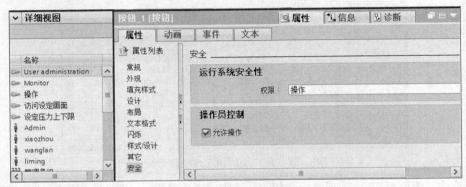

图8-39　画面对象的安全组态

（2）单击"设定画面"按钮，从详细视图中将权限"访问设定画面"拖曳到"权限"文本框中，设定只有具有该权限者才能进入设定画面。

（3）选中设定画面中的"压力上限"的 I/O 域，从详细视图中将权限"设定压力上下限"拖曳到"权限"文本框中，设定只有具有该权限者才能设定压力上限。按照同样方法设定"压力下限" I/O 域的安全性。

四、仿真运行

（1）在项目树下的项目"8-4 应用 S7-1200 与触摸屏实现用户管理"上单击鼠标右键，选择"属性"→"保护"选项，选择"块编译时支持仿真"选项，选择项目树下的站点"PLC_1"，再单击工具栏中的"编译"按钮 进行编译。编译后，巡视窗口中显示没有错误。

（2）单击工具栏中的"开始仿真"按钮 ，打开仿真器，单击"新建"按钮 ，新建一个仿真项目"8-4 应用 S7-1200 与触摸屏实现用户管理仿真"。在进入的"下载预览"界面中单击"装载"按钮，将 PLC_1 站点下载到仿真器中。

（3）在仿真界面中，双击"SIM 表格"下的"SIM 表格_1"选项，打开"SIM 表格_1"，添加如图 8-40 所示的变量到表格中。单击仿真器工具栏中的"启动 CPU"按钮 ，使 PLC 运行。

图8-40　PLC仿真变量

（4）在项目树下选择站点"HMI_1"，再单击工具栏中的"开始仿真"按钮 ，进入的触摸屏仿真界面如图 8-36（a）所示。单击"启动"或"停止"按钮，弹出登录对话框，提示无法操作。

（5）单击"登录"按钮，以用户名"liming"、密码"4000"进行登录，可以进行启动/停止控制。单击"设定画面"按钮，进入设定画面，设置压力上下限的值，如图 8-36（b）所示。在 PLC 仿真器中，单击 PLC 仿真表格工具栏中的 ⮑ 按钮，设置 PLC 仿真器中"测量值"的值为 15 000，触摸屏中显示对应的测量压力。如果"测量值"低于 13 824（5kPa 对应的值），则触发"低于压力下限"报警；如果"测量值"高于 22 118（8kPa 对应的值），则触发"高于压力上限"报警。

（6）如果以用户名"wanglan"、密码"3000"进行登录，则可以进入设定画面，但不能修改压力上下限的值。

（7）如果以用户名"xiaozhou"、密码"2000"进行登录，则只能进行启动/停止控制操作。

五、运行操作步骤

（1）按照图 8-34 连接控制电路。

（2）在项目树下选择站点"PLC_1"，单击工具栏中的"下载到设备"按钮 ⬇，将该站点下载到 PLC 中。单击工具栏中的"启动 CPU"按钮 ▶，使 PLC 处于运行状态。

（3）在项目树下选择站点"HMI_1"，单击工具栏中的"下载到设备"按钮 ⬇，将该站点下载到触摸屏中。

（4）按照仿真运行中的步骤（5）～步骤（7）进行操作。

练习题

1. 用户管理有什么作用？
2. 怎样组态用户组？怎样组态用户？
3. 怎样组态画面对象的访问保护？

参考文献

[1] 赵春生. 西门子 S7-1200 PLC 从入门到精通[M]. 北京：化学工业出版社，2021.

[2] 赵春生. 可编程序控制器应用技术 [M]. 3 版. 北京：人民邮电出版社，2017.

[3] 赵春生. 活学活用 PLC 编程 190 例 [M]. 北京：中国电力出版社，2016.

[4] 廖常初. S7-1200 PLC 应用教程 [M]. 2 版. 北京：机械工业出版社，2020.

[5] 崔坚. TIA 博途软件：STEP7 V11 编程指南[M]. 北京：机械工业出版社，2017.

[6] 赵春生. 西门子 PLC 编程全实例精解[M]. 北京：化学工业出版社，2020.

[7] 吴繁红. 西门子 S7-1200 PLC 应用技术项目教程[M]. 2 版.北京：电子工业出版社，2021.